基于生态环境的水利工程施工与创新管理

主　编　张永昌　谢　虹　焦刘霞
副主编　李海刚　谢金金

黄河水利出版社

·郑州·

图书在版编目(CIP)数据

基于生态环境的水利工程施工与创新管理/张永昌,谢虹,
焦刘霞主编.—郑州:黄河水利出版社,2020.3 (2022.1 重印)
ISBN 978-7-5509-2615-8

Ⅰ.①基… Ⅱ.①张… ②谢… ③焦… Ⅲ.①水利工
程-施工管理-关系-生态环境-环境管理 Ⅳ.①TV512②
X52

中国版本图书馆 CIP 数据核字(2020)第 047974 号

出 版 社:黄河水利出版社　　　　　　　　　　网址:www.yrcp.com
　　　　地址:河南省郑州市顺河路黄委会综合楼 14 层　　邮政编码:450003
发行单位:黄河水利出版社
　　　　发行部电话:0371-66026940、66020550、66028024、66022620(传真)
　　　　E-mail:hhslcbs@126.com
承印单位:河南新华印刷集团有限公司
开本:787 mm×1 092 mm　1/16
印张:17.5
字数:426 千字
版次:2020 年 3 月第 1 版　　　　　　　　印次:2022 年 1 月第 2 次印刷

定价:68.00 元

目 录

第1章 绪 论

本书是一门理论与实践紧密结合的专业课。它是在基于生态环境的水利工程施工与管理上,总结国内外水利水电建设先进经验,从导流工程、爆破工程、土石坝工程、混凝土工程、渠道建筑物工程等施工与管理方面,研究如何更好地进行水利水电建设基本规律的一门科学。

1.1 基于生态环境的水利工程施工的任务和特点

1.1.1 水利工程施工的主要任务

(1)依据设计、合同任务和有关部门的要求,工程所在地区的自然条件,当地社会经济状况,设备、材料和人力等的供应情况以及工程特点,编制切实可行的施工组织设计。

(2)按照施工组织设计,做好施工准备,加强施工管理,有计划地组织施工,保证施工质量,合理使用建设资金,多、快、好、省地全面完成施工任务。

(3)在施工过程中开展观测,试验和研究工作,促进水利水电建设科学技术的发展。

1.1.2 水利工程施工的特点

(1)水利工程施工常在河流上进行,受水文、气象、地形、地质等因素影响很大。

(2)河流上修建的挡水建筑物,关系着下游千百万人民的生命财产安全,因此工程施工必须保证施工质量。

(3)在河流上修建水利工程,常涉及许多部门的利益,这就必须全面规划、统筹兼顾,因而增加了施工的复杂性。

(4)水利工程一般位于交通不便的山区,施工准备工作量大,不仅要修建场内外交通道路和为施工服务的辅助企业,而且要修建办公室和生活用房。因此,必须十分重视施工准备工作的组织,使之既满足施工要求又减少工程投资。

(5)水利水电枢纽工程常由许多单项工程所组成,布置集中、工程量大、工种多、施工强度高,加上地形方面的限制,容易发生施工干扰。因此,需要重视统筹规划现场施工的组织和管理,运用系统工程学的原理,因时因地地选择最优的施工方案。

(6)水利工程施工过程中爆破作业、地下作业、水上水下作业和高空作业等,常常平行交叉进行,对施工安全很不利。因此,必须十分注意安全施工,防止事故发生。

1.2 我国水利工程施工的成就与展望

我国水利建设有着卓越的成就,积累了许多宝贵的施工经验。几千年来,我国修建了都江堰工程、黄河大堤、南北大运河以及其他许多施工技术难度大的水利工程。在抗洪斗争中,创造了平堵与立堵相结合的堵口方法,取得了草土围堰等施工经验。这些伟大的水利工程和独特的施工技术,至今仍发挥作用,有力地促进我国水利水电建设的发展。

中华人民共和国成立后,我国水利建设事业取得了辉煌的成就。在水利建设中,江河干支流上修建和加高加固了大量的堤防,整治江河,提高了防洪能力。修建了官厅、佛子岭、大伙房、密云、岳城、潘家口、南山、观音阁、桃林口、江垭等大型水库,为防洪、蓄水服务。修建了三门峡、青铜峡、丹江口、满拉、乌鲁瓦提等水利枢纽,是防洪、蓄水、发电等综合利用的工程。这些工程中有各种形式的高坝,我国坝工技术有飞跃的发展。在灌溉工程方面,修建了人民胜利渠,是黄河下游第一个引黄灌溉渠。还修建了淠史杭灌区、内蒙古引黄灌区、林县红旗渠、陕甘宁盐环定扬黄灌区、宁夏扬黄灌区等。在跨流域引水工程方面修建了东港供水、引滦入津、南水北调东线一期、引黄济青、万家寨引黄入晋等。我国取水、输水、灌溉技术达到国际水平。

在防洪方面,修建和加高加固大江大河堤防 26 万 km,兴建水库 8.5 万座,总库容 4 924 亿 m³,初步控制了常遇洪水,保护了 4 亿多人口、470 座城市、5 亿亩(1 亩 = 1/15 hm²)耕地和大量交通道路、油田等基础设施。中华人民共和国成立后,战胜了历次大洪水和严重的干旱灾害,黄河年年安澜。1998 年大洪水,长江堤防保持安澜,为松花江、嫩江主要城市和河段保证了安全。

在农田水利方面,灌溉面积发展到 8 亿亩,灌区生产的粮食占全国总产量的 75%,棉花和蔬菜产量的 90%。我国以占世界近 10% 的耕地面积,解决了占世界 22% 人口的粮食问题。

在供水水源方面,兴建了大量蓄水、引水、扬水等工程,抽用地下水,农业灌溉和城市工业供水水源已经初具规模,乡镇供水发展迅速,水利工程年供水能力达 5 800 亿 m³。修建各种农村饮水工程 315 万处,解决了 2 亿多人及 1.3 亿头牲畜的饮水问题。

在水资源调配方面,兴建了一批流域控制性工程,以及跨流域调水工程,初步解决了区域水资源分布和城乡工农业用水的矛盾,缓解了国民经济和社会发展用水的需要。三峡工程和小浪底工程建成后,将得到进一步缓解。南水北调工程规模巨大,正在规划中,时机成熟也将兴建。

在水电建设中,修建了狮子滩、新安江、刘家峡、新丰江、六郎洞、葛洲坝、白山、东江、龙羊峡、李家峡、鲁布革、天生桥、二滩等各种类型的大型水电站,还修建了数以万计的中小型水电站。目前,大中型水电站装机容量 6 400 多万 kW,年发电量约为 2 080 亿 kW·h。大型水电站供应了工业用电和城市用电,支持灌溉用电。中小型水电站供应全国 1/3 的县、45% 国土面积和 70% 贫困山区的用电。三峡工程建成后水电站装机容量大幅度地增加,并可连接全国电网,互相调济。我国装机容量位居世界前列,在水电技术上达到国际水平,能修建各种类型、条件复杂的大型水电站。

施工技术也在不断提高。采用了定向爆破、光面爆破、预裂爆破、岩塞爆破、喷锚支护、预应力锚索、滑模和碾压混凝土及混凝土防渗面板等新技术及新工艺。

施工机械装备能力迅速增长,使用了斗轮式挖掘机、大吨位的自卸汽车、全自动化混凝土搅拌楼、塔带机、隧洞掘进机和盾构机等。水利工程施工学科的发展,为水利水电建设事业展示了一片广阔的前景。

在取得巨大成就的同时,应认识到我国施工水平与先进国家相比尚有较大差距。如新技术新工艺的研究、推广、使用不够普遍;施工机械还比较落后、配套不齐、利用率不充分;施工组织管理水平不高。这些和我国水电建设事业的发展是不相适应的,这就要求我们必须认真总结过去的经验和教训,努力学习和引进国外先进的技术和科学的管理方法,走出一条适合我国国情的水利水电工程建设新路。

1.3　水利工程施工组织与管理的基本原则

(1)统筹兼顾的施工原则。根据工程建设的需要和可能,施工中要力求优质、高产、低消耗的生态健康施工的原则,任何片面强调某个方面而忽视其他方面的做法都是错的。

(2)按基本建设程序办事的原则。施工必须是在做好勘测、规划、设计等前期工作,按照已批准的施工组织设计与设计图纸,在做好施工准备的基础上进行。坚决反对边勘测、边设计、边施工的三边做法。

(3)按系统工程原理组织施工的原则。一项水利工程施工就是一个系统,在这个系统中,有主体工程施工和附属、配套工程施工;有建筑工程和安装工程施工;有前方现场施工和后方辅助生产及后勤供应;有勘测设计科学研究和施工的配合;有各个工种之间的协调工作等。所有这些问题构成了一个有机的整体,围绕一个共同的目标进行活动,要使这些活动在时间上相互协调,在空间上互不干扰,密切配合,就应按系统工程原理组织工程施工,使各项活动总体上达到最佳化。

(4)实行科学管理的原则。应按经济规律办事,建立健全各种管理制度,明确岗位责任,实行奖罚分明,以充分调动各方面的积极因素。如做好人力、物力的综合平衡,实现均衡、连续、有节奏的施工。

(5)一切从实际出发的原则。施工中的各项活动必须根据当时当地的实际情况制定具体措施,任何脱离具体条件的做法,都是违反施工科学规律的,都可能导致工程失败,甚至会引起严重后果。

第 2 章　施工导流

　　水利工程整个施工过程中的施工水流控制,又称施工导流,广义上说可以概括为采取"导、截、拦、蓄、泄"等工程措施来解决施工和水流蓄泄之间的矛盾,避免水流对水工建筑物施工的不利影响,把河水流量全部或部分地导向下游或拦蓄起来,以保证干地施工和施工期不影响或尽可能少影响水资源的综合利用。

2.1　施工导流方式与泄水建筑物

　　在河流上修建水利工程时,为了使水工建筑物能在干地上进行施工,需要用围堰维护基坑,并将河水引向预定的泄水通道往下游宣泄。这就是施工导流。

　　施工导流方式大体上可分为三类,即分段围堰法导流、全段围堰法导流、淹没基坑法导流。

2.1.1　分段围堰法导流

　　分段围堰法亦称分期围堰法,就是用围堰将水工建筑物分段、分期维护起来进行施工的方法。图 2-1 所示为导流分期与围堰分段示意图。

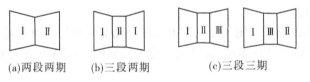

(a)两段两期　　　(b)三段两期　　　(c)三段三期

图 2-1　导流分期与围堰分段示意图

　　所谓分段,就是在空间上用围堰将建筑物分为若干施工段进行施工。所谓分期,就是在时间上将导流分为若干时期。采用分段围堰法导流时,纵向围堰位置的确定,也就是河床束窄程度的选择是关键问题之一。

　　河床束窄程度可用面积束窄度(K)表示:

$$K = \frac{A_2}{A_1} \times 100\% \tag{2-1}$$

式中　A_2——围堰和基坑所占的过水面积,m^2;

　　　A_1——原河床的过水面积,m^2。

　　在确定纵向围堰的位置或选择河床的束窄程度时,应重视下列问题:充分利用河心洲、小岛等有利地形条件;纵向围堰尽可能与导墙、隔墙等永久建筑物相结合;束窄河床流速要考虑施工通航、筏运、围堰和河床防冲等的要求,不能超过允许流速;各段主体工程的工程量、施工强度要比较均衡;便于布置后期导流泄水建筑物,不致使后期围堰过高或截流落差过大。

　　分段围堰法导流一般适用于河床宽、流量大、施工期较长的工程,尤其在通航河流和冰

凌严重的河流上。分段围堰法导流,前期都利用束窄的原河道导流,后期要通过事先修建的泄水道导流,常见的有以下几种:

　　(1)底孔导流。

　　(2)坝体缺口导流。

　　(3)束窄河床导流。

　　上述三种后期导流方式,一般只适用于混凝土坝,特别是重力式混凝土坝。对于土石坝、非重力式混凝土坝等坝型,若采用分段围堰法导流,常与河床外的隧洞导流、明渠导流等方式相配合。

2.1.2　全段围堰法导流

　　全段围堰法导流,就是在河床主体工程的上下游各建一道断流围堰,使河水经河床以外的临时泄水道或永久泄水建筑物下泄。主体工程建成或接近建成时,再将临时泄水道封堵。

　　全段围堰法导流,其泄水道类型通常有以下几种。

2.1.2.1　隧洞导流

　　隧洞导流是在河岸中开挖隧洞,在基坑上下游修筑围堰,河水经由隧洞下泄。一般山区河流河谷狭窄,两岸地形陡峻,山岩坚实,采用隧洞导流较为普遍。

2.1.2.2　明渠导流

　　明渠导流是在河岸上开挖渠道,在基坑上下游修筑围堰,河水经渠道下泄。

2.1.2.3　涵管导流

　　涵管导流一般在修筑土坝、堆石坝工程中采用。

2.1.3　淹没基坑法导流

　　这是一种辅助导流方法,在全段围堰法和分段围堰法中均可使用。山区河流特点是洪水期流量大、历时短,而枯水期流量则很小,水位暴涨暴落、变幅很大。若按一般导流标准要求来设计导流建筑物,不是挡水围堰修得很高,就是泄水建筑物的尺寸要求很大,而使用期又不长,这显然是不经济的。在这种情况下,可以考虑采用允许基坑淹没的导流方法,即洪水来临时围堰过水,若基坑被淹没,河床部分停工,待洪水退落,围堰挡水时再继续施工。这种方法,基坑淹没所引起的停工天数不长,施工进度能保证,在河道泥沙含量不大的情况下,导流总费用较节省,一般是合理的。

2.2　围堰工程

　　围堰是导流工程中的临时挡水建筑物,用来围护施工基坑,保证水工建筑物能在干地施工。在导流任务完成以后,如果围堰对永久建筑物的运行有妨碍或没有考虑作为永久建筑物的一部分,应予拆除。

2.2.1　分类

　　围堰按其所使用的材料,可以分为土石围堰、草土围堰、钢板桩格型围堰、混凝土围堰等。

围堰按与水流方向的相对位置,可以分为横向围堰和纵向围堰。

围堰按导流期间基坑淹没条件,可以分为过水围堰和不过水围堰。过水围堰除需要满足一般围堰的基本要求外,还要满足堰顶过水的专门要求。

2.2.2 围堰的基本形式及构造

2.2.2.1 不过水土石围堰

不过水土石围堰是水利水电工程中应用最广泛的一种围堰形式,如图2-2所示。它能充分利用当地材料或废弃的土石方,构造简单,施工方便,可以在动水中、深水中、岩基上或有覆盖层的河床上修建。但其工程量大,堰身沉陷变形也较大,

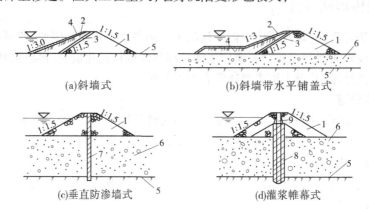

(a)斜墙式　　　　　　(b)斜墙带水平铺盖式

(c)垂直防渗墙式　　　　(d)灌浆帷幕式

1—堆石体;2—黏土斜墙、铺盖;3—反滤层;4—护面;5—隔水层;
6—覆盖层;7—垂直防渗墙;8—帷幕灌浆;9—黏土心墙

图2-2 土石围堰

若当地有足够数量的渗透系数小于4～10 cm/s的防渗料(如砂壤土),土石围堰可以采用图2-2(a)、(b)两种形式。其中,图2-2(a)适用于基岩河床;图2-2(b)适用于覆盖层厚度不大的场合。

若当地没有足够数量的防渗料或覆盖层较厚,土石围堰可以采用图2-2(c)、(d)两种形式,用混凝土防渗墙、高喷墙、自凝灰浆墙或帷幕灌浆来解决基础防渗问题。

2.2.2.2 过水土石围堰

当采用允许基坑淹没的导流方式时,围堰堰体必须允许过水。因此,过水土石围堰的下游坡面及堰脚应采取可靠的加固保护措施。目前采用的有大块石护面、钢筋石笼护面、加筋护面及混凝土板护面等。采用较普遍的是混凝土板护面。

2.2.2.3 混凝土围堰

混凝土围堰的抗冲与防渗能力强,挡水水头高,底宽小,易于与永久建筑物相连接,必要时还可以过水,因此应用比较广泛。国内浙江紧水滩、贵州乌江渡、湖南凤滩及湖北隔河岩等水利水电工程中均采用过拱型混凝土围堰作横向围堰,但多数工程还是以重力式混凝土围堰作纵向围堰。

2.2.2.4 钢板桩格形围堰

钢板桩格形围堰按挡水高度不同,其平面形式有圆筒形格体、扇形格体及花瓣形格体等,应用较多的是圆筒形格体。

2.2.2.5　草土围堰

草土围堰是一种草土混合结构,多用捆草法修建。草土围堰的断面一般为矩形或边坡很陡的梯形,坡比为 1:0.2~1:0.3,是在施工中自然形成的边坡。

2.2.3　围堰的平面布置与堰顶高程

2.2.3.1　围堰的平面布置

围堰的平面布置一般应按导流方案、主体工程的轮廓和对围堰提出的要求而定。通常,基坑坡趾离主体工程轮廓的距离,不应小于 20~30 m,以便布置排水设施、交通运输道路及堆放材料和模板等。至于基坑开挖边坡的大小,则与地质条件有关。当纵向围堰不作为永久建筑物的一部分时,基坑纵向坡趾离主体工程轮廓的距离,一般不大于 2.0 m,以供布置排水系统和堆放模板。如果无此要求,只需留 0.4~0.6 m 就够了。

2.2.3.2　堰顶高程

堰顶高程取决于导流设计流量及围堰的工作条件。下游围堰的堰顶高程由下式决定:

$$H_d = h_d + h_a + \delta \tag{2-2}$$

式中　H_d——下游围堰堰顶高程,m;

　　　h_d——下游水位高程,m,可直接从河流水位流量关系查出;

　　　h_a——波浪爬高,m;

　　　δ——围堰的安全超高,m。

上游围堰的堰顶高程由下式决定:

$$H_u = h_d + z + h_a + \delta \tag{2-3}$$

式中　H_u——上游围堰堰顶高程,m;

　　　z——上下游水位差,m;

　　　其余符号意义同前。

必须指出,当围堰要拦蓄一部分水流时,堰顶高程应通过调洪计算来确定。纵向围堰的堰顶高程,要与束窄河段宣泄导流设计流量时的水面曲线相适应。因此,纵向围堰的顶面往往做成阶梯形或倾斜状,其上游和下游分别与上游围堰和下游围堰顶同高。

2.2.4　围堰的防渗、接头和防冲

围堰的防渗、接头和防冲是保证围堰正常工作的关键问题,对土石围堰来说尤为突出。

2.2.4.1　围堰的防渗

围堰防渗的基本要求,和一般挡水建筑物无大差异。土石围堰的防渗一般采取斜墙、斜墙接水平铺盖、垂直防渗墙或灌浆帷幕等措施。

2.2.4.2　围堰的接头处理

围堰的接头是指围堰与围堰、围堰与其他建筑物及围堰与岸坡等的连接。混凝土纵向围堰与土石横向围堰的接头,一般采用刺墙形式,以增加绕流渗径,防止引起有害的集中渗漏。

2.2.4.3　围堰的防冲

围堰遭受冲刷在很大程度上与其平面布置有关,一般多采取抛石护底、铅丝笼护底、柴排护底等措施来保护堰脚及其基础的局部冲刷。关于围堰区护底范围及护底材料尺寸的大

小,应通过水工模型试验确定。解决围堰及其基础的冲刷问题,除护底外,还应对围堰的布置给予足够的重视,力求使水流平顺地进、出束窄河段。通常在围堰的上下游转角处设置导流墙,以改善束窄河段进出口的水流条件。

2.2.4.4 围堰的拆除

围堰是临时建筑物,导流任务完成以后,应按设计要求进行拆除,以免影响永久建筑物的施工及运行。

2.3 导流设计流量

导流设计流量是选择导流方案、设计导流建筑物的主要依据。导流设计流量一般需结合导流标准和导流时段的分析来决定。

2.3.1 导流标准

广义地说,导流标准是选择导流设计流量进行施工导流设计的标准,它包括施工初期导流标准、坝体拦洪时的导流标准等。

施工初期导流标准,按水利水电工程施工组织设计规范的规定,首先需根据导流建筑物的下列指标,将导流建筑物分为 3 ~ 5 级。再根据导流建筑物的级别和类型,在规范规定的幅度内选定相应的洪水重现期作为初期导流标准。

实际上,导流标准的选择受众多随机因素的影响。如果标准太低,不能保证施工安全;反之,则使导流工程设计规模过大,不仅增加导流费用,而且可能因其规模太大以致无法按期完成,造成工程施工的被动局面。因此,大型工程导流标准的确定,应结合风险度的分析,使所选标准更加经济合理。

2.3.2 导流时段

在工程施工过程中,不同阶段可以采用不同的施工导流方法和挡水、泄水建筑物。不同导流方法组合的顺序,通常称为导流程序。导流时段就是按导流程序所划分的各施工阶段的延续时间,具有实际意义的导流时段,主要是围堰挡水而保证基坑干地施工的时间,所以也称挡水时段。

导流时段的划分与河流的水文特征、水工建筑物的布置和形式、导流方案、施工进度等因素有关。在我国,有些河流全年流量变化过程如图 1-30 所示。按河流的水文特征可分为枯水期、中水期和洪水期。在不影响主体工程施工的条件下,若导流建筑物只负担枯水期的挡水、泄水任务,显然可大大减少导流建筑物的工程量,改善导流建筑物的工作条件,具有明显的技术经济效果。因此,合理划分导流时段,明确不同时段导流建筑物的工作条件,是既安全又经济地完成导流任务的基本要求。

2.3.3 导流设计流量

对于不过水围堰,导流设计流量应根据导流时段来确定。如果围堰挡全年洪水,其导流设计流量就是选定导流标准的年最大流量,导流挡水与泄水建筑物的设计流量相同;如果围堰只挡某一枯水时段,则按该挡水时段内同频率洪水作为围堰和该时段泄水建筑物的设计流量,但确定泄水建筑物总规模的设计流量,应按坝体施工期临时度汛洪水标准决定。

过水围堰允许基坑淹没的导流方案,从围堰工作情况看,有过水期和挡水期之分,显然它们的导流标准应有所不同。

(1)过水期的导流标准应与不过水围堰挡全年洪水时的标准相同。其相应的导流设计流量主要用于围堰过水情况下,加固保护措施的结构设计和稳定分析,也用于校核导流泄水道的过水能力。

(2)挡水期的导流标准应结合水文特点、施工工期及挡水时段,经技术经济比较后选定。当水文系列较长,大于或等于 30 年时,也可根据实测流量资料分析选用。其相应的导流设计流量主要用于确定堰顶高程、导流泄水建筑物的规模及堰体的稳定分析等。

2.4　导流方案

水利枢纽工程施工从开工到完建往往不是采用单一的导流方法,而是几种导流方式组合起来配合运用,以取得最佳的技术经济效果。这种不同导流时段、不同导流方式的组合,通常称为导流方案。

导流方案的选择受多种因素的影响。一个合理的导流方案,必须在周密研究各种影响因素的基础上,拟订几个可行的方案,进行技术经济比较,从中选择技术经济指标优越的方案。

选择导流方案时应考虑的主要因素如下:

(1)水文条件。

(2)地形条件。

(3)地质及水文地质条件。

(4)水工建筑物的形式及其布置。

(5)施工期间河流的综合利用。

(6)施工进度、施工方法及施工场地布置。

在选择导流方案时,除综合考虑以上各方面因素外,还应使主体工程尽可能及早发挥效益,简化导流程序,降低导流费用,使导流建筑物既简单易行,又适用可靠。为进一步理解导流方案的选择,特举例叙述如下。

【实例】　四川省白龙江宝珠寺水电站工程,是以发电为主,兼有灌溉、防洪等效益的综合利用大型水电工程。挡水建筑物为混凝土重力坝,坝顶长 524.48 m,最大坝高 132 m,水电站厂房为坝后式,属 1 级建筑物。根据水文资料分析,河流为山区型,洪水涨落变化大,一次洪水过程一般为 1~3 d。汛期在 7~8 月,实测最大洪水流量为 11 300 m^3/s,其 10% 频率的最大洪水流量为 7 800 m^3/s,5% 频率的为 9 570 m^3/s,1% 频率的为 13 000 m^3/s。河流多年含沙量 2.04 kg/m^3;汛期平均含沙量 2.72 kg/m^3;实测最大含沙量 169 kg/m^3(1966 年 7 月 25 日)。

在施工组织设计中,拟订了五个导流比较方案:①全段围堰隧洞导流;②右岸隧洞,过水围堰,底孔导流;③坝体临时断面挡水,右岸小明槽导流;④右岸隧洞及左岸明槽导流;⑤右岸大明槽导流,高围堰挡水。经过分析比较,考虑到地质条件差、工程量大及投资大等因素,不宜开挖专用的导流隧洞。若汛期基坑过水,工期又难以保证,故最后决定采用右岸大明槽导流、高围堰挡水的方案。

明槽所处河段正位于河湾段,上游天然河道的主流位于右岸,至明槽进口处,转向左岸。根据水流情况,明槽宜布置在左岸。但由于地质条件限制,左岸明槽需高边坡开挖达 140 m,且岩层倾向与坡向接近一致,边坡稳定条件更差,相应的处理工程量较大;而右岸岩层倾向下游偏内,对边坡稳定有利,故选定明槽布置于右岸。

导流程序与控制性进度如下所述。

第一期工程:在第一期围堰围护下,修建右岸宽 35 m 的导流明槽,河水由左岸束窄不多的河床下泄。工期自第 2 年 7 月起至第 4 年 11 月第二期上游围堰截流、右岸导流明槽过水止。

第二期工程:左岸河床截流,并修筑拦挡 5% 频率全年洪水的高围堰,河水全部经由导流明槽泄流。左岸河床坝段混凝土浇筑超过第二期围堰高程后,拆除第二期围堰。工期自第 4 年 11 月左岸上游围堰合龙起至第 7 年 11 月右岸明槽截流、左岸坝体永久底孔开始泄水止。

后期工程:明槽坝段在第 8 年 5 月前加高至 518 m 高程;汛期由明槽坝段 518 m 高程的预留缺口及 485 m 高程两个 5 m×10 m 临时底孔泄洪;汛后明槽坝段继续加高,由永久底孔泄流。工期自第 7 年 12 月起至第 8 年 11 月止。

完建期:此时坝体已浇筑至相当高程,第 8 年 11 月下旬至 12 月中旬,最后一个底孔闸门沉放,开始蓄水发电。

2.5　截流工程

在施工导流中,只有截断原河床水流,才能把河水引向导流泄水建筑物下泄,在河床中全面开展主体建筑物的施工,这就是截流。在大江大河中截流是一项难度比较大的工作。

整个截流过程包括戗堤的进占、龙口范围的加固、合龙和闭气等工作。截流以后,再对戗堤进行加高培厚,直至达到围堰设计要求。

截流在施工导流中占有重要的地位,如果截流不能按时完成,就会延误整个河床部分建筑物的开工日期;如果截流失败,失去了以水文年计算的良好截流时机,则可能拖延工期达一年,在通航河流上甚至严重影响航运。所以在施工导流中,常把截流看作一个关键性问题,它是影响施工进度的一个控制项目。

截流之所以被重视,还因为截流本身无论在技术上和施工组织上都具有相当的艰巨性和复杂性。

长江葛洲坝工程于 1981 年 1 月仅用 35.6 h 时间,在 4 720 m³/s 流量下胜利截流,为在大江大河上进行截流,积累了宝贵的经验,而 1997 年 11 月三峡工程大江截流和 2002 年 11 月三峡工程三期导流明渠截流的成功,标志着我国截流工程的实践已经处于世界先进水平。

2.5.1　截流的基本方法

河道截流有立堵法、平堵法、立平堵法、平立堵法、下闸截流以及定向爆破截流等多种方法,但基本方法为立堵法和平堵法两种。

2.5.2　截流设计流量

截流年份应结合施工进度的安排来确定。

截流年份内截流时段的选择,既要把握截流时机,选择在枯水流量、风险较小的时段进行;又要为后续的基坑工作和主体建筑物施工留有余地,不致影响整个工程的施工进度。

在确定截流时段时,应考虑以下要求。

(1)截流以后,需要继续加高围堰,完成排水、清基、基础处理等大量基坑工作,并应把围堰或永久建筑物在汛期前抢修到一定高程以上。为了保证这些工作的完成,截流时段应尽量提前。

(2)在通航的河流上进行截流时,截流时段最好选择在对航运影响较小的时段内。因为在截流过程中,航运必须停止,即使船闸已经修好,但因截流时水位变化较大,亦须停航。

(3)在北方有冰凌的河流上,截流不应在流冰期进行。因为冰凌很容易堵塞河道或导流泄水建筑物,壅高上游水位,给截流带来极大困难。

2.5.3　龙口位置和宽度

龙口位置的选择,对截流工作顺利与否有密切关系。

选择龙口位置时要考虑下述一些技术要求:

(1)一般来说,龙口应设置在河床主流部位,方向力求与主流顺直。

(2)龙口应选择在耐冲河床上,以免截流时因流速增大,引起过分冲刷。

(3)龙口附近应有较宽阔的场地,以便布置截流运输线路和制作、堆放截流材料。

原则上,龙口宽度应尽可能窄些,这样可以减少合龙工程量,缩短截流延续时间,但以不引起龙口及其下游河床的冲刷为限。

2.5.4　截流水力计算

截流水力计算的目的是确定龙口诸水力参数的变化规律。主要解决两个问题:一是确定截流过程中龙口各水力参数,如单宽流量 q、落差 z 及流速 v 等的变化规律;二是由此确定截流材料的尺寸或重量及相应的数量等。这样,在截流前,才可以有计划、有目的地准备各种尺寸或重量的截流材料及其数量,规划截流现场的场地布置,选择起重、运输设备;在截流时,能预先估计不同龙口宽度的截流参数,何时何处应抛投何种尺寸或重量的截流材料及其方量等。

截流时的水量平衡方程为

$$Q_0 = Q_1 + Q_2 \qquad\qquad (2-4)$$

式中　　Q_0——截流设计流量,m^3/s;

　　　　Q_1——分流建筑物的泄流量,m^3/s;

　　　　Q_2——龙口泄流量,可按宽顶堰计算,m^3/s。

2.5.5　截流材料和备料量

2.5.5.1　**截流材料尺寸**

在截流中,合理选择截流材料的尺寸或重量,对于截流的成败和截流费用的节省具有重大意义。截流材料的尺寸或重量取决于龙口的流速。各种不同材料的适用流速,立堵截流时截流材料抵抗水流冲动的流速,可按下式估算。

$$v = K \sqrt{2g \frac{\gamma_1 - \gamma}{\gamma} D} \qquad (2-5)$$

式中　v——水流流速,m/s;

　　　K——综合稳定系数;

　　　g——重力加速度,m/s²;

　　　γ_1——石块容重,kN/m³;

　　　γ——水容重,kN/m³;

　　　D——石块折算成球体的化引直径,m。

2.5.5.2　截流材料类型

截流材料类型的选择,主要取决于截流时可能发生的流速及开挖、起重、运输设备的能力,一般应尽可能地就地取材。国内外大江大河截流的实践证明,块石是截流的最基本材料。此外,当截流水力条件较差时,还必须使用人工块体,如混凝土六面体、四面体、四脚体及钢筋混凝土构架等。

2.5.5.3　备料量

为确保截流既安全顺利,又经济合理,正确计算截流材料的备料量是十分必要的。备料量通常按设计的戗堤体积再增加一定裕度。主要是考虑到堆存、运输中的损失,水流冲失,戗堤沉陷以及可能发生比设计更坏的水力条件而预留的备用量等。

2.6　拦洪度汛

水利水电枢纽施工过程中,中后期的施工导流,往往需要由坝体挡水或拦洪。坝体能否可靠拦洪与安全度汛,将涉及工程的进度与成败。

2.6.1　坝体拦洪标准

坝体施工期临时度汛的导流标准,视坝型和拦洪库容的大小而定,具体可查阅规范。

若导流泄水建筑物已经封堵,而永久泄水建筑物尚未具备设计泄洪能力,此时,坝体度汛的导流标准与上述标准又不相同,应视坝型及其级别按规范选用。显然,汛前坝体上升高度应满足拦洪要求,帷幕灌浆及接缝灌浆高程应能满足蓄水要求。

根据选定的洪水标准,通过调洪计算,可确定相应的坝体挡水或拦洪高程。

2.6.2　拦洪度汛措施

根据施工进度安排,如果汛期到来之前坝身不能修筑到拦洪高程,则必须采取一定工程措施,确保安全度汛。

2.6.2.1　混凝土坝的拦洪度汛措施

混凝土坝一般是允许过水的,若坝身在汛前不可能浇筑到拦洪高程,为了避免坝身过水时造成停工,可以在坝面上预留缺口度汛,待洪水过后,水位回落,再封堵缺口,全面上升坝体。另外,如果根据混凝土浇筑进度安排,虽然在汛前坝身可以浇筑到拦洪高程,但一些纵向施工缝尚未灌浆封闭时,可考虑用临时断面挡水。在这种情况下,必须提出充分论证,采取相应措施,以消除应力恶化的影响。

2.6.2.2　土坝、堆石坝的拦洪度汛措施

土坝、堆石坝一般是不允许过水的。若坝身在汛前不可能填筑到拦洪高程,一般可以考虑降低溢洪道高程、设置临时溢洪道、用临时断面挡水,或经过论证采取临时坝面保护措施过水。

2.7　封堵蓄水

在施工后期,根据发电、灌溉及航运等国民经济各部门所提出的综合要求,确定竣工运用日期,有计划地进行导流临时泄水建筑物的封堵和水库的蓄水工作。

2.7.1　蓄水计划

水库蓄水要解决的主要问题有:

(1)确定蓄水历时计划,并据以确定水库开始蓄水的日期,水库蓄水可按保证率为5% ~85% 的月平均流量过程线来制订。

(2)校核库水位上升过程中大坝施工的安全性,并据以拟订大坝浇筑的控制性进度计划和坝体纵缝灌浆的进程。蓄水计划是施工后期进行施工导流,安排施工进度的主要依据。

2.7.2　导流泄水建筑物的封堵

下闸封堵导流临时泄水建筑物的设计流量,应根据河流水文特征及封堵条件,采用封堵时段 5 ~10 年重现期的月或旬平均流量。导流底孔一般为坝体的一部分,因此封堵时需全孔堵死;而导流隧洞或涵管并不需要全孔堵死,只浇筑一定长度的混凝土塞,就足以起永久挡水作用。

混凝土塞的最小长度可根据极限平衡条件由下式求出:

$$l = \frac{KP}{\omega\gamma gf + \lambda c} \tag{2-6}$$

式中　K——安全系数,一般取 1.1 ~1.3;

　　　P——作用水头的推力,N;

　　　ω——导流隧洞或涵管的断面面积,m^2;

　　　γ——混凝土容重,N/m^3;

　　　f——混凝土与岩石(或混凝土)的摩阻系数,一般取 0.60 ~0.65;

　　　g——重力加速度,m/s^2;

　　　λ——导流隧洞或涵管的周长,m;

　　　c——混凝土与岩石(或混凝土)的黏结力,一般取$(5 ~20) \times 10^4$,Pa。

当导流隧洞的断面面积较大时,混凝土塞的浇筑必须考虑降温措施,不然产生的温度裂缝会影响其止水质量。

2.8　基坑排水

在截流戗堤合龙闭气以后，就要排除基坑的积水和渗水。按排水时间及性质分为：①基坑开挖前的初期排水；②基坑开挖及建筑物施工过程中的经常性排水。

2.8.1　初期排水

戗堤合龙闭气后，基坑内的积水应有计划地组织排除。初期排水流量一般可根据地质情况、工程等级、工期长短及施工条件等因素，参考实际工程的经验，按式(2-7)来确定。

$$Q = \frac{(2 \sim 3)V}{T} \tag{2-7}$$

式中　Q——初期排水流量，$\mathrm{m^3/s}$；

　　　V——基坑的积水体积，$\mathrm{m^3}$；

　　　T——初期排水时间，s。

2.8.2　经常性排水

基坑内积水排干后，围堰内外的水位差增大，此时渗透流量相应增大，对围堰内坡、基坑边坡和底部的动水压力加大，容易引起管涌或流土，造成塌坡和基坑底隆起的严重后果。因此，在经常性排水期间，应周密地进行排水系统的布置、渗透流量的计算和排水设备的选择，并注意观察围堰的内坡、基坑边坡和基坑底面的变化，保证基坑工作顺利进行。

2.8.2.1　排水系统的布置

通常应考虑两种不同的情况：一种是基坑开挖过程中的排水系统布置；另一种是基坑开挖完成后修建建筑物时的排水系统布置。

2.8.2.2　排水量的估算

经常性排水的排水量包括围堰和基坑的渗水、降水、地层含水、基岩冲洗及混凝土养护弃水等。

第 3 章　爆破工程

3.1　爆破的概念与分类

3.1.1　爆破的概念

爆破是炸药爆炸作用于周围介质的结果。埋在介质内的炸药引爆后,在极短的时间内,由固态转变为气态,体积增加数百倍至几千倍,伴随产生极大的压力和冲击力,同时还产生很高的温度,使周围介质受到各种不同程度的破坏,称为爆破。

3.1.2　爆破的常用术语

3.1.2.1　爆破作用圈

当具有一定质量的球形药包在无限均质介质内部爆炸时,在爆炸作用下,距离药包中心不同区域的介质,由于受到的作用力有所不同,因而产生不同程度的破坏或振动现象。整个被影响的范围就叫作爆破作用圈。这种现象随着与药包中心间的距离增大而逐渐消失,按对介质作用不同可分为 4 个作用圈。

(1)压缩圈。图 3-1 中 R_1 表示压缩圈半径,在这个作用圈范围内,介质直接承受了药包爆炸而产生的极其巨大的作用力,因而如果介质是可塑性的土壤,便会遭到压缩形成孔腔;如果是坚硬的脆性岩石便会被粉碎。所以把 R_1 这个球形地带叫作压缩圈或破碎圈。

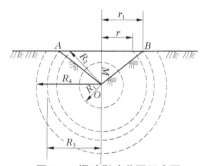

图 3-1　爆破影响范围示意图

(2)抛掷圈。围绕在压缩圈范围以外至 R_2 的地带,其受到的爆破作用力虽较压缩圈范围内小,但介质原有的结构受到破坏,分裂成为各种尺寸和形状的碎块,而且爆破作用力尚有余力足以使这些碎块获得能量。如果这个地带的某一部分处在临空的自由面条件下,破坏了的介质碎块便会产生抛掷现象,因而叫作抛掷圈。

(3)松动圈。又称破坏圈。在抛掷圈以外至 R_3 的地带,爆破的作用力更弱,除了能使介质结构受到不同程度的破坏外,没有余力可以使破坏了的碎块产生抛掷运动,因而叫作破坏圈。工程上为了实用起见,一般还把这个地带被破碎成为独立碎块的一部分叫作松动圈,而把只是形成裂缝、互相间仍然连成整块的一部分叫作裂缝圈或破裂圈。

(4)震动圈。在破坏圈范围以外,微弱的爆破作用力甚至不能使介质产生破坏。这时介质只能在应力波的作用下,产生震动现象,这就是图 3-1 中 R_4 所包括的地带,通常叫作震动圈。震动圈以外爆破作用的能量就完全消失了。

3.1.2.2　爆破漏斗

在有限介质中爆破,当药包埋设较浅,爆破后将形成以药包中心为顶点的倒圆锥型爆破坑,称之为爆破漏斗,如图 3-2 所示。爆破漏斗的形状多种多样,随着岩土性质、炸药的品种性能和药包大小及药包埋置深度等不同而变化。

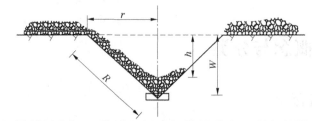

r—爆破漏斗半径;R—爆破作用半径;W—最小抵抗线;h—漏斗可见深度

图 3-2　爆破漏斗

3.1.2.3　最小抵抗线

最小抵抗线指由药包中心至自由面的最短距离,如图 3-2 中的 W。

3.1.2.4　爆破漏斗半径

在介质自由面上的爆破漏斗半径如图 3-2 中的 r。若 $r = W$,则 r 为标准抛掷漏斗半径。

3.1.2.5　爆破作用指数

爆破作用指数指爆破漏斗半径 r 与最小抵抗线 W 的比值。即

$$n = \frac{r}{W} \tag{3-1}$$

爆破作用指数的大小可判断爆破作用性质及岩石抛掷的远近程度,也是计算药包量、决定漏斗大小和药包距离的重要参数。一般用 n 来区分不同爆破漏斗,划分不同爆破类型:当 $n = 1$ 时,称为标准抛掷爆破漏斗;当 $n > 1$ 时,称为加强抛掷爆破漏斗;当 $0.75 < n < 1$ 时,称为减弱抛掷爆破漏斗;当 $0.33 < n \leqslant 0.75$ 时,称为松动爆破漏斗;当 $n \leqslant 0.33$ 时,称为裸露爆破漏斗。

3.1.2.6　可见漏斗深度 h

经过爆破后所形成的沟槽深度叫作可见漏斗深度(如图 3-2 中的 h),它与爆破作用指数大小、炸药的性质、药包的排数、爆破介质的物理性质和地面坡度有关。

3.1.2.7　自由面

自由面又称临空面,指被爆破介质与空气或水的接触面。同等条件下,临空面越多炸药用量越小,爆破效果越好。

3.1.2.8　二次爆破

二次爆破指大块岩石的二次破碎爆破。

3.1.2.9　破碎度

破碎度指爆破岩石的块度或块度分布。

3.1.2.10　单位耗药量

单位耗药量指爆破单位体积岩石的炸药消耗量。

3.1.2.11　炸药换算系数

炸药换算系数 e 指某炸药的爆炸力 F 与标准炸药爆炸力之比(目前以 2# 岩石铵梯炸药

为标准炸药)。

3.1.3　药包及其装药量计算

（1）为了爆破某一物体而在其中放置一定数量的炸药,称为药包。

（2）药包的分类及使用可见表 3-1。

表 3-1　药包的分类及使用

分类名称	药包形状	作用效果
集中药包	长边小于短边 4 倍	爆破效率高,省炸药和减少钻孔工作量,但破碎岩石块度不够均匀。多用于抛掷爆破
延长药包	长边超过短边 4 倍。延长药包又有连续药包和间隔药包两种形式	可均匀分布炸药,破碎岩石块度较均匀。一般用于松动爆破

（3）装药量计算。爆破工程中的炸药用量计算,是一个十分复杂的问题,影响因素较多。实践证明,炸药的用量是与被破碎的介质体积成正比的。而被破碎的单位体积介质的炸药用量,其最基本的影响因素又是与介质的硬度有关。目前,由于还不能较精确地计算出各种复杂情况下的相应用药量,所以一般都是根据现场试验方法,大致得出爆破单位体积介质所需的用药量,然后按照爆破漏斗体积计算出每个药包的装药量。

药包药量的基本计算公式为

$$Q = KV \tag{3-2}$$

式中　Q——药包质量,kg。

　　　K——爆破单位体积岩石的耗药量,简称单位耗药量,kg/m³;

　　　V——标准抛掷漏斗内的岩石体积,m³。

需要注意的是,单位耗药量 K 值的确定,应考虑多方面的因素,经综合分析后定出。常见岩土的标准单位耗药量见表 3-2。

$$V = \frac{\pi}{3}W^3 \approx W^3$$

故标准抛掷爆破药包药量计算式(3-2)可以写为

$$Q = KW^3 \tag{3-3}$$

对于加强抛掷爆破

$$Q = (0.4 + 0.6n^3)KW^3 \tag{3-4}$$

对于减弱抛掷爆破

$$Q = \left(\frac{4 + 3n}{7}\right)^3 kW^3 \tag{3-5}$$

对于松动爆破

$$Q = 0.33KW^3 \tag{3-6}$$

式中　W——最小抵抗线,m;

　　　n——爆破作用指数。

表 3-2 单位耗药量 K 值

岩石种类	$K(\mathrm{kg/m^3})$	岩石种类	$K(\mathrm{kg/m^3})$
黏土	1.0~1.1	砾岩	1.4~1.8
坚实黏土、黄土	1.1~1.25	片麻岩	1.4~1.8
泥灰岩	1.2~1.4	花岗岩	1.4~2.0
页岩、板岩、凝灰岩	1.2~1.5	石英砂岩	1.5~1.8
石灰岩	1.2~1.7	闪长岩	1.5~2.1
石英斑岩	1.3~1.4	辉长岩	1.6~1.9
砂岩	1.3~1.6	安山岩、玄武岩	1.6~2.1
流纹岩	1.4~1.6	辉绿岩	1.7~1.9
白云岩	1.4~1.7	石英岩	1.7~2.0

注:1.表中数据是以 $2^\#$ 岩石铵梯炸药作为标准计算,若采用其他炸药,应乘以炸药换算系数 e(见表3-3)。

2.表中数据,是在炮眼堵塞良好的情况下确定出来的,如果堵塞不良,则应乘以 1~2 的堵塞系数。对于黄色炸药等烈性炸药,其堵塞系数不宜大于 1.7。

3.表中 K 值是指一个自由面的情况。如果自由面超过 1 个,应按表 3-4 适当减少用药量。

表 3-3 炸药换算系数 e 值表

炸药名称	型号	换算系数 e	炸药名称	型号	换算系数 e
岩石铵梯	$1^\#$	0.91	煤矿铵梯	$1^\#$	1.1
岩石铵梯	$2^\#$	1.00	煤矿铵梯	$2^\#$	1.28
岩石铵梯	$2^\#$抗水	1.00	煤矿铵梯	$3^\#$	1.33
露天铵梯	$1^\#$	1.04	煤矿铵梯	$1^\#$抗水	1.10
露天铵梯	$2^\#$	1.28	梯恩梯	三硝基甲苯	0.86
露天铵梯	$3^\#$	1.39	62%硝化甘油	—	0.75
露天铵梯	$1^\#$抗水	1.04	黑火药	—	1.70

表 3-4 自由面与用药量的关系

自由面数	减少药量百分数(%)
2	20
3	30
4	40
5	50

注:表中自由面数是按方向(上、下、东、南、西、北)确定的,不是按被爆破体的几何形体确定的。

3.1.4 爆破的分类

爆破可按爆破规模、凿岩情况、要求等不同进行分类。

（1）按爆破规模分，爆破可分为小爆破、中爆破、大爆破。

（2）按凿岩情况分，爆破可分为浅孔爆破、深孔爆破、药壶爆破、洞室爆破、二次爆破。

（3）按爆破要求分。按爆破要求分为松动爆破、减弱抛掷爆破、标准抛掷爆破、加强抛掷爆破及定向爆破、光面爆破、预裂爆破、特殊物爆破（冻土、冰块等）。

3.2　爆破材料及起爆方法

3.2.1　爆破材料——炸药

3.2.1.1　炸药的基本性能

（1）爆力。爆力是指炸药在介质内部爆炸时对其周围介质产生的整体压缩、破坏和抛移能力。它的大小与炸药爆炸时释放出的能量大小成正比，炸药的爆热愈高，生成气体量愈多，爆力也就愈大。测定炸药爆力的方法常用铅铸扩孔法和爆破漏斗法。

（2）猛度。炸药的猛度是指炸药在爆炸瞬间对与药包相邻的介质所产生的局部压缩、粉碎和击穿能力。炸药爆速愈高，密度越大，其猛度愈大。测量炸药猛度的方法是铅柱压缩法。

（3）爆速。爆速是指爆炸时爆炸波沿炸药内部传播的速度。爆速测定方法有导爆索法、电测法和高速摄影法。

（4）殉爆。炸药爆炸时引起与它不相接触的邻近炸药爆炸的现象叫殉爆。殉爆反应了炸药对冲击波的感度。主发药包的爆引爆被发药包爆炸的最大距离称为殉爆距离。影响殉爆的因素有装药密度、药量和直径、药卷约束条件和药卷放置方向等。

（5）感度。炸药在外能作用下起爆的难易程度称为该炸药的感度。不同的炸药在同一外能作用下起爆的难易程度是不同的，起爆某炸药所需的外能小，则该炸药的感度高；起爆某炸药所需的外能高，则该炸药的感度低。炸药的感度对于炸药的制造加工、运输、储存、使用的安全十分重要。感度过高的炸药容易发生爆炸事故，而感度过低的炸药又给起爆带来困难。工业上大量使用的炸药一般对热能、撞击和摩擦作用的感度都较低，通常要靠起爆能来起爆。根据起爆能的不同，炸药的感度可分为热感度、撞击感度、摩擦感度和爆炸冲能感度。

（6）安定性。炸药的安定性指炸药在长期储存中，保持原有物理化学性质的能力。有物理安定性与化学安定性之分。物理安定性主要是指炸药的吸湿性、挥发性、可塑性、机械强度、结块、老化、冻结、收缩等一系列物理性质。物理安定性的大小，取决于炸药的物理性质。如在保管使用硝化甘油类炸药时，由于炸药易挥发收缩、渗油、老化和冻结等导致炸药变质，严重影响保管和使用的安全性及爆炸性能。铵油炸药和矿岩石硝铵炸药易吸湿、结块，导致炸药变质严重，影响使用效果。炸药化学安定性的大小，取决于炸药的化学性质及常温下化学分解速度的大小，特别是取决于储存温度的高低。有的炸药要求储存条件较高，如5#浆状炸药要求不会导致硝酸铵重结晶的库房温度是 20～30 ℃，而且要求通风良好。

（7）氧平衡。氧平衡是指炸药在爆炸分解时的氧化情况。如果炸药中的氧恰好等于其中可燃物完全氧化所需的氧量，即产生二氧化碳和水，没有剩余的氧称为零氧平衡；若含氧量不足，可燃物不能完全氧化且产生一氧化碳，此时称为负氧平衡；若含氧量过多，将炸药所放出的氮也氧化成有害气体一氧化氮,称为正氧平衡。

3.2.1.2　工程炸药的种类、品种及性能

1. 炸药的分类

按其作用特点和应用范围,一般工程爆破使用的炸药可分为三种类型,见表3-5。

表3-5　工程爆破常用炸药分类

分类	特点	品种	应用范围
起爆药	感度高、加热、摩擦或撞击易引起爆炸	主要有二硝基重氮酚、雷汞、迭氮化铅等	用于制作起爆器材,如火雷管、电雷管
猛炸药(单质猛炸药和混合猛炸药)	爆炸威力大,破碎岩石效果好;同起爆药相比,猛炸药感度较低,使用时需用起爆药起爆	单质猛炸药有梯恩梯、黑索金、泰安、硝化甘油等;混合猛炸药有硝铵炸药、铵油炸药、铵沥蜡炸药、铵松蜡炸药、浆状炸药、水胶炸药、乳胶炸药、高威力炸药等	混合猛炸药是工业爆破工程中用量最大、最基本的一类炸药;单质猛炸药是制造某种品种混合猛炸药的主要成分;黑索金、泰安又常用作导爆索的药芯,黑索金也常用作雷管副起爆药
发射药	对火焰的感度极高,遇火能迅速燃烧,在密闭条件下可转为爆炸	常用黑火药	用作导火索的药芯

2. 常用炸药的性能

常用的炸药主要有梯恩梯、硝铵类炸药、胶质炸药、黑火药等,其主要性能和用途见表3-6。

国产岩石硝铵炸药和露天硝铵炸药的品种及性能可见表3-7、表3-8。

表3-6　常用炸药主要性能及用途

名称	主要性能及特性	用途
梯恩梯(TNT、三硝基甲苯)	淡黄色或黄褐色,味苦,有毒,爆烟也有毒。安定性好,对冲击和摩擦的敏感性不大。块状时不易受潮,威力大	1. 作雷管副起爆药 2. 适用于露天及水下爆破,不宜用于通风不良的隧洞爆破和地下爆破
硝铵类炸药	硝铵类炸药是以硝酸铵为主要成分的混合炸药,常用的有铵梯炸药(又分露天铵梯炸药、岩石铵梯炸药、煤矿安全铵梯炸药)、铵油炸药、铵沥蜡炸药、浆状炸药、水胶炸药、乳化炸药等。炸药有毒,但爆烟毒气少,对热和机械作用敏感度不大,撞击摩擦不爆炸,不易点燃。易受潮,受潮后威力降低或不爆炸,长期存放易结块,雷管插入药包不得超过一昼夜	应用较广。适用于一般岩石爆破,也可用于地下工程爆破

续表 3-6

名称	主要性能及特性	用途
黑色火药	由硝石(75%)、硫黄(15%)、木炭(10%)混合而成。深蓝黑色,颗粒坚硬明亮,对摩擦、火花、撞击均较敏感,爆速低,威力小,易受潮,但制作简便,起爆容易(不用雷管)	常用于小型水利工程中的小型岩石爆破,不能用于水下工程
胶质炸药(硝化甘油)	由硝化棉吸收硝化甘油而制成,为淡黄色半透明体的胶状物,不溶于水,可在水中爆炸,威力大,敏感度高,有毒性。受撞击摩擦或折断药包均可引起爆炸,可点燃	主要用于水下爆破

表 3-7　岩石硝铵炸药的性能

性能	炸药名称					
	1#岩石硝铵炸药	2#岩石硝铵炸药	2#抗水岩石硝铵炸药	3#抗水岩石硝铵炸药	抗水岩石铵沥蜡炸药	4#抗水岩石硝铵炸药
水分(%),不大于	0.3	0.3	0.3	0.3	0.3	0.3
密度(g/cm³)	0.95~1.10	0.95~1.10	0.95~1.10	0.95~1.10	0.95~1.10	0.95~1.10
猛度(mm),不小于	13	12	12	10	9	14
爆力(cm³),不小于	350	320	320	280	260	360
殉爆(cm)浸水前,不小于	6	5	5	4	3	8
殉爆(cm)浸水后,不小于①			3	2	2	4
爆速(m/s)		3 600	3 750		3 182	
氧平衡(%)	0.52	3.38	0.37	0.71	0.74	0.43
比容(L/kg)	912	924	921	931	950	902
爆热(kJ/kg)	974	881	959	926	873	1 007
爆温(℃)	2 700	2 514	2 654	2 560	2 434	2 788
爆压(MPa)		0.33	0.36		0.25	

注：①浸水深 1 m,时间 1 h。

3.常用静态破碎剂型号及技术性能

　　静态破碎只是一种新型的破碎材料,它主要由氧化钙和无机化合物组成,其中氧化钙为主要膨胀源,它与水反应生成氢氧化钙固体,体积增大而对炮孔壁施加压力,从而达到破碎的作用。静态破碎剂使用方便,破碎介质没有响声、飞石、振动、空气冲击波和毒气,而且破裂方向可以控制,块度能满足要求,能有效地保护保留部分不受破坏。常用静态破碎剂型号及技术性能见表 3-9。

表 3-8　露天硝铵炸药的性能

性能	炸药名称					
	1#岩石硝铵炸药	2#岩石硝铵炸药	2#抗水岩石硝铵炸药	3#抗水岩石硝铵炸药	抗水岩石铵沥蜡炸药	4#抗水岩石硝铵炸药
水分(%),不大于	0.5	0.5	0.5	0.5	0.5	0.7
密度(g/cm³)	0.85~1.10	0.85~1.10	0.85~1.10	0.85~1.10	0.85~1.10	0.80~0.90
猛度(mm),不小于	11	8	5	11	8	8
爆力(cm³),不小于	300	250	230	300	250	240
殉爆(cm)浸水前,不小于	6	3	2	4	3	2
殉爆(cm)浸水后,不小于①				2	2	
爆速(m/s)	3 600	3 525	3 455	3 000	3 525	3 143
氧平衡(%)	0.52	3.38	0.37	0.71	0.74	0.43
比容(L/kg)	912	924	921	931	950	902
爆热(kJ/kg)	974	881	959	926	873	1 007
爆温(℃)	2 700	2 514	2 654	2 560	2 434	2 788
爆压(MPa)	0.33	0.36		0.25		

注:①浸水深 1 m,时间 1 h。

表 3-9　静态破碎剂型号及技术性能

牌号	型号	使用季节	使用温度(℃)	膨胀压力(MPa)	开裂时间(h)	用途
无声破碎剂	SCA－Ⅰ	夏	20~25	30~50	10~50	用于砖、石、混凝土和钢筋混凝土建筑物及构筑物的拆除;破碎各种岩石;切割花岗岩、大理石等
	SCA－Ⅱ	春、秋	10~25			
	SCA－Ⅲ	冬	5~15			
	SCA－Ⅳ	寒冬	-5~8			
静态破碎剂	JC－1－Ⅰ	夏	25	30~50	4~10	
	JC－1－Ⅱ	春、秋	10~25			
	JC－1－Ⅲ	冬	0~15			
	JC－1－Ⅳ	寒冬	0			
石灰静态破碎剂	YJ－Ⅰ	冬	-5~15	30~35	0.7~6	
	YJ－Ⅱ	春、秋	15~20			
	YJ－Ⅲ	夏	25~45			
静态破碎(南京型)	Ⅰ	春、秋	10~25		3~8	
	Ⅱ	冬	5~15			
	Ⅲ	寒冬	-5~10			
	Ⅳ	夏	25~35			

注:1. SCA 为塑料袋封装,每袋 5 kg,每箱 4 袋,要求初凝不早于 0.5 h,终凝不迟于 4 h。

2. 静态破碎剂有效使用期均为 6 个月。

3.2.2　起爆器材

起爆器材包括雷管、导火索和传爆线等。

3.2.2.1　火雷管

火雷管即普通雷管,由管壳、正副起爆药和加强帽三部分组成。管壳材料有铜、铝、纸、塑料等。上端开口,中段设加强帽,中有小孔,副起爆药压于管底,正起爆药压在上部。在管沟开口一端插入导火索,引爆后,火焰使正起爆药爆炸,最后引起副起爆药爆炸。

根据管内起爆药量的多少分 1~10 个号码,常用的为 6 号、8 号,其规格及主要性能见表 3-10。火雷管具有结构简单,生产效率高,使用方便、灵活,价格便宜,不受各种杂电、静电及感应电的干扰等优点。但由于导火索在传递火焰时,难以避免速燃、缓燃等致命弱点,在使用过程中爆破事故多,因此使用范围和使用量受到极大限制。

表 3-10　火雷管的规格及主要性能

雷管号码	6 号	6 号	8 号
雷管壳材料	铜铝铁	铜铝铁	纸
管壳(外径×全长) (mm×mm)	6.6×35	6.6×40	7.8×45
加强帽(外径×全长) (mm×mm)	6.16×6.5	6.16×6.5	6.25~6.32×6
特性	遇撞击、摩擦、搔扒、按压、火花、热等影响会发生爆炸;受潮容易失效		
点燃方法	利用导火索		
试验方法	外观检查:有裂口、锈点、砂眼、受潮、起爆药浮出等不能使用;振动试验:振动 5 min 不允许爆炸、洒药、加强帽移动;铅板炸孔:5 mm 厚的铅板(6 号用 4 mm 厚),炸穿孔径不小于雷管外径		
适用范围	用于一般爆破工程,但有沼气及矿尘较多的坑道工程不宜使用		
包装方式	内包装为纸盒,每盒 100 袋;外包装为木箱,每箱 50 盒 5 000 发		
有效保质期	2 年		

3.2.2.2　电雷管

电雷管分瞬发电雷管和迟发电雷管。延期电雷管分为秒或半秒延期电雷管与毫秒电雷管。

(1)瞬发电雷管。瞬发电雷管是瞬发火引爆的雷管,由火雷管和 1 个发火元件组成。当接通电源后,电流通过桥丝发热,使引火药头发火,导致整个雷管爆轰。瞬发电雷管的规格及主要性能见表 3-11。

瞬发雷电管的主要技术指标有:电阻、最高安全电流、最低准爆电流、铅板穿孔、进水时间等。

(2)普通延期电雷管。普通延期电雷管是雷管通电后,间隔一定时间才起爆的电雷管。延期时间为半秒或秒;延期时间是用精致火索段或延期药来达到的。延期时间由其长度、药量和延期药配比来调节。采用精致导火索段的结构称为索式结构;采用延期体的结构称为装配式结构。

表 3-11　瞬发电雷管的规格及主要性能

项目		紫铜雷管		铝雷管		纸雷管
规格(直径×长)（mm×mm）		6.6×35	6.6×40	6.6×35	6.6×40	7.8×45
脚线长度(mm)		750~1 200	1 000~1 600	1 500	2 000	2 500
性能	电阻(Ω)	0.85~1.2	0.90~1.25	0.95~1.35	1.05~1.45	1.15~1.55
	齐发性	发串联齐爆(通以 1.2 A 电流)				
	安全电流	0.05 A(康铜桥丝);0.02 A(镍铬桥丝)				
	发火电流	0.5~1.5 A				
检验方法		外观检查:金属壳雷管表面有绿色斑点和裂缝、皱痕或起爆药浮出,纸壳雷管表面有松裂、管底起爆药有碎裂以及脚线有扯断者,均不能使用;　导电检查:用小型电阻表检查电阻,同一线路中,雷管电阻差不大于 0.2 Ω;　震动试验:震动 5 min 不允许爆炸、结构损坏、断路、短路;　铅板炸孔:5 mm 厚的铅板(6 号用 4 mm 厚),炸穿直径不小于雷管外径				
适用范围		用于一切爆破工程起爆炸药、导爆索、导爆管,但在有瓦斯及矿尘爆炸危险的坑道工程不宜使用				
包装方式		内包装纸盒,每盒 100 发;外包装木箱,每箱 10 盒 1 000 发				
有效保质期		2 年				

　　该类雷管主要用于隧道掘进、采石、土方开挖等爆破作业中,在有瓦斯和煤尘爆炸危险的工作面不准使用延期电雷管。

　　(3)毫秒电雷管。毫秒电雷管有等间隔和非等间隔之分,段与段之间的间隔时间相等的称为等间隔,反之为非等间隔。

　　毫秒电雷管在爆破中应用越来越多,可降低爆破地震波、保护边坡、控制飞石。毫秒电雷管正在向高精度、多段数、多品种、多系列的方面发展,同时还要求它能抗静电、抗杂静电、耐高温、抗深水,以满足各种特殊要求的爆破需要。

　　(4)无起爆药毫秒电雷管。无起爆药雷管是目前最先进、最安全的雷管,由于取消雷管中正起爆药,实现整雷管只有单一猛炸药,并解决了无起爆药电雷管的群爆问题。

　　无起爆药雷管电性能和爆炸威力与普通毫秒雷管相同;冲击感度低于普通电雷管;耐火性能比普通雷管要好。由于其结构简单,操作使用完全可与普通雷管同样对待。

　　(5)安全电雷管。安全电雷管分为瞬发与毫秒两种,适用于瓦斯较突出的地下工程,配合安全炸药,在瓦斯矿井进行爆破。它是通过在雷管的猛炸药中加入消焰剂并改底部为平底结构等方法来实现安全起爆的。安全毫秒电雷管的延期时间必须控制在 130 ms 以内。

　　(6)非电雷管。非电雷管是指专用于非电导爆管起爆系统的雷管,包括瞬发、秒差和毫秒雷管,产品已成系统化,可应用于各种工程爆破。

3.2.2.3　导火索

　　导火索是用来起爆火雷管和黑火药的起爆材料。用于一般爆破工程,不宜用于有瓦斯或矿尘爆炸危险的作业面。它是用黑火药做芯药,用麻、棉纱和纸做包皮,外面并涂有沥青、油脂等防潮剂。

导火索的燃烧速度有两种:正常燃烧速度为 100~120 m/s,缓燃速度为 180~210 m/s。喷火强度不低于 50 mm。

国产导火索每盘长 250 m,耐水性一般不低于 2 h,直径 5~6 mm。

3.2.2.4 导爆索

导爆索用强度大、爆速高的烈性黑索金作为药芯,以棉线、纸条为包缠物,并涂以防潮剂,表面涂以红色。索头涂以防潮剂。

(1)技术指标:外径 4.8~6.2 mm;

(2)爆速不低于 6 500 m/s;

(3)抗拉强度:不小于 3 kN;

(4)点燃:用火焰点燃时不爆燃、不起爆;

(5)起爆性能:2 m 长的导爆索能完全起爆一个 200 g 的压装梯恩梯药块;

(6)导爆性能:用 8 号雷管起爆时能安全起爆。

导爆索不受电的干扰,使用安全,起爆准确可靠,并能同时起爆多个炮孔,同步性好,故在控制爆破中应用广泛;施工装药比较安全,网络敷设简单可靠;可在水孔或高温炮孔中使用。

3.2.2.5 导爆管

导爆管是一种半透明的具有一定强度、韧性、耐温、不透水的塑料管起爆材料。在塑料软管内壁涂薄薄一层胶状高性能混合炸药(主要为黑索金或奥克托金)装药量为(16±1.6) g/m。具有抗火、抗电、抗冲击、抗水以及导爆安全等特性。

其技术指标有:外径 3 mm;内径 1.4 mm;爆速 1 650~1 950 m/s;抗拉力:25 ℃时不低于 70 N,50 ℃时不低于 50 N、-40 ℃时不低于 100 N;耐静电性能:在 30 kV、30PF、极距 10 cm 条件下,1 min 不起爆;耐温性:(50±5)℃;(-40±5)℃时起爆,传爆可靠。

导爆管主要用于无瓦斯、矿尘的露天、井下、深水、杂散电流大和一次起爆多数炮孔的微差爆破作业中,或上述条件下的瞬发爆破或秒延期爆破。

3.2.3 起爆方法

按雷管的起爆方法不同,常用的起爆方法可分为电力起爆法、非电力起爆法和无线起爆法三类。非电力起爆法又包括火花起爆法、导爆索起爆法和导爆管起爆法。

3.2.3.1 电力起爆法

电力起爆法就是利用电能引爆电雷管进而起爆炸药的起爆方法,它所需的起爆器材有电雷管、导线和起爆源等。本法可以同时起爆多个药包,可间隔延期起爆,安全可靠。但是操作较复杂,准备工作量大,需较多电线,需一定检查仪表和电源设备。适用于大中型重要的爆破工程。

电力起爆网路主要有起爆电源、导线、电雷管等组成。

1.起爆电源

电力起爆的电源,可用普通照明电源或动力电源,最好是使用专线。当缺乏电源而爆破规模又较小和起爆的雷管数量不多时,也可用干电池或蓄电池组合使用。另外,还可以使用电容式起爆电源,即发爆器起爆。国产的发爆器有 10 发、30 发、50 发和 100 发的几种型号,最大一次可起爆 100 个以内串联的电雷管,十分方便。但因其电流很小,故不能起爆并联雷管。常用的形式有 DF – 100 型、FR81 – 25 型、FR81 – 50 型。

2. 导线

电爆网路中的导线一般采用绝缘良好的铜线和铝线。在大型电爆网路中的常用导线按其位置和作用划分为端线、连接线、区域线和主线。端线用来加长电雷管脚线,使之能引出孔口或洞室之外;通常采用断面为 $0.2 \sim 0.4 \ mm^2$ 的铜芯塑料皮软线。连接线是用来连接相邻炮孔或药室的导线,通常采用断面为 $1 \sim 4 \ mm^2$ 的铜芯或铝芯线。主线是连接区域与电源的导线,常用断面为 $16 \sim 150 \ mm^2$ 的铜芯或铝芯线。

3. 电雷管

电雷管主要参数有:最高安全电流、最低准爆电流、电雷管电阻。

(1)最高安全电流。给电雷管通以恒定的直流电,在较长时间(5 min)内不致使受发电雷管引火头发火的最大电流,称为电雷管最高安全电流。按规定,国产电雷管通 50 mA 的电流,持续 5 min 不爆的为合格产品。

按安全规程规定,测量电雷管电爆网路的爆破仪表,其输出工作电流不得大于 30 mA。

(2)最低准爆电流。给电雷管通以恒定的直流电。保证在 1 min 内必定使任何一发电雷管都能起爆的最小电流,称为最低准爆电流。国产电雷管的准爆电流不大于 0.7 A。

(3)电雷管电阻。电雷管电阻是指桥丝电阻与脚线电阻之和,又称电雷管安全电阻。电雷管在使用前应测定每个电雷管的电阻值(只准使用规定的专用仪表),在同一爆破网路中使用的电雷管应为同厂同型号产品。康铜桥丝雷管的电阻值差不得超过 0.3 Ω;镍铬桥丝雷管的电阻值差不得超过 0.8 Ω。电雷管的电阻值是进行电爆网路计算不可缺少的参数。

4. 电爆网路的连接方式

当有多个药包联合起爆时,电爆网路的连接可以采用串联、并联、串并联、并串联等方式。

(1)串联法。是将电雷管的脚线一个接一个地连在一起,并将两端的两根脚线接至主线,并通向电源。该法线路简单,计算和检查线路较易,导线消耗较小,需准爆电流小,可用放炮器、干电池、蓄电池做起爆电源。但整个起爆电路可靠性差,如一个雷管发生故障,或敏感度有差别,易发生拒爆现象。适用于爆破数量不多、炮孔分散、电源电流不大的小规模爆破。网络的计算如下:

总电阻

$$R = R_1 + R_2 + NR_A + R' \tag{3-7}$$

准爆电流

$$I = i \tag{3-8}$$

所需电压

$$E = RI = (R_1 + R_2 + NR_A + R')i \tag{3-9}$$

式中　R——电爆网路中的总电阻,Ω;

　　　I——电爆网路中所需总的准爆电流,A;

　　　R_1——丰导线的电阻,Ω;

R_2——端线、连接线、区域线的电阻，Ω；

N——电雷管的数目，个；

E——电源的电压，V；

R_A——每个电雷管的电阻，Ω，一般常取 1.5 Ω；

i——通过每个电雷管所需的准爆电流，A，对于用直流电源起爆成组电雷管，应不小于 2 A，对于用交流电源起爆，应不小于 2.5 A；

R'——电源的内电阻，Ω，当用照明线路或动力线路时可忽略不计。

如果 E 为已知，则实际通过电雷管的电流强度为

$$I = \frac{E}{R_1 + R_2 + NR_A + R'} \geqslant 1 \tag{3-10}$$

（2）并联法。是将所有电雷管的两根脚线分别接在两根主线上，或将所有雷管的其中一根脚线集合在一起，然后接在一根主线上，把另一根脚线也集合在一起，接在另一根主线上。其特点是：各个雷管的电流互不干扰，不易发生拒爆现象，当一个电雷管有故障时，不影响整个网路起爆。但导线电流消耗大、需较大截面主线；连接较复杂，检查不便；若分支电阻相差较大，可能产生不同时爆炸或拒爆。适用于炮孔集中、电源容量较大及起爆小量雷管时使用。该网路的计算如下：

总电阻

$$R = R_1 + R' + \frac{R_A}{N} + \frac{R_2}{M} \tag{3-11}$$

准爆电流

$$I = Ni \tag{3-12}$$

所需电压

$$E = RI = Ni\left(R_1 + R' + \frac{R_A}{N} + \frac{R_2}{M}\right) \tag{3-13}$$

式中　M——药室的数目，$M = N$；

其余符号意义同前。

（3）串并联法。是将所有雷管分成几组，同一组的电雷管串联在一起，然后组与组之间再并联在一起。这种方法需要的电流容量比并联法小，同组中的电流互不干扰；药室中使用成对的电雷管，可增加起爆的可靠性。但线路计算和敷设复杂，导线消耗量大。该法适用于每次爆破的炮孔、药包组很多，且距离较远或全部并联电流不足的场合。该网路的计算如下：

总电阻

$$R = R_1 + R' + \frac{1}{m}(R_2 + NR_A) \tag{3-14}$$

准爆电流

$$I = Mi \tag{3-15}$$

所需电压

$$E = RI = Mi\left[R_1 + R' + \frac{1}{M}(R_2 + NR_A)\right] \tag{3-16}$$

如果电源电压 E 已知，则实际通过每个雷管的电流为

$$I = \frac{E}{M\left[R_1 + R' + \frac{1}{M}(R_2 + NR_A)\right]} \geq i \tag{3-17}$$

(4)并串联法。将所有雷管分成几组,同一组的电雷管并联在一起。其特点是:可采用较小的电容量和较低的电压,可靠性比串联法强。但线路计算和敷设较复杂,有一个雷管拒爆时,将切断一个分组的线路。该法各分支线路电阻应注意平衡或基本接近。这种方法适用于一次起爆多个药包,且药室距离很长,或每个药室设两个以上的电雷管,而又要求进行迟发起爆的场合。该网络有计算如下:

总电阻

$$R = R_1 + R' + \frac{MR_A}{N} + R_2 \tag{3-18}$$

准爆电流

$$I = Ni \tag{3-19}$$

所需电压

$$E = RI = Ni\left(R_1 + R' + \frac{MR_A}{N} + R_2\right) \tag{3-20}$$

式中　M——药室的数目;

N——并联成组每一支路电雷管的数目;

其余符号意义同前。

3.2.3.2　非电力起爆法

1. 火花起爆法

火花起爆法是以导火索燃烧时的火花引爆雷管进而起爆炸药的起爆方法。火花起爆法所用的材料有火雷管、导火索及点燃导火索的点火材料等。

火花起爆法的优点是操作简单,准备工作少,成本较低。缺点是操作人员处于操作地点不够安全。目前主要用于浅孔和裸露药包的爆破,在有水或水下爆破中不能使用。

2. 导爆索起爆法

导爆索起爆法是用导爆索爆炸产生的能量直接引爆药包的起爆方法。这种起爆方法所用的起爆器材有雷管、导爆索、继爆管等。

导爆索起爆法的优点是导爆速度高,可同时起爆多个药包,准爆性好;连接形式简单,无复杂的操作技术;在药包中不需要放雷管,故装药、堵塞时都比较安全。缺点是成本高,不能用仪表来检查爆破线路的好坏。适用于瞬时起爆多个药包的炮孔、深孔或洞室爆破。

导爆索起爆网路的连接方式有并簇联和分段并联两种。

(1)并簇联:是将所有炮孔中引出的支导爆索的末端捆扎成一束或几束,然后与一根主导爆索相连接。这种方法同爆性好,但导爆索的消耗量较大,一般用于炮孔数不多又较集中的爆破。

(2)分段并联:是在炮孔或药室外敷设一条主导爆索,将各炮孔或药室中引出的支导爆索分别与主导爆索相连。分段并联法网路,导爆索消耗量小,适应性强,在网路的适当位置装上继爆管,可以实现毫秒微差爆破。

3. 导爆管起爆法

导爆管起爆法是利用塑料导爆管来传递冲击波引爆雷管,然后使药包爆炸的一种新式起爆方法。导爆管起爆网路通常由激发元件、传爆元件、起爆元件和连接元件组成。这种方法导爆速度高,可同时起爆多个药包;作业简单、安全;抗杂散电流,起爆可靠。但导爆管连接系统和网路设计较为复杂。适用于露天、井下、深水、杂散电流大和一次起爆多个药包的微差爆破作业中进行瞬发或秒延期爆破。

3.3 爆破施工

3.3.1 爆破的基本方法

3.3.1.1 裸露爆破法

裸露爆破法又称表面爆破法,是将药包直接放置于岩石的表面进行爆破。

药包放在块石或孤石的中部凹槽或裂隙部位,体积大于 1 m^3 的块石,药包可分数处放置,或在块石上打浅孔或浅穴破碎。为提高爆破效果,表面药包底部可做成集中爆力穴,药包上护以草皮或是泥土沙子,其厚度应大于药包高度或以粉状炸药敷 30 cm 厚。用电雷管或导爆索起爆。

裸露爆破法不需钻孔设备,操作简单迅速,但炸药消耗量大(比炮孔法多 3~5 倍),破碎岩石飞散较远。适于地面上大块岩石、大孤石的二次破碎及树根、水下岩石与改建工程的爆破。

3.3.1.2 浅孔爆破法

浅孔爆破法是在岩石上钻直径 25~50 mm、深 0.5~5 m 的圆柱形炮孔,装延长药包进行爆破。

炮孔直径通常用 35 mm、42 mm、45 mm、50 mm 几种。为使有较多临空面,常按阶梯型爆破使炮孔方向尽量与临空面平行成 30°~45°角;炮孔深度 L:对坚硬岩石,$L = (1.1~1.5)$ H,对中硬岩石,$L = H$,对松软岩石,$L = (0.85~0.95)H$(H 为爆破层厚度);最小抵抗线 $W = (0.6~0.8)H$;炮孔间距 $a = (1.4~2.0)W$(火雷管起爆时),或 $a = (0.8~2.0)W$(电力起爆时);炮孔布置一般为交错梅花形,依次逐排起爆,炮孔排距 $b = (0.8~1.2)W$;同时起爆多个炮孔应采用电力起爆或导爆索起爆。

浅孔爆破法不需要复杂的钻孔设备;施工操作简单,容易掌握;炸药消耗量少,飞石距离较近,岩石破碎均匀,便于控制开挖面的形状和尺寸,可在各种复杂条件下施工,在爆破作业中被广泛采用。但爆破量较小,效率低,钻孔工作量大。适于各种地形和施工现场比较狭窄的工作面上作业,如基坑、管沟、渠道、隧洞爆破或用于平整边坡、开采岩石、松动冻土及改建工程拆除控制爆破。

3.3.1.3 深孔爆破法

深孔爆破法是将药包放在直径 75~270 mm、深 5~30 m 的圆柱形深孔中爆破。爆破前宜先将地面爆成倾角大于 55°的阶梯形,做垂直、水平或倾斜的炮孔。钻孔用轻、中型露天潜孔钻。一般取 $h = (0.1~0.15)H$,炮孔间距 $a = (0.8~1.2)W$,炮孔排距 $b = (0.7~1.0)W$。装药采用分段或连续。爆破时,边排先起爆,后排依次起爆。

深孔爆破法单位岩石体积的钻孔量少,耗药量少,生产效率高。一次爆落石方量多,操作机械化,可减轻劳动强度。适用于料场、深基坑的松爆,场地整平及高阶梯中型爆破各种岩石。

3.3.1.4 药壶爆破法

药壶爆破法又称葫芦炮、坛子炮，是在炮孔底先放入少量的炸药，经过一次至数次爆破，扩大成近似圆球形的药壶，然后装入一定数量的炸药进行爆破，如图3-3所示。爆破前，地形宜先造成较多的临空面，最好是立崖和台阶。一般取 $W = (0.5 \sim 0.8)H, a = (0.8 \sim 1.2)W, b = (0.8 \sim 2.0)W$；堵塞长度为炮孔深的 $50\% \sim 90\%$。

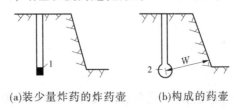

(a)装少量炸药的炸药壶　　(b)构成的药壶

1—药包；2—药壶

图3-3　药壶爆破法

每次爆扩药壶后，需间隔 $20 \sim 30$ min。扩大药壶用小木柄铁勺掏渣或用风管通入压缩空气吹出。当土质为黏土时，可以压缩，不需出渣。药壶法一般宜与炮孔法配合使用，以提高爆破效果。

药壶爆破法一般宜用电力起爆，并应敷设两套爆破路线；如用火花起爆，当药壶深为 $3 \sim 6$ m，应设两个火雷管同时点爆。药壶爆破法可减少钻孔工作量，可多装药，炮孔较深时，将延长药包变为集中药包，大大提高爆破效果。但扩大药壶时间较长，操作较复杂，破碎的岩石块度不够均匀，对坚硬岩石扩大药壶较困难，不能使用。适用于露天爆破阶梯高度为 $3 \sim 8$ m 的软岩石和中等坚硬岩层，坚硬或节理发育的岩层不宜采用。

3.3.1.5 洞室爆破法

洞室爆破法又称竖井法、蛇穴法。是在岩石内部开挖导洞（横洞或竖井）和药室进行爆破。导洞截面一般为 1 m $\times 1.5$ m（横洞）或 1 m $\times 1.2$ m 或直径 1.2 m（竖井）。设单药室或双药室（见图3-4）。横洞截面小于 0.6 m $\times 0.6$ m 时称蛇穴。药室应选择在最小抵抗线 W 比较大的地方或整体岩层内，并离边坡 1.5 m 左右。按洞长度一般为 $5 \sim 7$ m，其间距为洞深的 $1.2 \sim 1.5$ 倍。竖井深度一般为 $(0.9 \sim 1.0)H, a$ 及 $b = (0.6 \sim 0.8)H$，药室应在离底 $0.3 \sim 0.7$ m 处，再开挖浅横洞装集中药包。蛇穴底部即为药室。导洞及药室用人力或机械打炮孔爆破方法进行，横洞用轻轨小平板车出渣；竖井用卷扬机、绞车或桅杆吊斗出渣。横洞堵塞长度不应小于洞高的 3 倍，堵塞材料用碎石和黏土（或砂土）的混合物，靠近药室处宜用黏土或砂土堵塞密实。

洞室爆破法操作简单，爆破效果比炮孔法好，节约劳力，出渣容易（对横洞而言），凿孔工作量少，技术要求不高，同时不受炸药品种限制，可用黑火药。但开洞工作量大，较费时，排水堵洞较困难，速度慢，比药壶法费工稍多，工效稍低。适用于六类以上的较大量的坚硬石方爆破；竖井适用于场地整平、基坑开挖松动爆破；蛇穴适用于阶梯高不超过 6 m 的软质岩石或有夹层的岩石松爆。

3.3.2 爆破施工

水利工程施工中一般多采用炮眼法爆破。其施工程序大体为：炮孔位置选择、钻孔、制

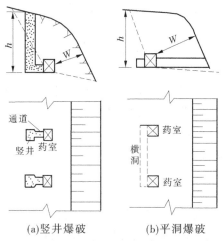

(a)竖井爆破　　　　　(b)平洞爆破

图 3-4　竖井爆破和平洞爆破的布置形式

作起爆药包、装药与堵塞、起爆等。

3.3.2.1　炮孔位置选择

选择炮孔位置时应注意以下几点：

(1)炮孔方向尽量不要与最小抵抗线方向重合，以免产生冲天炮。

(2)充分利用地形或利用其他方法增加爆破的临空面，提高爆破效果。

(3)炮孔应尽量垂直于岩石的层面、节理与裂隙，且不要穿过较宽的裂缝以免漏气。

3.3.2.2　钻孔

1. 人工打眼

人工打眼仅适用于钻设浅孔。人工打眼有单人打眼、双人打眼等方法。打眼的工具有钢杆、铁锤和掏勺等。

2. 风钻打眼

风钻是风动冲击式凿岩机的简称，在水利工程中使用最多。风钻按其应用条件及架持方法，可分为手持式、柱架式和伸缩式等。目前，我国水利工地普通采用的风钻型号与性能见表3-12。风钻用空心钻钎送入压缩空气将孔底凿碎的岩粉吹出，叫作干钻；用压力水将岩粉冲出的叫作湿钻。国家规定地下作业必须使用湿钻以减少粉尘，保护工人身体健康。

3.3.2.3　制作起爆药包

1. 火线雷管的制作

将导火索和火雷管联结在一起，叫火线雷管。制作火线雷管应在专用房间内，禁止在炸药库、住宅、爆破工点进行。制作的步骤是：①检查雷管和导火索；②按照需要长度，用锋利小刀切齐导火索，最短导火索不应少于 60 cm；③把导火索插入雷管，直到接触火帽为止，不要猛插和转动；④用铰钳夹夹紧雷管口(距管口 5 mm 以内)，用布包裹，严禁用嘴咬；⑤在接合部包上胶布防潮，当火线雷管不马上使用时，导火索点火的一端也应包上胶布。

2. 电雷管检查

对于电雷管应先进行外观检查，把有擦痕、生锈、铜绿、裂隙或其他损坏的雷管剔除，再用爆破电桥或小型欧姆计进行电阻及稳定性检查。为了保证安全，测定电雷管的仪表输出电流不得超过 50 mA。如发现有不导电的情况，应作为不良的电雷管处理。然后把电阻相同或电阻差不超过 0.25 Ω 的电雷管放置在一起,以备装药时串联在一条起爆网路上。

3. 制作起爆药包

起爆药包只许在爆破工点于装药前制作该次所需的数量。不得先做成成品备用。制作好的起爆药包应小心妥善保管,不得振动,亦不得抽出雷管。

制作时分如下几个步骤:①解开药筒一端;②用木棍(直径 5 mm,长 10 ~ 12 cm)轻轻地插入药筒中央然后抽出,并将雷管插入孔内;③雷管插入深度,易燃的硝化甘油炸药将雷管全部插入即可,其他不易燃炸药,雷管应埋在接近药筒的中部;④收拢包皮纸用绳子扎起来,如用于潮湿处则加以防潮处置,防潮时防水剂的温度不超过 60 ℃。

3.3.2.4　装药、堵塞及起爆

1. 装药

在装药前首先了解炮孔的深度、间距、排距等,由此决定装药量。根据孔中是否有水决定药包的种类或炸药的种类。同时还要清除炮孔内的岩粉和水分。在干孔内可装散药或药卷。在装药前,先用硬纸或铁皮在炮孔底部架空,形成聚能药包。炸药要分层用木棍压实,雷管的聚能穴指向孔底,雷管装在炸药全长的中部偏上处。在有水炮孔中装吸湿炸药时,注意不要将防水包装捣破,以免炸药受潮而拒爆。当孔深较大时,药包要用绳子吊下,不允许直接向孔内抛投,以免发生爆炸危险。

2. 堵塞

装药后即进行堵塞。对堵塞材料的要求是:与炮孔壁摩擦作用大,材料本身能结成一个整体,充填时易于密实,不漏气。可用 1∶2 的黏土粗砂堵塞,堵塞物要分层用木棍压实。在堵塞过程中,要注意不要将导火线折断或破坏导线的绝缘层。

上述工序完成后即可进行起爆。

3.4　控制爆破

控制爆破是为达到一定预期目的的爆破。如定向爆破、预裂爆破、光面爆破、岩塞爆破、微差控制爆破、拆除爆破、静态爆破、燃烧剂爆破等。下面仅介绍水利工程常用的几种。

3.4.1　定向爆破

定向爆破是一种加强抛掷爆破技术,它利用炸药爆炸能量的作用,在一定的条件下,可将一定数量的土岩经破碎后,按预定的方向,抛掷到预定地点,形成具有一定质量和形状的建筑物或开挖成一定断面的渠道的目的。

在水利水电建设中,可以用定向爆破技术修筑土石坝、围堰、截流戗堤及开挖渠道、溢洪道等。在一定条件下,采用定向爆破方法修建上述建筑物,较之用常规方法可缩短施工工期、节约劳力和资金。

定向爆破主要是使抛掷爆破最小抵抗线方向符合预定的抛掷方向,并且在最小抵抗线方向事先造成定向坑,利用空穴聚能效应,集中抛掷,这是保证定向的主要手段。造成定向坑的方法,在大多数情况下,都是利用辅助药包,让它在主药包起爆前先爆,形成一个起走向坑作用的爆破漏斗。如果地形有天然的凹面可以利用,也可不用辅助药包。

图 3-5(a)是用定向爆破堆筑堆石坝。药包设在坝顶高程以上的岸坡上。根据地形情

况,可从一岸爆破或两岸爆破。图 3-5(b)为定向爆破开挖渠道。在渠底埋设边行药包和主药包。边行药包先起爆,主药包的最小抵抗线就指向两边,在两边岩石尚未下落时,起爆主药包,中间岩体就连同原两边爆起的岩石一起抛向两岸。

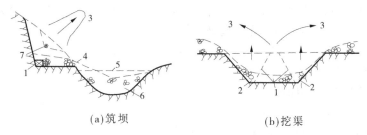

(a)筑坝　　　　　　　(b)挖渠

1—主药包;2—边行药包;3—抛掷方向;4—堆积体;5—筑坝;6—河床;7—辅助药包

图 3-5　定向爆破筑坝挖渠示意图

3.4.2　预裂爆破

进行石方开挖时,在主爆区爆破之前沿设计轮廓线先爆出一条具有一定宽度的贯穿裂缝,以缓冲、反射开挖爆破的振动波,控制其对保留岩体的破坏影响,使之获得较平整的开挖轮廓,此种爆破技术称为预裂爆破。

在水利水电工程施工中,预裂爆破不仅在垂直、倾斜开挖壁面上得到广泛应用;在规则的曲面、扭曲面,以及水平建基面等也采用预裂爆破。

预裂爆破要求:

(1)预裂缝要贯通且在地表有一定开裂宽度。对于中等坚硬岩石,缝宽不宜小于 1.0 cm;坚硬岩石缝宽应达到 0.5 cm 左右;但在松软岩石上缝宽达到 1.0 cm 以上时,减振作用并未显著提高,应多做些现场试验,以利于总结经验。

(2)预裂面开挖后的不平整度不宜大于 15 cm。预裂面不平整度通常是指预裂孔所形成的预裂面的凹凸程度,它是衡量钻孔和爆破参数合理性的重要指标,可依此验证、调整设计数据。

(3)预裂面上的炮孔痕迹保留率应不低于 80%,且炮孔附近岩石不出现严重的爆破裂隙。

预裂爆破主要技术措施如下:

(1)炮孔直径一般为 50~200 mm,对深孔宜采用较大的孔径。

(2)炮孔间距宜为孔径的 8~12 倍,坚硬岩石取小值。

(3)不耦合系数(炮孔直径 d 与药卷直径 d_0 的比值)建议取 2~4,坚硬岩石取小值。

(4)线装药密度一般取 250~400 g/m。

(5)药包结构形式,目前较多的是将药卷分散绑扎在传爆线上。分散药卷的相邻间距不宜大于 50 cm 和不大于药卷的殉爆距离。考虑到孔底的夹制作用较大,底部药包应加强,为线装药密度的 2~5 倍。

(6)装药时距孔口 1 m 左右的深度内不要装药,可用粗砂填塞,不必捣实。填塞段过短,容易形成漏斗,过长则不能出现裂缝。

3.4.3　光面爆破

　　光面爆破也是控制开挖轮廓的爆破方法之一。它与预裂爆破的不同之处在于光爆孔的爆破是在开挖主爆孔的药包爆破之后进行的。它可以使爆裂面光滑平顺,超欠挖均很少,能近似形成设计轮廓要求的爆破。光面爆破一般多用于地下工程的开挖,露天开挖工程中用得比较少,只是在一些有特殊要求或者条件有利的地方使用。

　　光面爆破的要领是孔径小、孔距密、装药少、同时爆。

　　光面爆破主要参数的确定:

　　(1)炮孔直径宜在 50 mm 以下。

　　(2)最小抵抗线 W 通常采用 $1 \sim 3$ m,或用下式计算:

$$W = (7 \sim 20)D \tag{3-21}$$

式中　D——炮孔直径,mm。

　　(3)炮孔间距 a。

$$a = (0.6 \sim 0.8)W \tag{3-22}$$

　　(4)单孔装药量。用线装药密度 Q_x 表示,即

$$Q_x = kaW \tag{3-23}$$

式中　K——单位耗药量,kg/m^3。

　　　　a——光面爆破炮孔间距,m;

　　　　W——光面爆破最小抵抗线,m。

3.4.4　岩塞爆破

　　岩塞爆破是一种水下控制爆破。在已成水库或天然湖泊内取水发电、灌溉、供水或泄洪时,为修建隧洞的取水工程,避免在深水中建造围堰,采用岩塞爆破是一种经济而有效的方法。它的施工特点是先从引水隧洞出口开挖,直到掌子面到达库底或湖底邻近,然后预留一定厚度的岩塞,待隧洞和进口控制闸门井全部建完后,一次将岩塞炸除,使隧洞和水库连通。

　　岩塞的布置应根据隧洞的使用要求、地形、地质因素来确定。岩塞宜选择在履盖层薄、岩石坚硬完整且层面与进口中线交角大的部位,特别应避开节理、裂隙、构造发育的部位。岩塞的开口尺寸应满足进水流量的要求。岩塞厚度应为开口直径的 $1 \sim 1.5$ 倍,太厚,难于一次爆通;太薄则不安全。

　　水下岩塞爆破装药量计算,应考虑岩塞上静水压力的阻抗,用药量应比常规抛掷爆破药量增大 $20\% \sim 30\%$。为了控制进口形状,岩塞周边采用预裂爆破以减震防裂。

3.4.5　微差控制爆破

　　微差控制爆破是一种应用特制的毫秒延期雷管,以毫秒级时差顺序起爆各个(组)药包的爆破技术。其原理是把普通齐发爆破的总炸药能量分割为多数较小的能量,采取合理的装药结构,最佳的微差间隔时间和起爆顺序,为每个药包创造多面临空条件,将齐发大量药包产生的地震波变成一长串小幅值的地震波,同时各药包产生的地震波相互干涉,从而降低地震效应,把爆破振动控制在给定水平之下爆破布孔和起爆顺序有成排顺序式、排内间隔式(又称 V 形式)、对角式、波浪式、径向式等,或由其他组合变换成的其他形式,其中以对角式效果最好,成排顺序式最差。采用对角式时,应使实际孔距与抵抗线比大于 2.5 以上,对软

石可为 6~8;相同段爆破孔数根据现场情况和一次起爆的允许炸药量而定,装药结构一般采用空气间隔装药或孔底留空气柱的方式,所留空气间隔的长度通常为药柱长度的 20%~35%。间隔装药可用导爆索或电雷管齐发或孔内微差引爆,后者能更有效地降震爆破采用毫秒延迟雷管。最佳微差间隔时间一般取 $(3~6)W(W$ 为最小抵抗线,m),刚性大的岩石取下限。

一般相邻两炮孔爆破时间间隔宜控制在 20~30 ms,不宜过大或过小;爆破网路宜采取可靠的导爆索与继爆管相结合的爆破网路,每孔至少一根导爆索,确保安全起爆;非电爆管网路要设复线,孔内线脚要设有保护措施,避免装填时把线脚拉断;导爆索网路联结要注意搭接长度、拐弯角度、接头方向,并捆扎牢固,不得松动。

微差控制爆破能有效地控制爆破冲击波、震动、噪声和飞石;操作简单、安全、迅速;可近火爆破而不造成伤害;破碎程度好,可提高爆破效率和技术经济效益。但该网路设计较为复杂;需特殊的毫秒延期雷管及导爆材料。微差控制爆破适用于开挖岩石地基、挖掘沟渠、拆除建筑物和基础,以及用于工程量与爆破面积较大,对截面形状、规格、减震、飞石、边坡后面有严格要求的控制爆破工程。

3.5　爆破施工安全知识

爆破工作的安全极为重要,从爆破材料的运输、储存、加工,到施工中的装填、起爆和销毁均应严格遵守各项爆破安全技术规程。

3.5.1　爆破、起爆材料的储存与保管

(1)爆破材料应储存在干燥、通风良好、相对湿度不大于 65% 的仓库内,库内温度应保持在 18~30 ℃;周围 5 m 内的范围,需清除一切树木和草皮。库房应有避雷装置,接地电阻不大于 10 Ω。库内应有消防设施。

(2)爆破材料仓库与民房、工厂、铁路、公路等应有一定的安全距离。炸药与雷管(导爆索)需分开储存,两库房的安全距离不应小于有关规定。同一库房内不同性质、批号的炸药应分开存放。严防虫鼠等啃咬。

(3)炸药与雷管成箱(盒)堆放要平稳、整齐。成箱炸药宜放在木板上,堆摆高度不得超过 1.7 m,宽度不超过 2 m,堆与堆之间应留有不小于 1.3 m 的通道,药堆与墙壁间的距离不应小于 0.3 m。

(4)施工现场临时仓库内爆破材料严格控制储存数量,炸药不得超过 3 t,雷管不得超过 10 000 个和相应数量的导火索。雷管应放在专用的木箱内,离炸药不少于 2 m 距离。

3.5.2　装卸、运输与管理

(1)爆破材料的装卸均应轻拿轻放,不得受到摩擦、震动、撞击、抛掷或转倒。堆放时要摆放平稳,不得散装、改装或倒放。

(2)爆破材料应使用专车运输,炸药与起爆材料、硝铵炸药与黑火药均不得在同一车辆、车厢装运。用汽车运输时,装载不得超过允许载重量的 2/3,行驶速度不应超过 20 km/h。

3.5.3　爆破操作安全要求

(1)装填炸药应按照设计规定的炸药品种、数量、位置进行。装药要分次装入,用竹棍

轻轻压实,不得用铁棒或用力压入炮孔内,不得用铁棒在药包上钻孔安设雷管或导爆索,必须用木棒或竹棒进行。当孔深较大时,药包要用绳子吊下,或用木制炮棍护送,不允许直接往孔内丢药包。

(2)起爆药卷(雷管)应设置在装药全长的 1/3 ~ 1/2 位置上(从炮孔口算起),雷管应置于装药中心,聚能穴应指向孔底,导爆索只许用锋利刀一次切割好。

(3)遇有暴风雨或闪电打雷时,应禁止装药、安设电雷管和联结电线等操作。

(4)在潮湿条件下进行爆破,药包及导火索表面应涂防潮剂加以保护,以防受潮失效。

(5)爆破孔洞的堵塞应保证要求的堵塞长度,充填密实不漏气。填充直孔可用干细砂土、砂子、黏土或水泥等惰性材料。最好用 1:(2 ~ 3)(黏土:粗砂)的泥砂混合物,含水量在 20%,分层轻轻压实,不得用力挤压。水平炮孔和斜孔宜用 2:1 土砂混合物,做成直径比炮孔小 5 ~ 8 mm,长 100 ~ 150 mm 的圆柱形炮泥棒填塞密实。填塞长度应大于最小抵抗线长度的 10% ~ 15%,在堵塞时应注意勿捣坏导火索和雷管的线脚。

(6)导火索长度应根据爆破员在完成全部炮眼和进入安全地点所需的时间来确定,其最短长度不得少于 1 m。

3.5.4　爆破安全距离

爆破时,应划出警戒范围,立好标志,现场人员应做到安全区域,并有专人警戒,以防爆破飞石、爆破地震、冲击波以及爆破毒气对人身造成伤害。爆破飞石、空气冲击波、爆破毒气对人身以及爆破震动对建筑物影响的安全距离计算。

3.5.4.1　**爆破地震安全距离**

目前国内外爆破工程多以建筑物所在地表的最大质点振动速度作为判别爆破振动对建筑物的破坏标准。通常采用的经验公式为

$$v = K\left(\frac{Q^{1/3}}{R}\right)^{\alpha} \tag{3-24}$$

式中　v——爆破地震对建筑物(或构筑物)及地基产生的质点垂直振动速度,cm/s;

K——与岩土性质、地形和爆破条件有关的系数,在土中爆破时 $K = 150 ~ 200$,在岩石中爆破时 $K = 100 ~ 150$;

Q——同时起爆的总装药量,kg;

R——药包中心到某一建筑物的距离,m;

α——爆破地震随距离衰减系数,可按 1.5 ~ 2.0 考虑。

观测成果表明:当 $v = 10 ~ 12$ cm/s 时,一般砖木结构的建筑物便可能破坏。

3.5.4.2　**爆破空气冲击波安全距离**

$$R_k = K_k \sqrt{Q} \tag{3-25}$$

式中　R_k——爆破冲击波的危害半径,m;

K_k——系数,对于人,$K_k = 5 ~ 10$,对建筑物要求安全无损时,裸露药包 $K_k = 50 ~ 150$,埋入药包 $K_k = 10 ~ 50$;

Q——同时起爆的最大的一次总装药量,kg。

3.5.4.3　**个别飞石安全距离(R_f)**

$$R_f = 20n^2W \tag{3-26}$$

式中 n——最大药包的爆破作用指数；

　　　 W——最小抵抗线，m。

实际采用的飞石安全距离不得小于下列数值：裸露药包 300 m；浅孔或深孔爆破 200 m；洞室爆破 400 m。

3.5.4.4 爆破毒气的危害范围

在工程实践中，常采用下述经验公式来估算有毒气体扩散安全距离（R_g）。

$$R_g = K_g \sqrt[3]{Q} \tag{3-27}$$

式中 R_g——有毒气体扩散安全距离，m；

　　　 K_g——系数，根据有关资料，K_g 的平均值为 160；

　　　 Q——爆破总装药量，t。

对于顺风向的安全距离应增大一倍。

3.5.5 爆破防护覆盖方法

（1）基础或地面以上构筑物爆破时，可在爆破部位上铺盖湿草垫或草袋（内装少量砂土）作头道防线，再在其上铺放胶管帘或胶垫，外面再以帆布棚覆盖，用绳索拉住捆紧，以阻挡爆破碎块，降低声响。

（2）对离建筑物较近或在附近有重要设备的地下设备基础爆破，应采用橡胶防护垫（用废汽车轮胎编织成排），环索联结在一起的粗圆木、铁丝网、脚手板等护盖其上防护。

（3）对一般破碎爆破，防飞石可用韧性好的铁丝爆破防护网、布垫、帆布、胶垫、旧布垫、荆笆、草垫、草袋或竹帘等作防护覆盖。

（4）对平面结构，如钢筋混凝土板或墙面的爆破，可在板（或墙面）上架设可拆卸的钢管架子（或作活动式），上盖铁丝网，再铺上内装少量砂土的草包形成一个防护罩防护。

（5）爆破时为保护周围建筑物及设备不被打坏，可在其周围用厚 5 cm 的木板加以掩护，并用铁丝捆牢，距炮孔距离不得小于 50 cm。如爆破体靠近钢结构或需保留部分，必须用砂袋加以保护，其厚度不小于 50 cm。

3.5.6 瞎炮的处理方法

通过引爆而未能爆炸的药包称为瞎炮。处理之前，必须查明拒爆原因，然后根据具体情况慎重处理。

（1）重爆法。瞎炮是由于炮孔外的电线电阻、导火索或电爆网（线）路不合要求而造成的，经检查可燃性和导电性能完好，纠正后，可以重新接线起爆。

（2）诱爆法。当炮孔不深（在 50 cm 以内）时，可用裸露爆破法炸毁；当炮孔较深时，距炮孔旁 60 cm 处（用人工打孔 30 cm 以上），钻（打）一与原炮孔平行的新炮孔，再重新装药起爆，将原瞎炮销毁。钻平行炮孔时，应将瞎炮的堵塞物掏出，插入一木棍，作为钻孔的导向标志。

（3）掏炮法。可用木制或竹制工具，小心地将炮孔上部的堵塞物掏出；如是硝铵类炸药，可用低压水浸泡并冲洗出整个药包，或以压缩空气和水混合物把炸药冲出来，将拒爆的雷管销毁，或将上部炸药掏出部分后，再重新装入起爆药包起爆。

在处理瞎炮时，严禁把带有雷管的药包从炮孔内拉出来，或者拉动电雷管上的导火索或雷管脚线，把电雷管从药包内拔出来，或掏动药包内的雷管。

第 4 章　土石坝工程

4.1　土石坝概况

土石坝是土坝与堆石坝的总称,是指由当地土料、石料或混合料,经过抛填、碾压方法堆筑成的挡水建筑物。由于筑坝材料主要来自坝区,因而也称当地材料坝。土石坝得以广泛应用和发展的主要原因是:

(1)可以就地取材,节约大量水泥、木材和钢材,几乎任何土石料均可筑坝。

(2)能适应各种不同的地形、地质和气候条件。

(3)大功率、多功能、高效率施工机械的发展,提高了土石坝的施工质量,加快了进度,降低了造价,促进了高土石坝建设的发展。

(4)岩土力学理论、试验手段和计算技术的发展,提高了大坝分析计算的水平,加快了设计进度,进一步保障了大坝设计的安全可靠性。

(5)高边坡、地下工程结构、高速水流消能防冲等设计和施工技术的综合发展,对加速土石坝的建设和推广也起了重要的促进作用。

(6)结构简单,便于维修和加高扩建等。

4.1.1　土石坝的工作特点

4.1.1.1　稳定方面

土石坝不会产生水平整体滑动。土石坝失稳的形式,主要是坝坡的滑动或坝坡连同部分坝基一起滑动。

4.1.1.2　渗流方面

土石坝挡水后,在坝体内形成由上游向下游的渗流。渗流不仅使水库损失水量,还易引起管涌、流土等渗透变形。坝体内渗流的水面线叫作浸润线,如图 4-1 所示。浸润线以下的土料承受着渗透动水压力,并使土的内摩擦角和黏结力减小,对坝坡稳定不利。

图 4-1　浸润线

4.1.1.3　冲刷方面

土石坝为散粒体结构,抗冲能力很低。

4.1.1.4　沉降方面

由于土石料存在较大的孔隙,且易产生相对的移动,在自重及其他荷载作用下产生沉降,分为均匀沉降和不均匀沉降。均匀沉降使坝顶高程不足,不均匀沉降还会产生裂缝。

4.1.1.5　其他方面

严寒地区水库水面冬季结冰膨胀对坝坡产生很大的推力,导致护坡的破坏。地震地区的地震惯性力也会增加滑坡和液化的可能性。

4.1.2　土石坝的类型

4.1.2.1　按坝高分类

土石坝按坝高可分为低坝、中坝和高坝。我国《碾压式土石坝设计规范》(DL/T 5395—2007)规定:高度在30 m以下的为低坝,高度在30~70 m的为中坝,高度超过70 m的为高坝。土石坝的坝高应从坝体防渗体(不含混凝土防渗墙、灌浆帷幕、截水墙等坝基防渗设施)底部或坝轴线部位的建基面算至坝顶(不含防浪墙),取其大者。

4.1.2.2　按施工方法分类

土石坝按施工方法可分为碾压式土石坝、水力冲填坝、水中填土坝、定向爆破堆石坝等。下面详细介绍几种土石坝。

　　1.碾压式土石坝

碾压式土石坝分层铺填土石料,分层压实填筑的,坝体质量良好,目前最为常用。世界上现有的高土石坝都是碾压式的。

按照土料在坝身内的配置和防渗体所用的材料种类,碾压式土石坝可分为以下几种主要类型:

(1)均质坝。坝体基本上是由均一的黏性土料筑成,整个剖面起防渗和稳定作用。

(2)黏土心墙坝和黏土斜墙坝。用透水性较好的砂石料做坝壳,以防渗性能较好的土质做防渗体。设在坝体中央或稍向上游倾斜的称为心墙坝或斜心墙坝;设在靠近上游面的称为斜墙坝。

(3)人工材料心墙和斜墙坝[见图4-2(d)、(e)、(f)]。防渗体由沥青混凝土、钢筋混凝土或其他人工材料,其余部分用土石料构成。

(4)多种土质坝。坝身由几种不同的土料构成。

　　2.水力冲填坝

水力充填坝式是以水力为动力完成土料的开采、运输和填筑全班工序而建成的坝。其施工方法是用机械抽水到高出坝顶的土场,以水冲击土料形成泥浆,然后通过泥浆泵将泥浆送到坝址,再经过沉淀和排水固结而筑成坝体。这种坝因筑坝质量难以保证,目前在国内外很少采用。

　　3.水中填土坝

水中填土坝是用易于崩解的土料,一层一层倒入由许多小土堤分隔围成的静水中填筑而成的坝。这种施工方法无须机械压实,而是靠土的重量进行压实和排水固结。该法施工受雨季影响小,工效较高,且不用专门碾压设备,但由于坝体填土干容重低,抗剪强度小,要求坝坡缓,工程量大等,仅在我国华北黄土地区,广东含砾风化黏性土地区曾用此法建造过一些坝,并未得到广泛的应用。

　　4.定向爆破堆石坝

定向爆破堆石坝是按预定要求埋设炸药,使爆出的大部分岩石抛填到预定的地点而堆成的坝。这种坝填筑防渗部分比较困难。

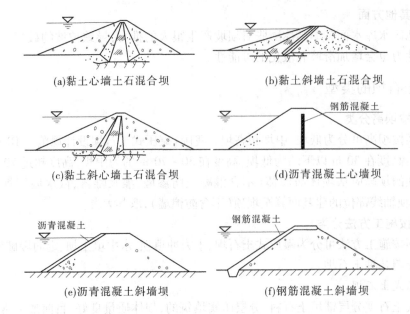

(a)黏土心墙土石混合坝　　　　　　(b)黏土斜墙土石混合坝

(c)黏土斜心墙土石混合坝　　　　　　(d)沥青混凝土心墙坝

(e)沥青混凝土斜墙坝　　　　　　(f)钢筋混凝土斜墙坝

图 4-2　土石坝的类型

以上四种坝中应用最广泛的是碾压式土石坝。

4.1.2.3　按坝体材料所占比例分类

土石坝按坝体材料所占比例可分为以下三种：

（1）土坝。土坝的坝体材料以土和砂砾为主。

（2）土石混合坝[见图 4-2(a)、(b)、(c)]。当两种材料均占相当比例时，称为土石混合坝。

（3）堆石坝。以石渣、卵石、爆破石料为主，除防渗体外，坝体的绝大部分或全部由石料堆筑起来的称为堆石坝。

4.2　土石坝的构造、材料与填筑标准、地基处理

4.2.1　土石坝的构造

土石坝的构造主要包括坝顶、防渗体、排水设施、护坡与坝坡排水等部分。

4.2.1.1　坝顶

坝顶护面材料应根据当地材料情况及坝顶用途确定，宜采用砂砾石、碎石、单层砌石或沥青混凝土等柔性材料。

坝顶面可向上、下游侧放坡，坡度宜根据降雨强度，在 2% ~ 3% 选择，并做好向下游的排水系统。坝顶上游侧宜设防浪墙，墙顶应高于坝顶 1.0 ~ 1.2 m，墙底必须与防渗体紧密结合，防浪墙应坚固而不透水。

4.2.1.2　防渗体

设置防渗设施的目的：减少通过坝体和坝基的渗流量；降低浸润线，增加下游坝坡的稳定性；降低渗透坡降，防止渗透变形。防渗体主要是心墙、斜墙、铺盖、截水墙等，它的结构尺

寸应能满足防渗、构造、施工和管理方面的要求。

1. 黏土心墙

心墙一般布置在坝体中部,有时稍偏上游并稍为倾斜,如图 4-3 所示。

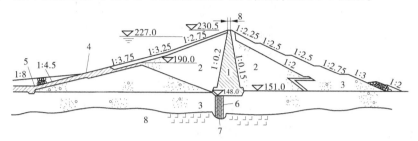

1—黏土心墙;2—半透水料;3—砂卵石;4—施工时挡土黏土斜墙;
5—盖层;6—混凝土防渗墙;7—灌浆帷幕;8—玄武岩
图 4-3　毛家村黏土心墙土石坝

心墙坝顶部厚度一般不小于 3 m,底部厚度不宜小于作用水头的 1/4。黏土心墙两侧边坡多在 1:0.15 ~ 1:0.3。心墙的顶部应高出设计洪水位 0.3 ~ 0.6 m,且不低于校核水位,当有可靠的防浪墙时,心墙顶部高程也不应低于设计洪水位。心墙顶与坝顶之间应设有保护层,厚度不小于该地区的冰结或干燥深度,同时按结构要求不宜小于 1 m。心墙与坝壳之间应设置过渡层,岩石地基上的心墙,一般还要设混凝土垫座,或修建 1 ~ 3 道混凝土齿墙。齿墙的高度为 1.5 ~ 2.0 m,切入岩基的深度常为 0.2 ~ 0.5 m,有时还要在下部进行帷幕灌浆。

2. 黏土斜墙

斜墙坝顶厚(指与斜墙上游坡面垂直的厚度)也不宜小于 3 m,底厚不宜小于作用水头的 1/5。墙顶应高出设计洪水位 0.6 ~ 0.8 m,且不低于校核水位。同样,如有可靠的防浪墙,斜墙顶部也不应低于设计洪水位。斜墙顶部和上游坡都必须设保护层,厚度不得小于冰冻和干燥深度,一般为 2 ~ 3 m。一般内坡不宜陡于 1:2.0,外坡常在 1:2.5 以上。斜墙与保护层以及下游坝体之间,应根据需要分别设置过渡层,如图 4-4 所示。

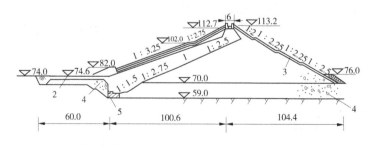

1—黏土斜墙;2—铺盖;3—坝坡;4—砂砾石;5—混凝土盖板齿墙
图 4-4　汤河土坝

3. 沥青混凝土防渗体

沥青混凝土防渗墙的结构形式有:心墙(见图 4-5)、斜墙。

沥青混凝土防渗墙的特点:①沥青混凝土具有良好的塑性和柔性,渗透系数为 10^{-7} ~ 10^{-10} cm/s,防渗性能好;②沥青混凝土在产生裂缝时,有较好的自行愈合能力;③施工受气候影响小。

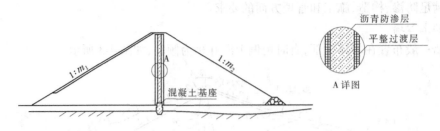

图 4-5　沥青混凝土心墙坝

沥青心墙受外界温度影响小,结构简单,修补困难,厚度 $H/30$,顶厚 30 ~ 40 cm,上游侧设黏性土过渡层,沥青墙坏了可修补,下游侧设排水。

沥青斜墙沥青不漏水,不需设排水;一层即可,斜墙与基础连接要适应变形,为柔性结构。

4.2.1.3　排水设施

由于在土石坝中渗流不可避免,所以土石坝应设置坝体排水,用以降低浸润线,改变渗流方向,防止渗流溢出处产生渗透变形,保护坝坡土不产生冻胀破坏。常用的坝体排水有以下几种形式。

1.贴坡排水

贴坡排水(见图4-6)可以防止坝坡土发生渗透破坏,保护坝坡免受下游波浪淘刷,对坝体施工干扰较小,易于检修,但不能有效地降低浸润线,多用于浸润线很低和下游无水的情况。土质防渗体分区坝常用这种排水体。

贴坡排水设计应遵守下列规定:顶部高程应高于坝体浸润线的逸出点,超过的高度应使坝体浸润线在该地区的冻结深度以下,1 级、2 级坝不小于 2.0 m,3 级、4 级和 5 级坝不小于1.5 m,并应超过波浪沿坡面的爬高;底部应设排水沟和排水体,材料应满足防浪护坡的要求。

2.棱体排水

棱体排水(见图4-7)可降低浸润线,防止渗透变形,保护下游坝脚不受尾水淘刷,且有支撑坝体增加稳定的作用。但石料用量较大、费用较高,与坝体施工有干扰,检修也较困难。

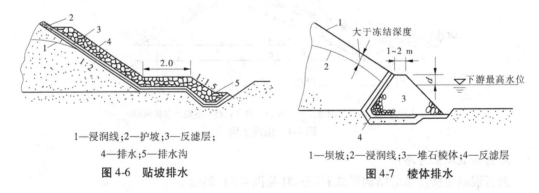

1—浸润线;2—护坡;3—反滤层;
4—排水;5—排水沟
图 4-6　贴坡排水

1—坝坡;2—浸润线;3—堆石棱体;4—反滤层
图 4-7　棱体排水

棱体排水设计应遵守下列规定:在下游坝脚处用块石堆成棱体,顶部高程应超出下游最高水位,超过的高度,1 级、2 级坝不小于 1.0 m,3 级、4 级和 5 级坝不小于 0.5 m,超出高度应大于波浪沿坡面的爬高;顶部高程应使坝体浸润线距坝面的距离大于该地区的冻结深度;顶部宽度应根据施工条件及检查观测需要确定但不宜小于 1.0 m;应避免在棱体上出现锐角。

3. 褥垫排水

褥垫排水(见图 4-8)是伸展到坝体内的排水设施,在坝基面上平铺一层厚 0.4~0.5 m 的块石,并用反滤层包裹。褥垫伸入坝体内的长度应根据渗流计算确定,对黏性土均质坝为坝底宽的 1/2,对砂性土均质坝为坝底宽的 1/3。

当下游水位低于排水设施时,褥垫排水降低浸润线的效果显著,还有助于坝基排水固结。但当坝基产生不均匀沉陷时,褥垫排水层易遭断裂,而且检修困难,施工时有干扰。

4. 管式排水

管式排水(见图 4-9)埋入坝体的暗管可以是带孔的陶瓦管、混凝土管或钢筋混凝土管,还可以是由碎石堆筑而成的。平行于坝轴线的集水管收集渗水,经由垂直于坝轴线的排水管排向下游。

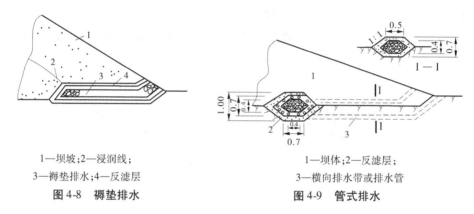

1—坝坡;2—浸润线;　　　　　　　　1—坝体;2—反滤层;
3—褥垫排水;4—反滤层　　　　　　3—横向排水带或排水管

图 4-8　褥垫排水　　　　　　　　　图 4-9　管式排水

管式排水的优缺点与褥垫式排水相似。排水效果不如褥垫式好,但用料少。一般用于土石坝岸坡地段,因为这里坝体下游经常无水,排水效果好。

5. 综合式排水

在实际工程中常根据具体情况采用几种排水形式组合在一起的综合式排水,如图 4-10 所示。

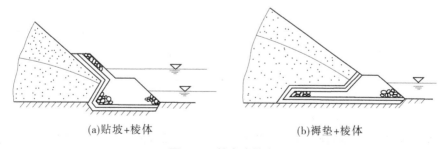

(a)贴坡+棱体　　　　　　　　　　　(b)褥垫+棱体

图 4-10　综合式排水

4.2.1.4　土石坝的护坡与坝坡排水

护坡的形式、厚度及材料粒径应根据坝的等级、运用条件和当地材料情况,根据以下因素进行技术经济比较确定。上游护坡应考虑:波浪淘刷,顺坝水流冲刷,漂浮物和冰层的撞击及冻冰的挤压。下游护坡应考虑:冻胀、干裂及蚁、鼠等动物的破坏;雨水、大风、水下部位的风浪、冰层和水流的作用。

1.上游护坡

上游护坡的形式有:堆石(抛石)护坡,干砌石护坡,浆砌石,预制或现浇的混凝土或钢筋混凝土板(或块),沥青混凝土,其他形式(如水泥土)。

护坡的范围为:上部自坝顶起,如设防浪墙时应与防浪墙连接;下部至死水位以下不宜小于 2.50 m,4 级、5 级坝可减至 1.50 m,最低水位不确定时应护至坝脚。

(1)堆石(抛石)护坡。是将适当级配的石块倾倒在坝面垫层上的一种护坡。其优点是施工速度快,节省人力,但工程量比砌石护坡大。堆石厚度一般认为至少要包括 2~3 层块石,这样便于在波浪作用下自动调整,不致因垫层暴露而遭到破坏。当坝壳为黏性小的细粒土料时,往往需要两层垫层,靠近坝壳的一层垫层最小厚度为 15 cm。

(2)砌石护坡。是用人工将块石铺砌在碎石或砾石垫层上,有干砌石和浆砌石两种。要求石料比较坚硬并耐风化。

干砌石应力求嵌紧,石块大小及护坡厚度应根据风浪大小经过计算确定,通常厚度为 20~60 cm。有时根据需要用 2~3 层的垫层,它也起反滤作用。砌石护坡构造如图 4-11 所示。

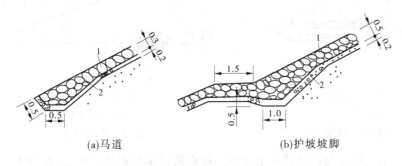

(a)马道　　　　　　　　　　　　　(b)护坡坡脚

1—砌石护坡;2—垫层

图 4-11　砌石护坡构造　（单位:m）

浆砌块石护坡能承受较大的风浪,也有较好的抗冰层推力的性能。但水泥用量大,造价较高。若坝体为黏性土,则要有足够厚度的非黏性土防冻垫层,同时要留有一定缝隙以便排水通畅。

(3)混凝土和钢筋混凝土板护坡。当筑坝地区缺乏石料时可考虑采用此种形式。预制板的尺寸一般采用:方形板为 1.5 m×2.5 m、2 m×2 m 或 3 m×3 m,厚为 0.10~0.20 m。预制板底部设砂砾石或碎石垫层。现场浇筑的尺寸可大些,可采用 5 m×5 m、10 m×10 m 甚至 20 m×20 m。严寒地区冰推力对护坡危害很大,因此也用混凝土板做护坡的,但其垫层厚度要超过冻深,如图 4-12 所示。

(4)水泥土护坡。将粗砂、中砂、细砂掺上 7%~12% 的水泥(重量比),分层填筑于坝面作为护坡,叫水泥土护坡。它是随着土石坝逐层填筑压实的,每层压实后的厚度不超过 15 cm。这种护坡厚度为 0.6~0.8 m,相应的水平宽度为 2~3 m,如图 4-13 所示。

(5)渣油混凝土护坡。在坝面上先铺一层厚 3 cm 的渣油混凝土(夯实后的厚度),上铺 10 cm 的卵石做排水层(不夯),第三层铺 8~10 cm 的渣油混凝土,夯实后在第三层表面倾倒温度为 130~140 ℃的渣油砂浆,并立即将 0.5 m×1.0 m×0.15 m 的混凝土板平铺其上,板缝间用渣油砂浆灌满。这种护坡在冰冻区试用成功,如图 4-14 所示。

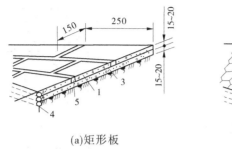
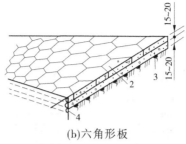

(a)矩形板　　　　　　　(b)六角形板

1—矩形混凝土板;2—六角形混凝土板;
3—碎石或砾石;4—木档柱;5—结合缝

图 4-12　混凝土板护坡　(单位:cm)

以上各种护坡的垫层按反滤层要求确定。垫层厚度一般对砂土可用 15 ~ 30 cm 以上,卵砾石或碎石可用 30 ~ 60 cm 以上。

2.下游护坡

下游护坡形式有:干砌石、堆石、卵石和碎石、草皮、钢筋混凝土框格填石,其他形式(如土工合成材料)。

护坡的范围为由坝顶护至排水棱体,无排水棱体时护至坝脚。

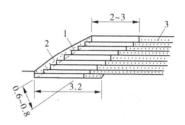

1—土壤水泥护坡;2—潮湿土壤保护层;
3—压实的透水土料

图 4-13　水泥土护坡　(单位:m)

3.坝坡排水

为了防止雨水的冲刷,在下游坝坡上常设置纵横向连通的排水沟。常用的形式有纵沟、横沟和岸坡排水沟。

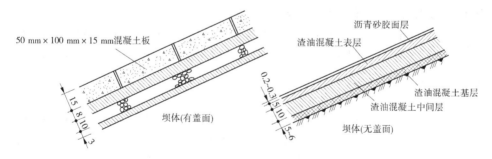

图 4-14　渣油混凝土护坡　(单位:m)

沿土石坝与岸坡的结合处,常设置岸坡排水沟用来拦截山坡上的雨水。坝面上的纵向排水沟沿马道内侧布置,用浆砌石或混凝土板铺设成矩形或梯形。若坝较短,纵向排水沟拦截的雨水可引至两岸的排水沟排至下游。若坝较长,则应沿坝轴线方向每隔 50 ~ 100 m 左右设一横向排水沟,以便排除雨水。排水沟的横断面,一般深 0.2 m,宽 0.3 m,如图 4-15 所示。

4.2.2　筑坝材料与填筑标准

4.2.2.1　坝体各组成部分对材料的要求

坝体不同部分由于任务和工作条件不同,对材料的要求也有所不同。

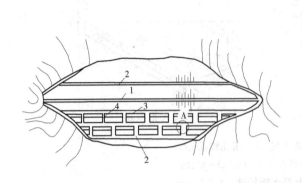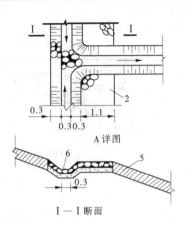

1—坝顶;2—马道;3—纵向排水沟;4—横向排水沟;

5—草皮护坡;6—浆砌石排水沟

图 4-15　排水沟布置与构造 （单位:m）

1.均质坝土料

均质坝土料应具有一定的抗渗性能,其渗透系数不宜大于 1×10^{-4} cm/s;黏粒含量一般为 10%~30%;有机质含量(按质量计)不大于 5%,最常用于均质坝的土料是砂质黏土和壤土。

2.防渗体土料

防渗体土料应满足下列要求:①渗透系数,均质坝应不大于 1×10^{-4} cm/s,心墙和斜墙应不大于 1×10^{-5} cm/s;②水溶盐(指易溶盐、中溶盐,按质量计)含量不大于 3%;③有机质含量(按质量计),均质坝应不大于 5%,心墙和斜墙应不大于 2%;④具有较好的塑性和渗透稳定性;⑤浸水与失水时体积变化较小。

以下几种黏性土不宜作为坝的防渗体填筑料,必须采用时,应根据其特性采取相应的措施。塑性指数大于 20 和液限大于 40%的冲积黏土;膨胀土;开挖、压实困难的干硬黏土;冻土;分散性黏土。

3.坝壳土石料

料场开采和建筑物开挖的无黏性土(包括砂、砾石、卵石、漂石等)、石料和风化料、砾石土均可作为坝壳料,并应根据材料性质用于坝壳的不同部位。均匀中、细砂及粉砂可用于中、低坝坝壳的干燥区。但地震区不宜采用。采用风化石料和软岩填筑坝壳时,应按压实后的级配研究确定材料的物理力学指标,并应考虑浸水后抗剪强度的降低、压缩性增加等不利情况。对软化系数低、不能压碎成砾石的风化石料和软岩宜填筑在干燥区。下游坝壳水下部位和上游坝壳水位变动区应采用透水料填筑。

4.排水体、护坡石料

反滤料、过渡层料和排水体料应符合下列要求:质地致密;抗水性和抗风化性能满足工程运用的技术要求;具有符合使用要求的级配和透水性;反滤料和排水体料中粒径小于 0.075 mm 的颗粒含量应不超过 5%。

反滤料可利用天然或经过筛选的砂砾石料,也可采用块石、砾石轧制,或天然和轧制的掺和料。3 级低坝经过论证可采用土工织物作为反滤层。

护坡石料应采用质地致密、抗水性和抗风化性能满足工程运用条件要求的硬岩石料。

4.2.2.2 土料填筑标准的确定

1. 黏性土的压实标准

对不含砾或含少量砾的黏性土的填筑标准应以压实度和最优含水量作为控制指标。黏性土压实最优含水量多在塑限附近,设计干容重应以标准击实试验平均最大干容重乘以压实度确定。

$$\gamma_d = P\gamma_{dmax} \tag{4-1}$$

式中　γ_d——设计干容重,kN/m³;

　　　P——压实度;

　　　γ_{dmax}——标准击实试验平均最大干容重,kN/m³。

对于 1、2 级坝和高坝压实度为 0.98~1.00,对于 3 级及其以下的中坝压实度为 0.96~0.98;设计地震烈度为 8 度、9 度地区,宜取上述规定的大值;有特殊用途和性质特殊的土料压实度宜另行确定。

2. 非黏性土料的压实标准

砂砾石和砂的填筑标准以相对密度为设计控制指标,并应符合下列要求:砂砾石的相对密度不应低于 0.75,砂的相对密度不应低于 0.70,反滤料宜为 0.70;砂砾料中粗粒料含量小于 50% 时,应保证细料(粒径小于 5 mm 的颗粒)的相对密度也符合上述要求;地震区的相对密度设计标准应符合《水工建筑物抗震设计规范》(DL 5073—2000)的规定。压密程度一般与含水量关系不大,而与粒径级配和压实功能有密切关系。非黏性土料设计中的一个重要问题是防止产生液化,解决的途径除要求有较高的密实度外,还要注意颗粒不能太小,级配要适当,不能过于均匀。

堆石料的填筑标准宜用孔隙率为设计控制指标,并应符合下列要求:土质防渗体分区坝和沥青混凝土心墙坝的堆石料,孔隙率宜取 20%~28%;沥青混凝土面板坝堆石料的孔隙率宜在混凝土面板堆石坝和土质防渗体分区坝的孔隙率之间选择;采用软岩、风化岩石筑坝时,孔隙率宜根据坝体变形、应力及抗剪强度等要求确定;设计地震烈度为 8 度、9 度的地区,可取上述孔隙率的小值。

4.2.3 土石坝地基处理

土石坝对地基的要求比混凝土低,可不必挖除地表透水土壤和砂砾石等,但地基性质对土石坝的构造和尺寸仍有很大的影响。据资料统计,土石坝约有 40% 的失事是由地基问题所引起的。

土石坝地基处理的任务是:

(1)控制渗流,使地基与坝身不产生渗透变形,并把渗流流量控制在允许的范围内;

(2)保证地基稳定不发生滑动;

(3)控制沉降与不均匀沉降,以限制坝体裂缝的发生。

4.2.3.1 砂砾石地基的处理

砂砾石地基处理的主要问题:地基透水性大。处理的目的是减少地基的渗流量并保证地基和坝体的抗渗稳定。处理方法是"上防下排",上防包括水平防渗措施和垂直防渗措施,下排主要是排水减压。

1. 垂直防渗设施

垂直防渗措施能够截断地基渗流，可靠而有效地解决地基渗流问题。

1）黏土截水墙

当覆盖层深度在 15 m 以内时，可开挖深槽直达不透水层或基岩，槽内回填黏性土而成截水墙（也称截水槽），心墙坝、斜墙坝常将防渗体向下延伸至不透水层而成截水墙。

截水墙结构简单、工作可靠、防渗效果好，得到了广泛的应用。缺点是槽身挖填和坝体填筑不便同时进行，若汛前要达到一定的坝高拦洪度汛，工期较紧。

2）混凝土防渗墙

用钻机或其他设备沿坝轴线方向造成圆孔或槽孔，在孔中浇混凝土，最后连成一片，成为整体的混凝土防渗墙，适用于透水层深度大于 50 m 的情况。

3）帷幕灌浆

当砂卵石层很厚时，用上述处理方法都较困难或不够经济，可采用灌浆帷幕防渗。

帷幕灌浆的施工方法是：采用高压定向喷射灌浆技术，通过喷嘴的高压气流切割地层成缝槽，在缝槽中灌压水泥砂浆，凝结后形成防渗板墙。其特点是可以处理较深的砂砾石地基，但对地层的可灌性要求高，地层的可灌性：$M < 5$，不可灌；$M = 5 \sim 10$，可灌性差；$M > 10 \sim 15$，可灌水泥黏土砂浆或水泥砂浆。M 的计算按下式计算：

$$M = \frac{D_{15}}{d_{85}} \tag{4-2}$$

式中　D_{15}——受灌土层中小于此粒径的土重占总土重的 15%，mm；

　　　d_{85}——灌浆材料中小于此粒径的土重占总土重的 85%，mm。

灌浆帷幕的厚度 T，根据帷幕最大作用水头 H 和允许水力坡降 $[J]$，按下式估算：

$$T = \frac{H}{[J]} \tag{4-3}$$

式中　H——最大设计水头，m；

　　　$[J]$——帷幕的允许比降，对于一般水泥黏土浆，可采用 $3 \sim 4$。

2. 上游水平防渗铺盖

铺盖是一种由黏性土做成的水平防渗设施，是斜墙、心墙或均质坝体向上游延伸的部分。当采用垂直防渗有困难或不经济时，可考虑采用铺盖防渗。防渗铺盖构造简单，造价低，但它不能完全截断渗流，只是通过延长渗径的办法，降低渗透坡降，减小渗透流量，但防渗效果不如垂直防渗体。

3. 下游排水减压设施

常用的排水减压设施有排水沟和排水减压井。

排水沟在坝趾稍下游平行坝轴线设置，沟底深入到透水的砂砾石层内，沟顶略高于地面，以防止周围表土的冲淤。按其构造，可分为暗沟和明沟两种。两者都应沿渗流方向按反波层布置，明沟沟底与下游的河道连接。

将深层承压水导出水面，然后从排水沟中排出，其构造如图 4-16 所示。在钻孔中插入带有孔眼的井管，周围包以反滤料，管的直径一般为 20 ~ 30 cm，井距一般为 20 ~ 30 m。

4.2.3.2　细砂与淤泥地基处理

1. 细砂地基

饱和的均匀细砂地基在动力作用下，特别是在地震作用下易于液化，应采取工程措施加以处理。当厚度不大时,可考虑将其挖除。当厚度较大时,可首先考虑采取人工加密措施,使之达到与设计地震烈度相适应的密实状态,然后采取加盖重,加强排水等附加防护设施。

2.淤泥地基

淤泥地基天然含水量大,容重小,抗剪强度低、承载能力小。当埋藏较浅且分布范围不大时,一般应把它全部挖除;当埋藏较深、分布范围又较宽时,则常采用压重法或设置砂井加速排水固结。压重施加于坝趾处。

砂井排水法,是在坝基中钻孔,然后在孔中填入砂砾,在地基中形成砂桩的一种方法。设置砂井后,地基中排除孔隙水的条件大为改善,可有效地增加地基土的固结速度。

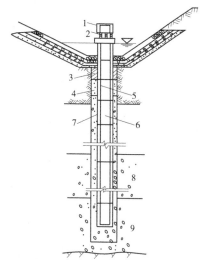

1—井帽;2—钢丝出水口;3—回填混凝土;
4—回填砂;5—上升管;6—穿孔管;
7—反滤层;8—砂砾石;9—砂卵石
图 4-16 减压井布置

4.2.3.3 软黏土和黄土地基处理

软黏土层较薄时,一般全部挖除。当土层较薄而其强度并不太低时,可只将表面较薄的可能不稳定的部位挖除,换填较高强度的砂,称为换砂法。

黄土地基在我国西北部地区分布较广,其主要特点是浸水后沉降较大。处理的方法一般有:预先浸水,使其湿陷加固;将表层土挖除,换土压实;夯实表层土,破坏黄土的天然结构,使其密实等。

4.2.3.4 土坝坝体与地基及岸坡连接

1.坝体与土质地基及岸坡的连接

坝体与土质地基及岸坡的连接必须做到:①清除坝体与地基、岸坡接触范围内的草皮树干、树根、含有植物的表土、蛮石、垃圾及其他废料,并将清理后的地基表面土层压实;②对坝体断面范围内的低强度、高压缩性软土及地震时易于液化的土层,进行清除或处理;③土质防渗体必须坐落在相对不透水坝基上,否则应采取适当的防渗处理措施;④地基覆盖层与下游坝壳粗粒料(如堆石)接触处,应符合反滤层要求,否则必须设置反滤层,以防止坝基土流失到坝壳中。

心墙和斜墙在与两端岸坡连接处应扩大其断面,加强连接处防渗性。

2.坝体与岩石地基及岸坡的连接

如图 4-17 所示,坝体与岩石地基及岸坡的连接必须做到:

(1)坝断面范围内的岩石地基与岸坡,应清除表面松动石块、凹处积土和突出的岩石。

(2)土质防渗体和反滤层应与相对不透水的新鲜或弱风化岩石相连接。基岩面上一般宜设混凝土盖板、喷混凝土层或喷浆层,将基岩与土质防渗体分隔开来,以防止接触冲刷。

(3)对失水时很快风化变质的软岩石(如页岩、泥岩等),开挖时应预留保护层,待开始回填时,随挖除、随回填。

(4)土质防渗体与岩石或混凝土建筑物相接处,如防渗土料为细粒黏性土,则在邻近接触面0.5~1.0 m范围内,在填土前用黏土浆抹面。如防渗土料为砾石土,临近接触面应采

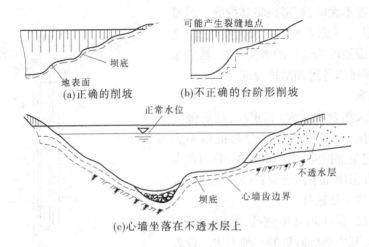

图 4-17　土石坝与岸坡的连接

用纯黏性土或砾石含量少的黏性土,在略高于最优含水量下填筑,使其结合良好。

4.3　土石坝设计

4.3.1　土石坝的剖面尺寸

土石坝的剖面尺寸是根据坝高和坝的级别、筑坝材料、坝型、坝基情况及施工、运行等条件,参照工程经验初步拟定坝顶高程、坝顶宽度和坝坡,然后通过渗流、稳定分析,最终确定的合理的剖面形状。

4.3.1.1　坝顶高程

坝顶高程等于水库静水位与相应的坝顶超高之和,应按以下运用条件计算,取其最大值:①设计洪水位加正常运用条件的坝顶超高;②正常蓄水位加正常运用条件的坝顶超高;③校核洪水位加非常运用条件的坝顶超高;④正常蓄水位加非常运用条件的坝顶超高,再加地震安全加高(地震区)。

坝顶超高值 y 用下式计算(适用于 $V < 20$ m/s,$D < 20$ km 的情况),如图 4-18 所示。

$$y = R + e + A \tag{4-4}$$

式中　y——坝顶超高,m;

　　　R——波浪在坝坡上的最大爬高,m;

　　　e——最大风壅水面高度,m;

　　　A——安全加高,m。

波浪爬高 R,是指波浪沿建筑物坡面爬升的垂直高度(由风壅水面算起),如图 4-18 中的 R。它与坝前的波浪要素(波高和波长)、坝坡坡度、坡面糙率、坝前水深、风速等因素有关。具体方法见《碾压式土石坝设计规范》(DL/T 5395—2007),其具体计算方法如下。

(1)波浪的平均爬高 R_m。当坝坡系数 $m = 1.5 \sim 5.0$ 时,平均爬高 R_m 计算公式为

$$R_m = \frac{K_\Delta K_w}{\sqrt{1 + m^2}} \sqrt{h_m L_m} \tag{4-5}$$

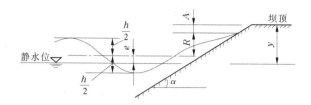

图 4-18　坝顶超高计算

当 $m \leqslant 1.25$ 时

$$R_{\mathrm{m}} = K_{\Delta} K_{\mathrm{w}} R_0 h_{\mathrm{m}} \tag{4-6}$$

式中　R_0——无风情况下,平均波高 $h_{\mathrm{m}} = 1.0$ m,$K_{\Delta} = 1$ 时的爬高值,可查表 4-1;

　　　K_{Δ}——斜坡的糙率渗透系数,根据护面的类型查表 4-2;

　　　K_{w}——经验系数,按表 4-3 确定;

　　　m——单坡的坡度系数,若单坡坡角为 α,则 $m = \cot\alpha$;

　　　h_{m}、L_{m}——平均波高和波长,m,采用薄田试验站公式计算。

当 $1.25 < m < 1.5$ 时,可由直线内插求得。

表 4-1　R_0 值

m	0	0.5	1.0	1.25
R_0	1.24	1.45	2.20	2.50

表 4-2　糙率渗透系数 K_{Δ}

护面类型	K_{Δ}	护面类型	K_{Δ}
光滑不透水护面(沥青混凝土)	1.0	砌石护面	0.75 ~ 0.80
混凝土板护面	0.9	抛填两层块石(不透水基础)	0.60 ~ 0.65
草皮护面	0.85 ~ 0.9	抛填两层块石(透水基础)	0.50 ~ 0.55

表 4-3　经验系数 K_{w}

$\dfrac{v_0}{\sqrt{gH}}$	≤1	1.5	2.0	2.5	3.0	3.5	4.0	>5.0
K_{w}	1	1.02	1.08	1.16	1.22	1.25	1.28	1.33

(2)设计爬高 R。不同累计频率的爬高 R_p 与 R_{m} 的比,可根据爬高统计分布表(见表 4-4)确定。设计爬高值按建筑物级别而定,对于 1、2、3 级土石坝取累计频率 $P = 1\%$ 的爬高值 $R_{1\%}$;对 4、5 级坝取 $P = 5\%$ 的 $R_{5\%}$。

表 4-4　爬高统计分布(R_p/R_m)

h_{m}/H	$P(\%)$									
	0.1	1	2	4	5	10	14	20	30	50
<0.1	2.66	2.23	2.7	1.0	1.84	1.64	1.53	1.39	1.22	0.96
0.1 ~ 0.3	2.44	2.08	1.94	1.80	1.75	1.57	1.48	1.36	1.21	0.97
>0.3	2.3	1.86	1.76	1.65	1.61	1.48	1.39	1.31	1.19	0.99

当风向与坝轴的法线成一夹角 β 时,波浪爬高应乘以折减系数 K_β,其值由表 4-5 确定。

表 4-5 斜向坡折减系数 K_β

β (°)	0	10	20	30	40	50	60
K_β	1	0.98	0.96	0.92	0.87	0.82	0.76

风壅水面高度 e 可按下式计算:

$$e = \frac{KV^2 D}{2gH_m}\cos\beta \tag{4-7}$$

式中 D——风区长度,m,取值方法见重力坝;

H_m——坝前水域平均水深,m;

K——综合摩阻系数,一般取 $K = 3.6 \times 10^{-6}$;

β——风向与水域中心线(或坝轴线法线)的夹角,(°);

V——计算风速,m/s,正常运用条件下的 1 级、2 级坝,采用多年平均最大风速的 1.5 ~ 2.0 倍,正常运用条件下的 3 级、4 级和 5 级坝,采用多年平均最大风速的 1.5 倍,非常运用条件下,采用多年平均最大风速。

(3)安全加高 A 可按表 4-6 确定。

表 4-6 安全加高 A （单位:m）

运用情况		坝的级别			
		1	2	3	4、5
设计		1.50	1.00	0.70	0.50
校核	山区、丘陵区	0.70	0.50	0.40	0.30
	平原、滨海区	1.00	0.70	0.50	0.30

4.3.1.2 坝顶宽度

坝顶宽度应根据运行、施工、构造、交通和人防等要求综合确定。如无特殊要求,高坝可选用 10 ~ 15 m,中低坝可选用 5 ~ 10 m。

坝顶宽度必须考虑心墙和斜墙顶部以及反滤层的需求。寒冷地区还需有足够的宽度以保护黏性土料防渗体免受冻害。

4.3.1.3 坝坡

坝坡应根据坝型、坝高、坝的等级、坝体和坝基材料的性质、坝所承受的荷载以及施工和运用条件等因素,经技术经济比较确定。一般情况下,确定坝坡可参考如下规律:

(1)在满足稳定要求的前提下,尽可能采用较陡的坝坡,以减少工程量。

(2)从坝体的上部到下部,坝坡逐步放缓,以满足抗渗稳定性和结构稳定性的要求。

(3)均质坝的上下游坝坡常比心墙坝的坝坡缓。

(4)心墙坝两侧坝壳采用非黏性土料,土体颗粒的内摩擦角大,透水性大,上下游坝坡可陡些,坝体剖面较小,但施工干扰大。

(5)黏土斜墙坝的上游坝坡比心墙坝的坝坡缓,而下游坝坡可比心墙坝陡些,施工干扰小,斜墙易断裂。

(6)土料相同时,上游坡缓于下游坡,原因是上游坝坡经常浸在水中,土的抗剪强度低,库水位下降时易发生渗流破坏。

(7)黏性土料的坝坡与坝高有关,坝高越大则坝坡越缓;而砂或砂砾料坝体的坝坡与坝高关系不大。通常用黏性土料做成的坝坡,常沿高度分成数段,每段 10 ~ 30 m ,从上而下逐渐放缓,相邻坡率差值取 0.25 或 0.5。砂土和砂砾料坝体可不变坡,但一般也常采用变坡形式。

(8)碾压堆石坝的坝坡比土坝陡。

土石坝坝坡确定的步骤是:根据经验用类比法初步拟定,再经过核算、修改及技术经济比较后确定。

碾压式土石坝上下游坝坡常沿高程每隔 10 ~ 30 m 设置一条马道,其宽度不小于 1.5 ~ 2.0 m,用以拦截雨水,防止冲刷坝面,同时也兼作交通、检修和观测之用,还有利于坝坡稳定。马道一般设在坡度变化处。

4.3.2　土石坝的渗流分析

4.3.2.1　渗流计算的任务

(1)确定坝体浸润线和下游出逸点的位置,绘制坝体及坝基内的等势线分布图或流网图。

(2)确定坝体与坝基的渗流量,以便估计水库渗漏损失和确定坝体排水设备的尺寸。

(3)确定坝坡出逸段和下游地基表面的出逸坡降,以及不同土层之间的渗透比降。

(4)确定库水位降落时上游坝坡内的浸润线位置或孔隙压力。

(5)确定坝肩的等势线、渗流量和渗透比降。

4.3.2.2　渗流计算的方法

土石坝渗流分析通常是把一个实际比较复杂的空间问题近似转化为平面问题。土石坝的渗流分析方法主要有解析法、手绘流网法、实验法和数值法四种。

解析法分为流体力学法和水力学法。本节主要介绍水力学法。

手绘流网法是一种简单易行的方法,能够求渗流场内任一点渗流要素,并具有一定的精度,但在渗流场内具有不同土质,且其渗透系数差别较大的情况下较难应用。

1.渗流分析的计算情况

(1)上游正常蓄水位与下游相应的最低水位;

(2)上游设计洪水位与下游相应的水位;

(3)上游校核洪水位与下游相应的水位;

(4)库水位降落时上游坝坡稳定最不利的情况。

2.渗流分析的水力学法

1)基本假定

(1)坝体土是均质的,坝内各点在各个方向的渗透系数相同。

(2)渗流是层流,符合达西定律,$v = KJ$。

(3)渗流是渐变流,过水断面上各点的坡降和流速是相等的。

2)渗流计算基本公式

对于不透水地基上矩形土体内的渗流,如图 4-19 所示。

应用达西定律,并假定任一铅直过水断面内各点的渗透坡降相等,对不透水地基上的矩形土体,流过断面上的平均流速为

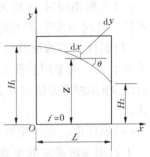

$$v = -K\frac{\mathrm{d}y}{\mathrm{d}x} = -KJ \qquad (4\text{-}8)$$

单宽流量:

$$q = vy = -Ky\frac{\mathrm{d}y}{\mathrm{d}x} \qquad (4\text{-}9)$$

图 4-19　渗流计算图

自上游向下游积分,得:

$$q = \frac{K(H_1^2 - H_2^2)}{2L} \qquad (4\text{-}10)$$

自上游向区域中某点(x,y)积分,得浸润线方程为

$$y = \sqrt{H_1^2 - \frac{2q}{K}x} \qquad (4\text{-}11)$$

由式(4-11)可知,浸润线是一个二次抛物线。当渗流量 q 已知时,即可绘制浸润线,若边界条件已知,即可计算单宽渗流量。

4.3.3　均质坝的渗流计算

4.3.3.1　不透水地基上均质土石坝的渗流计算

1. 土石坝下游有水而无排水设备的情况

以下游有水而无排水设备或设有贴坡排水的情况,如图 4-20 所示。过 B' 点作铅垂线将坝体分为两部分;用虚拟矩形 $AEOF$ 代替三角形 AMF。

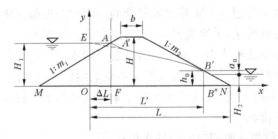

图 4-20　不透水地基上均质土坝的渗流计算图

等效矩形宽度: $\Delta L = \lambda H_1$, λ 值由下式计算:

$$\lambda = \frac{m_1}{2m_1 + 1} \qquad (4\text{-}12)$$

式中　m_1——上游坝面的边坡系数,如为变坡则取平均值;

　　　H_1——上游水深,m。

(1)上游坝体段计算。

$$q_1 = K\frac{H_1^2 - (H_2 + a_0)^2}{2L'} \qquad (4\text{-}13)$$

式中　a_0——浸润线出逸点在下游水面以上高度,m;

　　　K——坝身土料渗透系数;

H_1——上游水深,m;

H_2——下游水深,m;

L'——见图 4-20。

（2）下游坝体段计算。

下游水位以上部分单宽渗流量（见图 4-21）：

$$q_2' = K \frac{a_0}{m_2 + 0.5} \qquad (4-14)$$

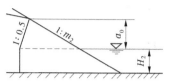

图 4-21　下游楔形体渗流计算图

下游水位以下部分单宽渗流量：

$$q_2'' = K \frac{a_0 H_2}{(m_2 + 0.5)a_0 + \dfrac{m_2 H_2}{1 + 2m_2}} \qquad (4-15)$$

通过下游坝体总单宽渗流量：

$$q_2 = q_2' + q_2'' = K \frac{a_0}{m_2 + 0.5}\left(1 + \frac{H_2}{a_0 + a_m H_2}\right) \qquad (4-16)$$

式中

$$a_m = \frac{m_2}{2(m_2 + 0.5)^2} \qquad (4-17)$$

根据水流连续条件：

$$q_1 = q_2 = q \qquad (4-18)$$

可求两个未知数渗流量 q 和逸出点高度 a_0。

可由式（4-11）确定浸润线。上游坝面附近的浸润线需作适当修正,自 A 点作与坝坡 AM 正交的平滑曲线,曲线下端与计算求得的浸润线相切于 A' 点。

当下游无水时,以上各式中的 $H_2 = 0$；当下游有贴坡排水时,因贴坡式排水基本上不影响坝体浸润线的位置,所以计算方法与下游不设排水时相同。

2. 土石坝下游有褥垫排水的情况

如图 4-22 所示,浸润线为抛物线,其方程为：

$$L' = \frac{y^2 - h_0^2}{2h_0} + x \qquad (4-19)$$

$$h_0 = \sqrt{L'^2 + H_1^2} - L' \qquad (4-20)$$

通过坝身的单宽渗流量：

$$q = \frac{h}{2L'}(H_1^2 - h_0^2) \qquad (4-21)$$

3. 土石坝下游有棱体排水的情况

如图 4-23 所示,当下游无水时,按上述褥垫式排水情况计算。

当下游有水时,将下游水面以上部分按照褥垫式下游无水情况处理,即

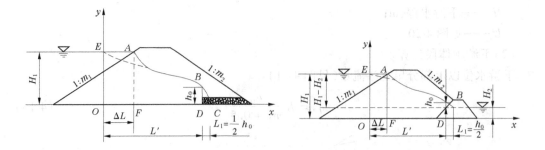

图 4-22　有褥垫排水时的渗流计算图　　　　图 4-23　有棱体排水时的渗流计算图

$$y = \sqrt{H_1^2 - \frac{2q}{k}x} \tag{4-22}$$

$$q = \frac{h}{2L'}[(H_1^2 - (H_2 + h_0)^2] \tag{4-23}$$

$$h_0 = \sqrt{L'^2 + (H_1 - H_2)^2} - L' \tag{4-24}$$

4.3.3.2　有限深透水地基上均质土石坝的渗流计算

对坝体和地基渗透系数相近的均质土坝,可先假定地基不透水,按上述方法确定坝体的渗流量 q_1 和浸润线;坝体浸润线可不考虑坝基渗透的影响,仍用地基不透水情况下算出的结果,然后假定坝体不透水,计算坝基的渗流量 q_2;最后将 q_1 和 q_2 相加,即可近似地得到坝体坝基的渗流量。当坝体的渗透系数是坝基渗透系数的百分之一时,认为坝体是不透水的。同样,当坝基的渗透系数是坝体渗透系数的百分之一时,认为坝基是不透水地基。

考虑坝基透水的影响,上游面的等效矩形宽度应按下式计算:

$$\Delta L = \frac{\beta_1 \beta_2 + \beta_3 \dfrac{K_T}{K}}{\beta_1 + \dfrac{K_T}{K}} \tag{4-25}$$

其中,$\beta_1 = \dfrac{2m_1 H_1}{T} + \dfrac{0.44}{m_1} - 0.12$,$\beta_2 = \dfrac{m_1 H_1}{1 + 2m_1}$,$\beta_3 = m_1 H_1 + 0.44T$。

式中　T——透水地基厚度;

　　　K_T——透水地基地渗透系数。

下游无水时,通过坝体和坝基的单宽渗流量:

$$q = q_1 + q_2 = K\frac{H_1^2}{2L'} + K_T\frac{TH_1}{L' + 0.44T} \tag{4-26}$$

下游有水时,通过坝体和坝基的单宽渗流量:

$$q = K\frac{H_1^2 - H_2^2}{2L'} + K_T\frac{H_1 - H_2}{L' + 0.44T}T \tag{4-27}$$

浸润线仍按式(4-11)计算,式中的 q 用坝身的渗流量 q_1 代入。

用这种近似方法计算的渗流量比实际值小,浸润线比实际的高。

4.3.4　心墙坝的渗流计算

有限深透水地基上的心墙坝,一般都做有截水槽用来拦截透水地基渗流。心墙土料的

渗透系数 K_e 常比坝壳土料的渗透系数小得多,故可近似地认为上游坝壳中无水头损失,心墙前的水位仍为水库的水位。计算时一般分下述两段。

(1)心墙、截水墙段。其土料一般是均一的,可取平均厚度 δ 进行计算。若心墙后的浸润线高度为 h,则通过心墙、截水墙的渗流量 q_1 为

$$q_1 = K_e \frac{(H_1 + T)^2 - (h + T)^2}{2\delta} \tag{4-28}$$

式中符号意义如图 4-24 所示。

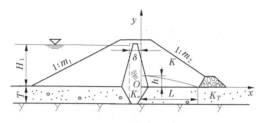

图 4-24　心墙坝渗流计算图 q

(2)下游坝壳和坝基段。由于心墙后浸润线的位置较低,可近似地取浸润线末端与堆石棱体的上游端相交,然后分别计算坝体和坝基的渗流量。

$$q_2 = K \frac{h_2}{2L} + K_T T \frac{h}{L + 0.44T} \tag{4-29}$$

按连续性方程 $q_1 = q_2 = q$,可由式(4-28)和式(4-29)求得 q 和 h。心墙后的浸润线可按下式近似计算:

$$y = \sqrt{h^2 - \frac{h^2}{L}x} \tag{4-30}$$

取 $T = 0$,即可得到不透水地基心墙坝的渗流量计算公式。当下游有水时,可近似地假定浸润线逸出点在下游水面与堆石棱体内坡的交点处,用上述同样方法进行计算。

4.3.5　斜墙坝的渗流计算

有限深透水地基上的斜墙上坝,一般同时设有截水墙或铺盖。前者用于地基透水层较薄时截断透水地基渗流;后者用于透水地基较厚时延长渗径、减少渗透坡降,防止渗透变形。

4.3.5.1　有截水墙的情况

有截水墙的情况与心墙土坝的情况类似,也可分为两段:斜墙和截水墙段、坝体和坝基段。计算前一段时,取斜墙和截水墙的平均厚度分别为 δ 和 δ_1。当斜墙后浸润线起点距坝底面的高度为 h 时,可取该点以下斜墙及截水墙上下游面水头差都为 $H_1 - h$ [见图 4-25(a)],则通过第一段的渗流量 q_1 可近似地用下式计算:

$$q_1 = \frac{K_0(H_1^2 - h^2)}{2\delta \sin\alpha} + \frac{K_0(H_1 - h)}{\delta}T \tag{4-31}$$

第二段,即斜墙后的坝体和坝基段,当下游无排水或只设贴坡排水时,渗流量 q_2 为

$$q_2 = \frac{K(h^2 - H_2^2)}{2(L - m_2 H_2)} + \frac{K_T(h - H_2)}{l + 0.44T}T \tag{4-32}$$

根据 $q_1 = q_2 = q$,可由式(4-31)和式(4-32)求得 q 和 h。当 $T = 0$ 时,也可得出不透水地

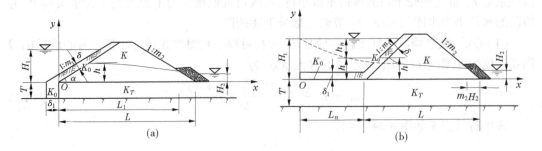

图 4-25　透水地基斜墙土坝渗流计算

基上斜墙坝的渗流量计算公式。

斜墙后坝体浸润线方程为

$$y = \sqrt{\frac{L_1}{L_1 - m_1 h} h^2 - \frac{h^2}{L_1 - m_1 h} x} \tag{4-33}$$

4.3.5.2　有铺盖的情况

当铺盖与斜墙的渗透系数比坝体和坝基的渗透系数小很多时,可近似地认为铺盖与斜墙是不透水的。并以铺盖末端为分界线,将渗流区分为两段进行计算。设坝体的浸润线起点高度为 h,可取第一段的水头损失为 $H_1 - h$ [见图 4-25(b)],则两段的渗流量计算公式为

$$q_1 = K_T \frac{H_1 - h}{L_n + 0.44T} T \tag{4-34}$$

$$q_2 = K \frac{h^2 - H_2^2}{2(L - m_2 H_2)} + K_T \frac{h - H_2}{L + 0.44T} T \tag{4-35}$$

同理取 $q_1 = q_2 = q$ 求解式(4-34)和式(4-35)可得出 q 和 h。斜墙后坝体浸润线方程用式(4-33)求得。

4.3.6　总渗流量的计算

计算总流量时,应根据地形、地质、防渗排水的变化情况,将土石坝沿坝轴线分为若干段,如图 4-26 所示,然后分别计算各段的平均单宽渗流量,再按式(4-35)计算总渗流量。

$$Q = \frac{1}{2} \left[q_1 l_1 + (q_1 + q_2) l_2 + \cdots + (q_{n-2} + q_{n-1}) l_{n-1} + q_{n-1} l_n \right] \tag{4-36}$$

式中　l_1、l_2、$\cdots$、l_n——各段坝长,m;

　　　q_1、q_2、$\cdots$、q_n——断面1、断面2,$\cdots$,断面 $n-1$ 处的单宽流量,m^3/s。

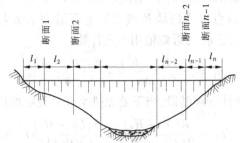

图 4-26　总渗流量计算图

4.3.7　土石坝的渗透变形及其防止措施

4.3.7.1　渗透变形的形式

（1）管涌。在渗流作用下,坝体或坝基中的细小颗粒被渗流带走逐步形成渗流通道的现象称为管涌,常发生在坝的下游坡或闸坝下游地基面渗流逸出处。没有凝聚力的无黏性砂土、砾石砂土中容易出现管涌;黏性土的颗粒之间存在有凝聚力（或称黏结力）,渗流难以把其中的颗粒带走,一般不易发生管涌。

（2）流土。在渗流作用下,成块土体被掀起浮动的现象称为流土。它主要发生在黏性土及均匀非黏性土体的渗流出口处。发生流土时的水力坡降称为流土的破坏坡降。

（3）接触冲刷。当渗流沿两种不同土壤的接触面流动时,把其中细颗粒带走的现象,称为接触冲刷。接触冲刷可能使临近接触面的不同土层混合起来。

（4）接触流土和接触管涌。渗流方向垂直于两种不同土壤的接触面时,如在黏土心墙（或斜墙）与坝壳砂砾料之间,坝体或坝基与排水设施之间,以及坝基内不同土层之间的渗流,可能把其中一层的细颗粒带到另一层的粗颗粒中去,称为接触管涌。当其中一层为黏性土,由于含水量增大凝聚力降低而成块移动,甚至形成剥蚀时,称为接触流土。

4.3.7.2　渗透变形的临界坡降和容许坡降

（1）产生管涌的临界坡降 J_c 和容许坡降 $[J]$。

当渗流方向为由下向上时,根据土粒在渗流作用下的平衡条件,在非黏土中产生管涌的临界坡降 J_c,可用南京水利科学研究院的经验公式推算,适用于中小型工程及初步设计。

$$J_c = \frac{42d_3}{\sqrt{\frac{K}{n^3}}} \tag{4-37}$$

式中　d_3——相应于粒径曲线上含量为 3% 的粒径,mm;

　　　K——渗透系数,cm/s;

　　　n——土壤孔隙率,（%）;

　　　$[J]$——容许渗透坡降。

可根据建筑物的级别和土壤的类型选用安全系数 2~3。

（2）产生流土的临界坡降 J_B 和容许坡降 $[J_B]$。

当渗流自下向上作用时,常采用根据极限平衡得到的太沙基公式计算,即

$$J_B = (G-1)(1-n) \tag{4-38}$$

式中　G——土粒比重;

　　　n——土的孔隙率。

J_B 一般在 0.8~1.2 变化。南京水利科学研究院建议把上式乘以 1.17。容许坡降 $[J_B]$ 也要采用一定的安全系数,对于黏性土,可用 1.5;对于非黏性土,可用 2.0~2.5。

4.3.7.3　防止渗透变形的工程措施

为防止渗透变形,常采取的工程措施有:全面截阻渗流,延长渗径;设置排水设施,设置反滤层;设排渗减压井。

反滤层的作用是滤土排水,它是提高抗渗破坏能力、防止各类渗透变形,特别是防止管涌的有效措施。在任何渗流流入排水设施处一般都要设置反滤层。

砂石反滤层的结构:反滤层一般是由 2～3 层不同粒径的非黏性土、砂和砂砾石组成的。层次排列应尽量与渗流的方向垂直,各层次的粒径则按渗流方向逐层增加,如图 4-27 所示。

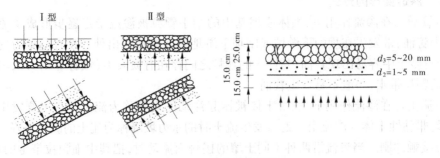

图 4-27　反滤层布置图

砂石反滤层的设计原则:被保护土壤的颗粒不得穿过反滤层,各层的颗粒不得发生移动;相邻两层间,较小的一层颗粒不得穿过较粗一层的孔隙;反滤层不能被堵塞,而且应具有足够的透水性,以保证排水畅通;应保证耐久、稳定。

砂石反滤层的材料:质地坚硬,抗水性和抗风化能满足工程条件要求;具有要求的级配;具有要求的透水性;粒径小于 0.075 mm 的颗粒含量应不超过 5%。

土工织物已广泛应用于坝体排水反滤及作为坝体和渠道的防渗材料。在土坝坝体底部或在靠下游边坡的坝体内部沿水平方向铺设土工织物,可提高土体抗剪强度,增加边坡稳定性,详见《土工合成材料应用技术规范》(GB/T 50290—2014)。

4.3.8　土石坝的稳定分析

4.3.8.1　稳定计算的目的

稳定分析是确定坝体设计剖面经济安全的主要依据。由于土石坝体积大,坝重,不可能产生水平滑动,其失稳形式主要是坝坡滑动或坝坡与坝基一起滑动。

土石坝稳定计算的目的是保证土石坝在自重、孔隙压力、外荷载的作用下,具有足够的稳定性,不致发生通过坝体或坝基的整体或局部剪切破坏。

4.3.8.2　滑裂面的形状及工作情况

坝坡稳定计算时,应先确定滑裂面的形状,土石坝滑坡的形式与坝体结构、土料和地基的性质及坝的工作条件密切相关。如图 4-28 所示为各种可能的滑裂面形式。

1. 曲线滑裂面

当滑裂面通过黏性土的部位时,其形状常是上陡下缓的曲面,由于曲线近似圆弧,因而在实际计算中常用圆弧表示,如图 4-28(a)、(b)所示。

2. 直线或折线滑裂面

滑裂面通过无黏性土时,滑裂面的形状可能是直线形或折线形。当坝坡干燥或全部浸入水中时呈直线形;当坝坡部分浸入水中时呈折线形,如图 4-28(c)所示。斜墙坝的上游坡失稳时,通常是沿着斜墙与坝体交界面滑动,如图 4-28(d)所示。

3. 复合滑裂面

当滑裂面通过性质不同的几种土料时,可能是由直线和曲线组成的复合滑裂面,如图 4-28(e)、(f)所示。

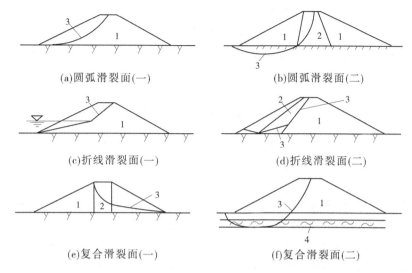

(a)圆弧滑裂面(一)　　　　　　　　(b)圆弧滑裂面(二)

(c)折线滑裂面(一)　　　　　　　　(d)折线滑裂面(二)

(e)复合滑裂面(一)　　　　　　　　(f)复合滑裂面(二)

1—坝壳;2—防渗体;3—滑裂面;4—软弱层

图 4-28　滑裂面形式

4.3.8.3　稳定安全系数标准

1.稳定计算情况

1)正常运用情况

(1)上游为正常蓄水位、下游为相应的最低水位或上游为设计洪水位、下游为相应的最高水位时,坝内形成稳定渗流时,上、下游坝坡的稳定计算。

(2)水库水位位于正常水位和设计水位之间的正常降落,上游坝坡的稳定计算。

2)非常运用情况 I

(1)施工期,考虑孔隙压力时的上、下游坝坡稳定计算。

(2)水库水位非常降落,如自校核洪水位降落至死水位以下,以及大流量快速泄空等情况下的上游坝坡稳定计算。

(3)校核洪水位下有可能形成稳定渗流时的下游坝坡稳定计算。

3)非常运用情况 II

正常运用情况遇到地震时上下游坝坡稳定验算。

2.稳定安全系数标准

采用计入条块间作用力计算方法时,坝坡的抗滑稳定安全系数应不小于表 4-7 规定的数值。采用不计入条块间作用力的瑞典圆弧法计算坝坡稳定时,对 1 级坝,正常应用情况下最小稳定安全系数应不小于 1.30,其他情况应比表中规定的降低 8%。

表 4-7　容许最小抗滑稳定安全系数

运用条件	工程等级			
	1	2	3	4、5
正常运用	1.50	1.35	1.30	1.25
非常运用 I	1.30	1.25	1.20	1.15
非常运用 II	1.20	1.15	1.15	1.10

4.3.8.4　土料抗剪强度指标的选取

稳定计算时应该采用黏性土固结后的强度指标。确定抗剪强度指标的方法有前述的有效应力法和总应力法两种,《碾压式土石坝设计规范》(DL/T 5395—2007)规定,对1级坝和2级以下高坝在稳定渗流期必须采用有效应力法作为依据。3级以下中低坝可采用两种方法的任一种。

土料的抗剪强度指标 φ 为颗粒间的内摩擦角,c 为凝聚力。对同一种土料,其抗剪强度指标 φ、C,并不是一个常量,它与土的性质、土料的固结度、应力历史、荷载条件等诸多因素有关。

1.黏性土的抗剪强度选用

施工期与竣工时,按不排水剪或快剪测定的指标 φ、C 进行总应力分析,但实际上施工期,孔隙水压力会部分消散,故按总应力分析偏于保守。

稳定渗流期:采用有效应力强度指标进行有效应力分析具有良好的精度。

水库水位降落期:上游坝坡的控制情况,适宜采用有效应力分析。

对于重要的工程,抗剪强度指标的选择应注意填土的各向性、应力历史等。

2.非黏性土的抗剪强度选用

非黏性土的透水性强,其抗剪强度取决于有效法向应力和内摩擦角,一般通过排水剪确定强度指标。

非黏性土的抗剪强度的选取,浸润线以上的土体,采用湿土的抗剪强度,浸润线以下的土体,采用饱和土的抗剪强度。

4.3.8.5　稳定分析方法

1.圆弧滑动面稳定计算

土石坝设计中目前最广泛应用的圆弧滑动计算方法有瑞典圆弧法和简化的毕肖普法。

1)瑞典圆弧法

瑞典圆弧法(见图4-29)是不计条块间作用力的方法,计算简单,已积累了丰富的经验,但理论上有缺陷,且孔隙压力较大和地基软弱时误差较大。其基本原理是将滑动面上的土体按一定宽度分为若干个铅直土条,不计条块间作用力,计算各土条对滑动圆心的抗滑力矩和滑动力矩,再分别取其总和,其比值即为该滑动面的稳定安全系数。

计算步骤:

(1)确定圆心、半径,绘制圆弧。

(2)将土条编号。为便于计算,土条宽度取 $b = 0.1R$(圆弧半径)。各块土条编号的顺序为:零号土条位于圆心之下,向上游(对下游坝坡而言)各土条的顺序为1、2、3…,往下游的顺序为 -1、-2、-3…。

(3)计算各土条重量。计算抗滑力时,浸润线以上部分用湿容重,浸润线以下用浮容重;计算滑动力时,下游水面以上部分用湿容重,下游水面以下部分用饱和容重。

(4)计算稳定安全系数。计算公式为

$$K = \frac{\sum\left\{\left[(W_i \pm V)\cos\beta_i - ub\sec\beta_i - Q\sin\beta_i\right]\tan\varphi_i' + c_i'b\sec\beta_i\right\}}{\sum\left[(W_i \pm V)\sin\beta_i + M_c/R\right]} \tag{4-39}$$

式中　W_i——土条重量,kN;

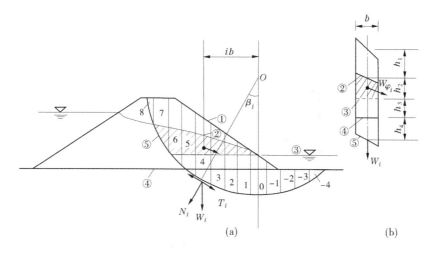

①—坝坡线；②—浸润线；③—下游水面；④—地基面；⑤—滑裂面

图 4-29　圆弧滑动计算简图

Q、V——水平和垂直地震惯性力(向上为负，向下为正)，kN；

u——作用于土条底面的孔隙压力，kN/m^2；

β_i——条块重力线与通过此条块底面中点的半径之间的夹角；

b——土条宽度，m；

c_i'、φ_i'——土条底面的有效应力抗剪强度指标；

M_c——水平地震惯性力对圆心的力矩，kN·m；

R——圆弧半径，m。

2) 简化的毕肖普(Bishop)法

简化的毕肖普法(见图 4-30)近似考虑了土条间相互作用力的影响，能反映土体滑动土条之间的客观状况，但计算比瑞典圆弧法复杂。图中 E_i 和 X_i 分别表示土条间的法向力和切向力；W_i 为土条自重，在浸润线上、下分别按湿容重和饱和容重计算；N_i 和 T_i 分别为土条底部的总法向力和总切向力，其他符号意义同前。为使问题可解，毕肖普法假设 $X_i = X_{i+1}$，即略去土条间的切向力，使计算工作量大为减少，而成果与精确法计算的仍很接近，故称简化的毕肖普法。计算公式为

$$K = \frac{\sum\left\{\left[(W_i \pm V)\sec\beta_i - ub\sec\beta_i\right]\tan\varphi_i' + c_i'b\sec\beta_i\right\}\left[1/(1 + \tan\beta_i\tan\varphi_i'/K)\right]}{\sum\left[(W_i \pm V)\sin\beta_i + M_c/R\right]}$$

(4-40)

3) 考虑渗透动水压力时的坝坡稳定计算

当坝体内有渗流作用时，还应考虑渗流对坝坡稳定的影响。在工程中常采用替代法。例如，在审查下游坝坡稳定时，可将下游水位以上、浸润线与滑弧间包围的土体在计算滑动力矩时用饱和容重，而计算抗滑力矩时则用浮容重，浸润线以上仍用湿容重计算，下游水位以下土体仍用浮容重计算，其稳定安全系数表达式为

$$K = \frac{\sum b_i(r_m h_{1i} + r' h_{2i})\cos\beta_i\tan\varphi_i + \sum c_i l_i}{\sum b_i(r_m h_{1i} + r_{sat} h_{2i})\sin\beta_i}$$

(4-41)

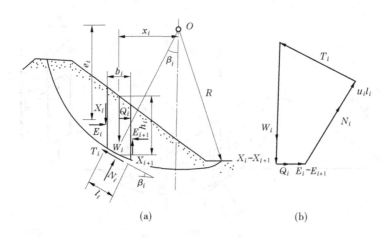

(a)　　　　　　　　　　　　　　　　(b)

图 4-30　简化的毕肖普法

式中　　r_m——土体的湿容重,kN/m³;

　　　　r'——土体的浮容重,kN/m³;

　　　　r_{sat}——土体的饱和容重,kN/m³;

　　　　h_1、h_2——浸润线以上和浸润线与滑弧之间的土条高度,m。

替代法适用于浸润面与滑动面大致平行,而且 β_i 角较小的情况,因而是近似的。

4)最危险圆弧位置的确定

如图 4-31 所示,首先由下游坝坡中点 a 引出两条直线,一条是铅直线,另一条与坝坡线成 85°角,再以 a 点为圆心,以 $R_内$、$R_外$ 为半径($R_内$、$R_外$ 由表 4-8 查得)作两个圆弧,得到扇形 $bcdf$,然后按图示作直线 M_1M_2 并延长使其与扇形相交,交点为 e、g。最危险的滑弧圆心就在扇形面积中的 eg 线附近。

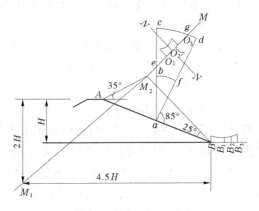

图 4-31　最危险滑弧求解

表 4-8　$R_内$、$R_外$ 值

坝坡	1:1	1:2	1:3	1:4
$R_内/H$	0.75	0.75	1.0	1.5
$R_外/H$	1.5	1.75	2.3	3.7

计算最小稳定安全系数的步骤为:

(1)首先在 eg 线上假定几个圆心 O_1、O_2、O_3 等,从每个圆心作滑弧通过坝脚点,按公式分别计算其 K_c 值。按比例将 K_c 值画在相应的圆心上,绘制 K_c 值的变化曲线,可找到该曲线上的最小 K_c 值,例如 O_2 点。

(2)再通过 eg 线上 K_c 最小的点 O_2,作 eg 垂线 NN。在 NN 线上取数点为圆心,画弧仍

通过 B 点，求出 NN 线上最小的 K_c 值。一般认为，该 K_c 值即为通过 B 点的最小安全系数，并按比例画在 B 点。

（3）根据坝基土质情况，在坝坡上或坝脚外，再选数点 B_1、B_2、B_3 等，仿照上述方法，求出相应的最小安全系数 K_{c1}、K_{c2}、K_{c3} 等，并标注在相应点上，与 B 点的 K_c 连成曲线找到 K_{cmin}。一般至少要计算 15 个滑弧才能得到答案。

2．非圆弧滑动稳定计算

非黏性土坝坡，例如心墙的上、下游坡和斜墙坝的下游坝坡，以及斜墙坝的上游保护层和保护层连同斜墙一起滑动时，常形成折线滑动面。

折线法常采用两种假定：滑楔间作用力为水平向，采用与圆弧滑动法相同的安全系数；滑楔间作用力平行滑动面，采用与毕肖普法相同的安全系数。

（1）非黏性土坝坡部分浸水的稳定计算。

如图 4-32 所示，对于部分浸水的非黏性土坝坡，由于水上与水下土的物理性质不同，

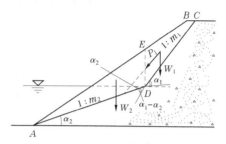

图 4-32　非黏性土坝坡部分浸水的稳定计算

滑裂面不是一个平面，而是近似折线面。图中 ADC 为一滑裂面，折点 D 在上游水位处；用铅直线 DE 将滑动土体分为两块，重为 W_1、W_2；假设条块间的作用力为 P_1，方向平行于 DC；两块土体底面的抗剪强度指标分别为 $\tan\varphi_1$、$\tan\varphi_2$。

土块 $BCDE$ 沿 CD 滑动面的力平衡式为

$$P_1 - W_1\sin\alpha_1 + \frac{1}{K}W_1\cos\alpha_1\tan\varphi_1 = 0 \tag{4-42}$$

土体 ADE 沿 AD 滑动面的力平衡式为：

$$\frac{1}{K}\big[W_2\cos\alpha_2 + P_1\sin(\alpha_1 - \alpha_2)\big]\tan\varphi_2 - W_2\sin\alpha_2 - P_1\cos(\alpha_1 - \alpha_2) = 0 \tag{4-43}$$

由式（4-42）、式（4-43）联立，可以求得安全系数 K。

坝坡的最危险滑动面的稳定安全系数：先假定 α_2 和上游水位不变的情况下，一般至少假设三个 α_1 才能求出最危险的 α_1。同理求最危险的水位和 α_2。最危险的水位和 α_1、α_2 对应滑动面的安全系数即为最小稳定安全系数。

（2）斜墙坝上游坝坡的稳定计算。

斜墙坝上游坝坡的稳定计算，包括保护层沿斜墙和保护层连同斜墙沿坝体滑动两种情况，因为斜墙同保护层和斜墙同坝体的接触面是两种不同的土料填筑的，接触面处往往强度低，有可能斜墙和保护层共同沿斜墙底面折线滑动，如图 4-33 所示，对厚斜墙还应计算圆弧滑动稳定。

设试算滑动面 $abcd$，将滑动土体分成三块。土体重量为 W_1、W_2、W_3，滑面折线与水平面的夹角分别为 α_1、α_2、α_3，P_1、P_2 分别沿着 α_1、α_2 的方向。分别对三块土体沿滑动面方向建立力平衡方程：

$$P_1 - W_1\sin\alpha_1 + \frac{1}{K}W_1\cos\alpha_1\tan\varphi_1 = 0 \tag{4-44}$$

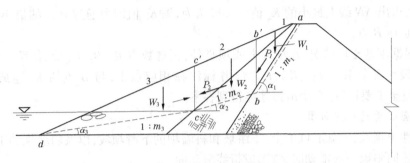

图 4-33　斜墙同保护层一起滑动的稳定计算

$$P_2 - P_1\cos(\alpha_1 - \alpha_2) - W_2\sin\alpha_2 - \frac{1}{K}\left\{\left[W_2\cos\alpha_2 + P_1\sin(\alpha_1 - \alpha_2)\right]\tan\varphi_2 + c_2l_2\right\} = 0$$

$$(4\text{-}45)$$

$$P_2\cos(\alpha_2 - \alpha_3) - W_3\sin\alpha_3 - \frac{1}{K}\left[W_3\cos\alpha_3 + P_2\sin(\alpha_2 - \alpha_3)\right]\tan\varphi_3 = 0 \quad (4\text{-}46)$$

求最危险滑动面方法原理同上。

3. 复合滑动面稳定计算

当滑动面通过不同土料时,常由直线与圆弧组合的形式。例如厚心墙坝的滑动面,通过砂性土部分为直线,通过黏性土为圆弧。当坝基下不深处存在有软弱夹层时,滑动面也可能通过软弱夹层而形成如图 4-34 所示的复合滑动面。

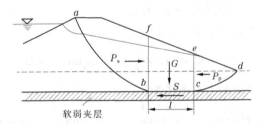

图 4-34　复合滑动面

计算时,可将滑动土体分为 3 个区,在左侧有主动土压力 P_a,在右侧有被动土压力 P_p,并假定它们的方向均水平,中间的土体的重 G,同时在 BC 面上有抗滑力 $S = G\tan\varphi + cL$,则安全系数 K 可表示为

$$K = \frac{P_p + S}{P_a} \tag{4-47}$$

经过多次试算,才能求出沿这种滑动面的最小稳定安全系数。

4.4　设计实例解析

本节以河南省出山店水库工程项目设计方案为例,讲解土石坝的设计思路与过程。

2011 年 7 月,国家发展和改革委员会下发了《国家发展改革委关于河南省出山店水库工程项目建议书的批复》(发改农经〔2011〕1470 号),对工程设计部分进行了批复:

(1)原则同意所报河南省出山店水库工程项目建议书,该工程建设任务以防洪为主,结合供水、灌溉、发电等综合利用。

(2)该工程由主坝、副坝、灌溉洞、电站厂房等组成。初拟水库正常蓄水位 88 m、汛期限制水位 86 m,总库容 12.74 亿 m³,其中防洪库容 7.22 亿 m³。

4.4.1　基本资料

4.4.1.1　有关报告及批复文件

(1)2005 年 12 月河南省水利勘测设计研究有限公司编制的《河南省淮河干流出山店水库工程项目建议书》;

(2)2009 年 9 月河南省水利勘测设计研究有限公司编制的《淮河出山店水库工程项目建议书补充报告》;

(3)2011 年 8 月河南省水利勘测设计研究有限公司编制的《河南省淮河干流出山店水库可行性研究阶段工程地质勘察报告》;

(4)2011 年 7 月 6 日,国家发展和改革委员会下发的《国家发展改革委关于河南省出山店水库工程项目建议书的批复》(发改农经〔2011〕1470 号)。

4.4.1.2　特征水位及流量

水库特征水位和主要建筑物控制运用方式见表 4-9。

表 4-9　出山店水库特征水位及主要建筑物控制运用方式

项目	水位 (m)	相应库容 (亿 m³)	溢流坝 (m³/s)	泄洪底孔(m³/s)
死水位	84.00	0.389		
兴利水位	88.00	1.45		
汛限水位	86.00	0.94		
5 年一遇洪水位	86.00	0.94		
20 年一遇洪水位	92.00	4.78		600(控泄)
100 年一遇洪水位	94.55	7.54		1 500(控泄)
设计洪水位(1 000 年一遇)	95.65	8.92	11 094	2 292
校核洪水位(10 000 年一遇)	98.03	12.37	14 578	2 456

4.4.1.3　水文气象数据

本区气候属华中副热带气候区,受季风影响显著。水库流域多年平均气温为 15 ℃,平均相对湿度为 70% ~ 80%,多年平均降雨量约 1 000 mm,多年平均水面蒸发量约 750.9 mm,全年多北风及东北风,汛期多为南风及西南风。

4.4.1.4　地基特性及设计参数

1.土坝及混凝土坝段

坝址长里岗丘陵段上部为第四系低液限黏土,下伏第三系地层;北岸一、二级阶地段上部为第四系低液限黏土、砂层、砾石层,下伏第三系地层,长里岗丘陵段及北岸一、二级阶地段适宜建土坝,该段主要存在坝基软土、坝基渗漏及渗透变形、坝基地震液化稳定等地质问题。溢流坝段基坑开挖还存在基坑排水和临时边坡稳定等问题。

2. 副坝

1#副坝坝基岩性上部为第四系中更新统冲洪积的低液限黏土(Q_2^{alpl}),下伏第三系砂质黏土岩、砂砾岩,透水性微弱,承载力较高,上部土层局部具弱膨胀性,清基前应预留保护层;2# ~ 4#副坝地表覆盖第四系土层,下伏基岩为中粗粒花岗岩(γ_3)和变质岩系(P_{t1b}),透水性一般较微弱,但局部具有中等透水性,部分地段需进行防渗灌浆处理。

4.4.1.5 建筑材料及设计参数

1. 土料

用于筑坝的土料共有五个料场,即白场、李庄、张寨、坝址区上游土料场和下游料场,各个土料场土料储量共计 6 393 万 m^3,其中 Q_4 低液限黏土(重粉质壤土)1 858 万 m^3、Q_3 低液限黏土(粉质黏土)4 535 万 m^3。按用途划分,经晾晒后能作为均质坝土料的 1 858 万 m^3;能作为防渗体土料的 6 055 万 m^3。

2. 砂料

砂料场选在坝址上游至平昌关约 15 km 范围内淮河河槽内,较大的砂滩共有 13 个,砂料的储量采用平均厚度法计算,砂料储量共计 2 088 万 m^3,满足用量要求。

3. 石料

石料场有黄家大山石料场和卧龙石料场,黄家大山石料场位于坝下游淮河右岸出山店村以东,距坝址直线距离约 4 km。卧虎石料场位于坝以南淮河右岸卧虎村南边,距上坝址直线距离约 8 km。黄家大山的花岗片麻岩试验成果硫酸盐及硫化物含量高、具有潜在危害性反应碱活性,总储量为 906 万 m^3,使用时需采用低碱水泥、掺和料及外加剂用来抑制对混凝土的破坏。卧虎石料场岩性主要为大理岩,无潜在碱活性,是较好的人工骨料料源,该料场储量较大,可满足建设需要。

4.4.1.6 主要技术标准

(1)《工程建设标准强制性条文》(2010 年版,水利工程部分);

(2)《水电工程可行性研究报告编制规程》(DL 5020—93);

(3)《水利水电工程等级划分及洪水标准》(SL 252—2000);

(4)《防洪标准》(GB 50201—94);

(5)《碾压式土石坝设计规范》(SL 274—2001);

(6)《水工混凝土结构设计规范》(SL 191—2008);

(7)《溢洪道设计规范》(SL 253—2000);

(8)《混凝土重力坝设计规范》(SL 319—2005);

(9)《水工隧洞设计规范》(SL 279—2002);

(10)《水利水电工程进水口设计规范》(SL 285—2003);

(11)《水工建筑物荷载设计规范》(DL 5077—1997);

(12)《中国地震动参数区划图》(GB 18306—2001);

(13)《水工建筑物抗震设计规范》(SL 203—97);

(14)《水利水电工程设计工程量计算规定》(SL 328—2005);

(15)《水力计算手册》(武汉水力水电学院力学教研室编);

(16)其他有关规范、规程及参考资料。

4.4.2　工程等级和标准

4.4.2.1　建筑物级别和相应洪水标准

出山店水库工程总库容 12.37 亿 m³,按照《防洪标准》(GB 50201—94)和《水利水电工程等级划分及洪水标准》(SL 252—2000)的规定,出山店水库总库容超过 10.0 亿 m³,工程规模为大(1)型,工程等别为 I 等,其主要建筑物级别为 1 级,次要建筑物级别为 3 级。枢纽工程由主坝土坝段、混凝土坝段(包括土坝、混凝土坝连接段、溢流坝段、泄流底孔坝段、电站坝段、非溢流坝段)、副坝、南灌溉洞、北灌溉洞、电站厂房及消能防冲建筑物等组成。其中主坝土坝段、混凝土坝段为主要建筑物,工程级别为 1 级;南灌溉洞位于右岸非溢流坝段内,北灌溉洞位于主坝北坝头与 1# 副坝之间,一旦失事将影响主、副坝安全和工程效益,因此南灌溉洞与北灌溉洞洞身级别也为 1 级;溢流坝段上游左岸挡墙直接保护主坝,为 1 级建筑物,其余溢流坝段和泄流底孔坝段后挡墙及导水墙均为 3 级建筑物;消力池后尾水渠护坡、护底为次要建筑物,工程级别为 3 级;水电站为坝后式电站,电站装机容量 2 900 kW,属小(2)型电站,工程等别为 V 等,电站厂房为 5 级建筑物;混凝土坝段下游右岸存在高边坡,根据《水电水利工程边坡设计规范》(DL/T 5353—2006),边坡类别为 B 类(枢纽工程区边坡),影响 3 级水工建筑物安全,边坡级别定为 II 级边坡;临时建筑物施工围堰、导流明渠使用期为 7 个月,围堰最大高度为 9.3 m,保护着 1 级永久性水工建筑物,根据《水利水电工程等级划分及洪水标准》(SL 252—2000),该临时性水工建筑物级别为 4 级。

出山店水库位于丘陵区,根据《水利水电工程等级划分及洪水标准》(SL 252—2000)规定:1 级建筑物设计标准为 500 ~ 1 000 年一遇,校核标准土石坝采用 5 000 ~ 10 000 年一遇,混凝土坝采用 2 000 ~ 5 000 年一遇;对土石坝,如失事下游将造成特别重大灾害,1 级建筑物的校核洪水标准应取可能最大洪水(PMF)或重现期 10 000 年标准;对混凝土坝、浆砌石坝,如洪水漫顶将造成极严重的损失时,1 级建筑物的校核洪水标准经过专门论证并报主管部门批准,可取可能最大洪水(PMF)或重现期 10 000 年标准。出山店水库大坝下游有京广铁路、京九铁路、西宁铁路、京珠高速等重要交通枢纽及广阔的淮河冲积平原,人口稠密,是河南省重要的农业区,因此主坝(包括土坝段和混凝土坝段)、副坝的防洪标准采用 1 级建筑物的上限值,设计洪水标准采用 1 000 年一遇,相应洪水位为 95.65 m,校核洪水标准土坝段采用 10 000 年一遇。因混凝土坝段直接与土坝段相连,如果混凝土坝段洪水漫顶后,将危及土坝段的安全,因此混凝土坝段校核洪水标准取与土坝段相同,均为 10 000 年一遇,相应洪水位为 98.03 m。

电站为坝后式电站,电站厂房级别为 5 级,设计洪水标准采用 30 年一遇,校核洪水标准采用 50 年一遇;临时建筑物的设计洪水标准采用 20 年一遇;根据《混凝土重力坝设计规范》(SL 319—2005)和《溢洪道设计规范》(SL 253—2000)规定:消能防冲建筑物设计的洪水标准,可低于大坝的泄洪标准,1 级建筑物消能防冲设计标准按 100 年一遇,3 级建筑物消能防冲设计标准按 30 年一遇。因此,混凝土溢流坝段、泄流底孔的消能防冲采用 100 年一遇洪水设计,南、北灌溉洞的消能防冲标准按 30 年一遇。

4.4.2.2　技术标准规定的主要设计允许值

土坝坝坡稳定计算采用的坝坡抗滑稳定最小安全系数根据《碾压式土石坝设计规范》(SL 274—2001),按 1 级建筑物要求确定。正常运用条件时最小安全系数为 1.5,非常运用条件Ⅰ时为1.3,非常运用条件Ⅱ(正常运用条件遇地震)时为1.2。

大坝竣工后的沉降量一般控制在坝高的1%以下。

4.4.3　主要建筑物设计

出山店水库枢纽主要建筑物有主坝、副坝、灌溉洞及电站等,主坝分土坝和混凝土坝,其中土坝段总长3 238 m;混凝土坝段总长429.57 m。

4.4.3.1　坝顶高程

1.土坝段坝顶高程计算

出山店水库属大(1)型水库,主坝采用1 000年一遇洪水设计,10 000年一遇洪水校核,水库正常蓄水位为88.00 m,设计水位为95.65 m,校核水位为98.03 m。

按《碾压式土石坝设计规范》(SL 274—2001)规定,坝顶高程等于水库静水位与坝顶超高之和,分别按以下运用情况计算,取其最大值:

(1)1 000年设计洪水位加正常运用条件的坝顶超高。

(2)10 000年校核洪水位加非常运用条件的坝顶超高。

(3)正常蓄水位加非常运用条件的坝顶超高,再加地震安全加高。

1)主坝坝顶超高计算

按《碾压式土石坝设计规范》(SL 274—2001)的规定,坝顶超高计算公式如下:

$$y = R + e + A$$

式中　y——坝顶超高,m;

　　　R——最大波浪在坝坡上的爬高,m;

　　　e——风壅水面高度,m;

　　　A——安全加高,m。

$$e = \frac{KV^2 D\cos\beta}{2gH_m}$$

式中　D——风区长度,m;

　　　V——计算风速,m/s;

　　　β——计算风向与坝轴线法线的夹角,(°);

　　　H_m——水域平均水深,m。

(1)风速V。

出山店水库位于信阳市境内,距该水库最近的气象站为南湾气象站,该气象站的隐蔽情况:在城郊,距独立的建筑物、灌木林或树木在30~40 m以上,风标高于周围物体较多;该气象站所在地的情况为:在倾斜山岗顶部。根据该气象站从1958~2010年53年的最大风速统计资料,按照气象站的隐蔽情况和所在地情况,对气象站所测的风速进行修正,得出水库多年平均年最大风速值为19.4 m/s。根据《碾压式土石坝设计规范》(SL 274—2001),正常运用条件下,1级建筑物采用多年平均最大风速的1.5~2.0倍,本工程若选用多年平均最大风速的2倍,则风速为38.8 m/s,陆地上少见,故不予采用,因此采用多年平均年最大风速的1.5倍,则设计风速为29.1 m/s,也是陆地上少见的暴风,结合该地区历年风速统计资料,年最大极限风速值为24 m/s,因此在设计工况下,设计风速值采用24 m/s,非常运用条件下,采用多年平均年最大风速值$V=19.4$ m/s。

（2）风区长度 D。

出山店水库沿风向两侧水域形状不规则，因此采用等效风区长度，计算公式如下：

$$D_e = \frac{\sum\limits_i D_i \cos^2 \alpha_i}{\sum\limits_i \cos \alpha_i} \tag{4-48}$$

式中 D_e——等效风区长度；

         D_i——计算点至水域边界的距离，i 取 0、±1、±2、±3、±4、±5、±6；

         α_i——第 i 条射线与主射线的夹角，等于 $i \times 7.5°$。

经计算，各计算水位的吹程详见表 4-10。

（3）水域平均水深 H_m 和坝迎水面前水深 H。

水域平均水深 H_m 和迎水面坝前水深 H 为沿主风向作出库底地形剖面图求得，见表 4-10。

（4）上游护坡糙率及渗透性系数 k_Δ，经验系数 k_w。

上游采用 C25 混凝土连锁块，糙率及渗透性系数 $k_\Delta = 0.8$；正常蓄水位时，经验系数 $k_w = 1.15$；设计水位时，经验系数 $k_w = 1.15$；校核水位时，经验系数 $k_w = 1.019$。

（5）上游坡率 m。

正常蓄水位 88.00 m 高程时，按 $m = 2.75$ 计算；设计水位 95.65 m 高程时，按 $m = 2.5$ 计算；校核水位 98.03 m 高程时，按 $m = 2.5$ 计算。

（6）h_e 地震涌浪。

根据《水工建筑物抗震设计规范》（SL 203—97）规定，确定地震区土石坝的安全超高时应包括地震涌浪高度，出山店水库大坝地震设计烈度为 7 度，取地震涌浪高度为 1.5 m。

出山店水库主坝坝顶超高计算参数见表 4-10。

表 4-10   出山店水库主坝坝顶高程计算参数及计算成果表

计算参数	计算工况		
	校核水位 98.03 m	设计水位 95.65 m	正常蓄水位 88.00 m 加地震
计算风速 V(m/s)	19.4	24.0	19.4
吹程 D(m)	10 700	10 200	8 000
平均水域水深 H_m(m)	7.98	7.8	4.02
坝前水深 H(m)	16.52	14.14	6.5
上游坡率 m	2.5	2.5	2.75
风向夹角 β(°)	11.93	11.93	11.93
坝坡糙率 k_Δ	0.8	0.8	0.8
平均波长 L_m	22.56	27.1	17.34
平均波高 h_m	0.734	0.88	0.564
波浪爬高 $R_{1\%}$(m)	2.684	3.41	2.118
安全加高 A(m)	0.7	1.5	0.7
风壅高度 e(m)	0.091	0.135	0.134

续表 4-10

计算参数	计算工况		
	校核水位 98.03 m	设计水位 95.65 m	正常蓄水位 88.00 m　加地震
地震涌浪加高 h_e(m)	0	0	1.5
坝顶超高 y(m)	3.474	5.045	4.402
库水位(m)	98.03	95.65	88.00
计算坝顶高程(m)	101.504	100.695	92.402

(7)风浪的平均波高计算。

波浪的平均波高和平均波周期按莆田试验站公式计算。按规范规定,1 级坝采用累计频率为 1% 的波浪爬高值 $R_{1\%}$。

$$\frac{gh_m}{V^2} = 0.13 \text{th} \left[0.7 \left(\frac{gH_m}{V^2} \right)^{0.7} \right] \text{th} \left\{ \frac{0.001\,8 \left(\frac{gD}{V^2} \right)^{0.45}}{0.13 \text{th} \left[0.7 \left(\frac{gH_m}{V^2} \right)^{0.7} \right]} \right\} \quad (4\text{-}49)$$

$$T_m = 4.438 h_m^{0.5}$$

平均波长 L_m 按下式计算:

$$L_m = \frac{gT_m^2}{2\pi} \text{th} \left(\frac{2\pi B}{L_m} \right) \quad (4\text{-}50)$$

对于深水波,即当 $H \geqslant 0.5L_m$ 时,可简化为:

$$L_m = \frac{gT_m^2}{2\pi} \quad (4\text{-}51)$$

式中　　h_m——平均波高,m;

　　　　T_m——平均波周期,s;

　　　　L_m——平均波长,m;

　　　　V——计算风速,m/s;

　　　　D——风区长度,m;

　　　　H_m——水域平均水深,m;

　　　　g——重力加速度,取 9.81 m/s²。

2)计算成果及分析

主坝坝顶超高的计算成果见表 4-10。

由以上计算成果可见,坝顶高程应采用校核洪水位加非常运用条件的坝顶超高的成果:控制高程为 101.504 m,取 101.50 m。

2.混凝土坝段坝顶高程计算

根据《混凝土重力坝设计规范》(SL 319—2005)规定,混凝土重力坝坝顶应高于校核洪水位,坝顶上游防浪墙顶的高程应高于波浪顶高程,其与设计水位或校核洪水位的高差按下式计算,防浪墙顶高程高者作为选定高程。

$$\Delta h = h_{1\%} + h_z + h_c \quad (4\text{-}52)$$

式中 Δh——防浪墙顶至设计水位或校核洪水位的高差,m;

  $h_{1\%}$——波高,m;

  h_z——波浪中心线至设计或校核洪水位的高差,m;

  h_c——安全超高,设计水位时取 0.7 m,校核洪水位时取 0.5 m。

校核洪水位为 98.03 m,设计洪水位为 95.65 m。

风速采用信阳市南湾气象站资料,修正后水库多年平均最大风速 19.4 m/s。设计风速对正常运用条件取多年平均最大风速的 1.5 ~ 2.0 倍,结合该地区多年最大风速统计,极端最大风速为 24 m/s,设计工况时,取设计风速为 24 m/s,对非常运用条件取多年平均最大风速。

波浪要素采用莆田试验站公式。

出山店水库混凝土坝段坝顶高程计算成果见表 4-11。

表 4-11   出山店水库混凝土坝段坝顶高程计算成果表

工况	$h_{1\%}$(m)	h_z(m)	h_c(m)	Δh(m)	水位(m)	计算防浪墙顶高程(m)
设计工况	2.86	1.20	0.7	4.76	95.65	100.41
校核工况	1.94	0.74	0.5	3.18	98.03	101.21

根据以上计算成果:计算防浪墙顶高程为 101.21 m,防浪墙高取 1.20 m,计算坝顶高程为 100.01 m,较土坝顶高程低 0.29 m,为交通方便,混凝土坝坝顶高程取与土坝顶高程一致,定为 100.30 m。

3. 坝顶高程确定

根据计算结果,计算坝顶高程为 101.50 m,现采用以下两个方案进行比较。

方案一:坝顶不设防浪墙,坝顶高程 101.50 m,坝顶上游设混凝土栏杆防护。

方案二:坝顶设混凝土防浪墙,防浪墙顶高程 101.50 m,防浪墙高 1.2 m,坝顶高程 100.30 m。

以上两个方案均能满足水库正常运行要求,方案一坝顶不设防浪墙,但需设防护栏杆,且坝体高度比方案二高 1.2 m,坝体结构断面大,方案二通过在坝顶设防浪墙将坝顶高度降低,减少坝体结构断面。

经过投资分析,本工程采用坝顶设混凝土防浪墙方案。土坝段计算所需坝顶高程为 101.50 m,防浪墙高 1.2 m(防浪墙底与黏土心墙相连),则坝顶实际高程 100.30 m,计算防浪墙顶高程为 101.21 m,防浪墙高取 1.2 m,计算坝顶高程为 100.01 m,较土坝顶高程低 0.29 m,为交通方便,混凝土坝顶高程取与土坝顶高程一致,定为 100.30 m。

4.4.3.2 主坝坝顶结构

出山店水库土坝段坝顶上游侧设有防浪墙,根据《碾压式土石坝设计规范》(SL 274—2001),防浪墙顶应高于坝顶 1.0 ~ 1.2 m,本工程取防浪墙顶高于坝顶 1.2 m。坝顶下游侧设有路缘石,路缘石高出坝面 0.2 m,防浪墙和下游路缘石均采用 C20 混凝土。

坝顶采用 100 mm 厚沥青混凝土路面,土坝段沥青混凝土路面下设 150 mm 厚水泥稳定碎石基层、200 mm 厚三七灰土底基层。混凝土坝段直接在混凝土坝顶上铺设 100 mm 厚沥青混凝土。

4.4.3.3　坝顶宽度

根据本工程的实际情况,结合类似工程经验,取坝顶宽度为 8.0 m。

4.4.3.4　坝体结构

1.坝基第四系工程地质概述

坝基从北到南包括长里岗丘陵、淮河左岸二级阶地、一级阶地和河槽段。

2.主坝横断面设计

1)心墙宽度的确定

通过方案比较,土坝段采用黏土心墙坝型。黏土心墙宽度尺寸按下列公式计算:

$$B = F \frac{H}{J} \tag{4-53}$$

式中　B——心墙宽度,m;

　　　H——上、下游最大水头差,m;

　　　J——心墙土料容许水力坡降,本工程取 6;

　　　F——考虑到土壤的不均匀性,心墙土料适应变形能力,心墙底部坝基情况等的系
　　　　　　数,一般取 1.2 ~ 1.3。

经计算,最大断面处心墙底部要求最小宽度为 5.22 ~ 5.98 m。根据《碾压式土石坝设
计规范》(SL 274—2001),心墙自上而下逐渐加厚,顶部的水平宽度不宜小于 3.0 m,底部厚
度不宜小于水头的 1/4,即最大断面处心墙底宽不应小于 6.9 m。

根据本工程的特点和该地的土料情况,取心墙顶宽为 4 m。心墙厚度满足渗流计算和
规范要求。

2)坝体横断面设计

根据坝址区的地质条件,从北至南土坝可分为以下几个坝段。

从北至南主坝各断面形式依次为:0 + 000 ~ 0 + 010 段为原状山体,0 + 010 ~ 0 + 143 段
长 133 m,为岗地坝段;0 + 143 ~ 2 + 110.2 段长 1 967.2 m,为二级阶地坝段;2 + 110.2 ~ 3 +
208.6 段长 1 098.4 m,为一级阶地坝段,3 + 208.6 ~ 3 + 348 段长 39.4 m,为左岸河床坝段。

(1)岗地段土坝(0 + 010 ~ 0 + 143)。

土坝上游坡为一级坡,坡率为 1:2.5,下游坡也为一级坡,坡率为 1:2.25。本段坝基表
层为低液限黏土(Q_2),坝轴线附近厚度大于 19.2 ~ 27.5 m,是一种优良的天然铺盖。

(2)二级阶地段土坝(0 + 143 ~ 2 + 110.2)。

土坝上游坡有 3 级,自上而下坡率为 1:2.5、1:2.75、1:3,下游坡也有 3 级,自上而下坡
率为 1:2.25、1:2.5、1:2.75。在高程 95.00 m、87.00 m 设上、下游戗台,上游 95.00 m 高程
处戗台宽 7.00 m,其他戗台宽度为 2.00 m。本段坝基表层为低液限黏土(Q_3),厚度 13.0 ~
18.7 m,也是一种优良的天然铺盖。除小泥河外,坝基没有软土层。桩号 1 + 005 ~ 1 + 181
的小泥河,宽约 176 m,河底表层为灰色极软土,下部为淤泥质低液限黏土,经比较采用加压重
台的方案比挖除方案节省投资,故采用加宽压重台的方案设计横断面。小泥河段附近(0 +
896 ~ 1 + 252)上游 95.00 m 高程压重台宽 25.0 m,下游 95.00 m 高程压重台宽 15.0 m。

(3)一级阶地段土坝(2 + 110.2 ~ 3 + 208.6)。

土坝上游坡有 3 级,自上而下坡率为 1:2.5、1:2.75、1:3,下游坡也有 3 级,自上而下坡

率为1:2.25、1:2.5、1:2.75。在高程95.00 m、87.00 m设上、下游戗台,上游95.00 m高程处戗台宽7.0 m,其他戗台宽度为2.0 m。本段坝基表层为低液限黏土,厚度11.0~16.0 m,也是一种较好的天然铺盖,2+800是代表断面。在2+116~2+500段坝基有软土层,埋深在7.0 m左右,对这种埋藏较深的软土层很难清除,采取在坝的上下游坝脚处加平衡台的办法,根据软土层的厚薄及埋深的情况,平衡台的宽度各不相同,以满足坝坡稳定的需要。2+200是代表有软土层的断面,在上下游坡高程为95.00 m平台宽度各为22.0 m、25.0 m;3+208(代表3+180~3+248)有软土层的断面,在下游坡高程为95.00 m处设压重平台,下游压重平台宽度为10.0 m。

(4)河床段土坝(3+208.6~3+248)。

具土岩双层结构。下伏基岩为古生界加里东晚期(γ_3)中粗粒黑云母花岗岩,上覆上更新统砾石层(Q_3)、全新统砂层(Q_4^2)。砂、砾石层厚1~7.5 m,渗透系数平均1.35×10^{-1} cm/s,均属强透水层。该段土坝上游坡有4级,自上而下坡率为1:2.5、1:2.75、1:3、1:3,下游坡也有4级,自上而下坡率为1:2.25、1:2.5、1:2.75、1:2.75。在高程95.0 m、87.0 m、80.0 m设上、下游戗台,上游95.00 m高程处戗台宽7.0 m,其他戗台宽度为2.0 m。

3)上游坝坡护砌

上游护坡护砌选取以下几种材料进行比选:混凝土预制块、现浇混凝土板、干砌块石、混凝土连锁块。

(1)干砌块石护坡。

优点:适应变形能力强。

缺点:干砌块石人工砌筑,施工质量控制难度较大,工程进度相对较慢,且本工程干砌石护坡厚度较大,施工难度相对较大,干砌块石护坡需要块石具有相对平整表面,块石料源为花岗岩,表面不易成形,块石成材率低,不易达到验收要求。

(2)现浇混凝土板。

优点:施工工期短。

缺点:①适应变形能力差,坝坡容易出现不均匀沉陷,可能导致混凝土面板出现折断、倾斜等现象,影响坡面美观,同时还会引起反滤层淘空,影响坝体安全;②施工过程中需要架立模板,增设抗裂钢筋,面层处理、分缝处理等工序,施工工艺复杂,施工技术要求较高,经计算需配钢筋1 774 t,立模板50 132 m^2。③现浇混凝土板因每块尺寸相对较大,不利于减小风浪爬高和上游坝坡排水。

(3)普通预制混凝土块。

优点:施工方便,施工场地小,可在后方预制,需要的模板量少,且适应变形能力强,坝坡外形美观,预制混凝土块可在预制时通过改变表面的糙率来削减风浪爬高,同时在预制时可以预留小孔洞,以利于上游坝坡砂壳排水。

缺点:造价相对较高,本工程若采用边长为0.3 m的六边形预制块,则预制块厚度需0.68 m,每块重380 kg,施工搬运难度较大。

(4)混凝土连锁块。

混凝土连锁块护坡作为一种新型的护砌形式已经被推广应用,如白龟山水库拦河坝上游采用的搓衣板式护砌,临淮岗大坝上游采用的开孔垂直连锁混凝土块护砌,燕山水库大坝上游采用的连锁块护坡,鸭河口水库大坝上游护坡的护砌形式为栅栏混凝土连锁块护坡等。本工程推荐采用栅栏混凝土连锁块护坡。

优点:①栅栏连锁块在同一砌块上采用了设栅栏条孔、空间连锁及增糙坎三种措施,突破了常规的干砌块石和普通的混凝土护坡。通过增糙削浪、栅栏板削浪、砌块空间连锁用来提高护坡稳定性三个方面有机结合,提高了大坝坝坡削浪效率,通过增糙措施,糙率渗透性系数可达到 $K_\Delta = 0.80$。②施工简单,维护管理方便,整体稳固性好;粗细骨料取材容易,减水剂掺加方法简单;抗冻性强、抗冲刷能力强;而且砌块的尺寸比较规则,采用了工厂化、标准化生产,大大缩短了工期。③铺砌过程中避免了以往采用块石护坡出现的叠砌、贯穿缝及施工难度大等问题,砌块线条平顺规则,缝宽基本一致,在施工过程中只要严格控制表面平整度、缝宽,砌块之间稳定紧密,就不会出现松动现象,护砌质量容易控制。④铺设出来的上游护坡结构整体美观、环保。⑤单位面积造价较低。

缺点:制作工艺较复杂,制作精度要求较高。

通过以上分析比较,结合类似工程经验,出山店水库大坝上游护坡采用 0.28 m 厚的混凝土栅栏连锁块。

4)下游坝坡护砌

下游坝坡选用草皮护坡、干砌块石护坡、预制混凝土块三种形式进行比较。

(1)草皮护坡。

优点:投资省,具有生态环保功能。

缺点:为白蚁提供了良好的生活环境,大坝易受白蚁危害。

(2)干砌石护坡。

优点:适应变形能力强。

缺点:干砌块石人工砌筑,施工质量控制难度较大,工程进度相对较慢,且本工程干砌石护坡厚度较大,施工难度相对较大。

(3)预制混凝土块护坡。

优点:施工方便,施工场地小,可在后方预制,需要的模板量少,且适应变形能力强,美化坝坡,砌筑方便。

缺点:造价相对较高,施工搬运不便。

因出山店水库位于豫南地区,气候湿润,适宜白蚁生长,临近的南湾水库、五岳水库、石山口水库、泼河水库等大坝均受到白蚁危害,因此首先排除采用草皮护坡;干砌石护坡虽适应变形能力强,但干砌块石人工砌筑,施工质量控制难度较大,工程进度相对较慢,且本工程干砌石护坡厚度较大,施工难度相对较大;预制混凝土块护坡虽然运输时不像块石一样可随意装卸,需小心搬运,但砌筑时较为方便,砌筑效果美观,如燕山水库大坝下游护坡为预制块护砌,外观较好。因下游坡不受风浪压力影响,可减小预制块厚度,以节约投资。

综上分析比较,下游坝坡采用预制块护坡进行护砌,预制块厚 0.1 m。因考虑坝坡排水,并结合坝顶路面集中排水,需在主坝下游坝坡每 100 m 设置一条竖向排水沟,竖向排水沟共 35 条,在下游坡 95.00 m、87.00 m 高程平台处各设一道纵向排水沟。排水沟为 C20 混凝土结构,深 0.4 m、宽 0.4 m。

　5) 坝体排水

　本工程采用贴坡式排水,渗流计算结果表明,岗地段坝体浸润线出逸点在 95.11 m 高程左右,二级台地段坝体浸润线出逸点在 80.86~82.30 m 高程,一级台地段坝体浸润线出逸点 82.64~83.46 m 高程,河槽段出逸点在 76.00 m 高程左右。根据《碾压式土石坝设计规范》(SL 274—2001),贴坡排水顶部高程应高于坝体浸润线出逸点,超过的高度 1 级、2 级坝不小于 2.0 m。本工程结合下游坝坡的实际情况,在 0+010~0+143(岗地段)贴坡排水顶高程为 97.00 m,0+143~2+110.2(二级阶地段)、2+110.2~3+208.6(一级阶地)贴坡排水顶高程为 83.00 m。主河槽段 3+208.6~3+248 下游坝坡在 80.00 m 高程以下采用堆石棱体排水,排水体以上设贴坡排水,贴坡排水顶高程为 87.00 m。

　贴坡排水面层为 100 mm 厚有孔预制块,下设反滤层,分别为 200 mm 厚 20~40 mm 碎石、200 mm 厚 2~20 mm 碎石、200 mm 厚中细砂。

　坝脚设导渗沟,梯形断面,采用 300 mm 厚干砌石砌筑,下设 200 mm 厚 20~40 mm 碎石、200 mm 厚 2~20 mm 碎石、200 mm 厚中粗砂。导渗沟与贴坡排水相连。

　经计算,反滤层满足排水要求。

4.4.3.5　坝料设计

　1. 防渗体

　根据前面的方案比选,本工程土坝段采用黏土心墙坝,根据地勘报告资料,土料主要分布于淮河左岸上坝址上游 3.0 km 至下游 3.5 km 范围内的一、二阶地和淮河上游 3.0 km 至 15 km 范围内的一级阶地上的白场、李庄、张寨三个料场,土料为上更新统 Q_3 低液限黏土(粉质黏土)及全新统 Q_4 低液限黏土(重粉质壤土),其中李庄、张寨土料场的全新统 Q_4 渗透系数偏大,不宜作为防渗体土料使用。经统计,各个土料场土料储量共计 6 393 万 m^3,其中 Q_4 低液限黏土(重粉质壤土)1 858 万 m^3、Q_3 低液限黏土(粉质黏土)4 535 万 m^3。按用途划分,经晾晒后能作为防渗体土料的 6 055 万 m^3,其中白场土料场 Q_4 低液限黏土储量 280 万 m^3,运距 12~15 km,坝前土料区 Q_4 低液限黏土储量 835 万 m^3,Q_3 低液限黏土储量 1 265 万 m^3,运距 0.5~3.5 km,坝后土料区 3 675 万 m^3,运距 0.5~3.5 km。白场土料场全新统(Q_4)低液限黏土(重粉质壤土)天然含水量平均值为 23.9%,大于最优含水量 17.7% 或塑限 17.53%;坝址区土料场全新统(Q_4)低液限黏土(重粉质壤土)天然含水量 21.4%~29.2%,平均值 25.3%,大于最优含水量 16.9% 或塑限 17.7%。Q_3 低液限黏土(粉质黏土)天然含水量 23%~28.9%,平均值 26.9%,大于最优含水量 18% 或塑限 19.6%。白场、坝前土料区均属淹没区,坝后土料区均为优质耕地,再结合就近原则,施工时优先使用坝前土料场土料,本工程防渗土料共需约 85 万 m^3,坝前土料场储量满足要求。

　因大坝土料场大部分为稻田,天然含水量偏高,因此土料上坝前需进行晾晒,使其含水量与最优含水量或塑限接近时方可使用。

　2. 坝壳砂砾料

　砂料场选在上坝址上游至平昌关约 15 km 范围内淮河河槽内,河水在河槽内呈蛇曲状,转弯内侧形成沙滩,左右呈滩状交错分布,较大的沙滩共有 13 个,按照地理位置划分为胡庄—北河南、西河湾—南园、河口—袁庄 3 个砂料场。

　淮河常年有水,沙滩地下水埋深受河水位影响大,洪水期常被河水淹没不便于开采,上游的砂料区距坝址远,运输不方便。根据调查,三个料场分别按水上、水下计算储量,砂料储量共计 2 088 万 m³。

　　三个砂料区的河砂均为级配不良砂,以中细砂为主,砂的矿物成分主要为岩屑、石英、长石、角闪石、铁质、黑云母等。试验成果表明:其含泥量平均值均小于 8%,内摩擦角为 32.7° ~ 33.5°,三个料场的河砂的砾石含量偏小,紧密密度均偏小,其他各项指标均符合《水利水电工程天然建筑材料勘察规程》(SL 251—2000)关于土石坝坝壳填筑砂砾料的质量要求。

　　坝壳砂砾石的填筑标准以相对密度为设计控制指标,土坝砂砾料的相对密度不应低于 0.75。

　　3. 坝体反滤排水

　　本工程为黏土心墙砂壳坝,坝壳填筑淮河砂,渗透系数为中等透水,偏向弱透水,设计在坝体内设排水带,排水带紧贴心墙后过渡层,坝底在坝基表面,排水带采用中粗砂回填,在坝坡脚处设贴坡排水。

　　在上游混凝土连锁块坝坡和下游贴坡排水下设反滤层,分别为 200 mm 厚 20 ~ 40 mm 碎石、200 mm 厚 2 ~ 20 mm 碎石、200 mm 厚中细砂。反滤中细砂(包括心墙与砂壳之间的过渡层)压实后相对密度要求不小于 0.7,碎石料压实后孔隙率按 24% 控制。

4.4.4　渗流分析

4.4.4.1　渗流分析内容

　　采用数值分析方法进行坝体坝基平面有限元渗流分析。该项工作主要包括以下内容:

　　(1)通过坝址区工程地质条件的分析,根据坝基结构不同进行工程地质分段,并选择各段典型计算剖面。

　　(2)建立渗流场水文地质模型,采用二维数值模拟方法,计算不同库水位和防渗措施下,坝基渗流场的实际水力比降;通过定性分析与定量计算进行坝基渗透稳定性评价和渗流量估算。

4.4.4.2　计算工况

　　根据《碾压式土石坝设计规范》(SL 274—2001),渗流计算包括以下水位组合情况:

　　(1)上游正常蓄水位与下游相应的最低水位;

　　(2)上游设计洪水位与下游相应的水位;

　　(3)上游校核洪水位与下游相应的水位。

4.4.4.3　方法及计算模型

　　坝体渗透稳定分析采用河海大学工程力学研究所编制的《水工结构有限元分析系统 Auto bank5》,稳定渗流场分析可输出等势线,渗流量,浸润线,水力坡降,任意点的流场数据、任意断面的流场数据分布图。

　　根据坝基地质结构,分别对长里岗丘陵段(桩号 0 + 007 ~ 0 + 143)、二级阶地段(桩号 0 + 143 ~ 2 + 110.2)、一级阶地段(桩号 2 + 110.2 ~ 3 + 208.6)、河槽段(桩号 3 + 208.6 ~ 3 + 248)各选取 1 ~ 3 个典型断面,建立计算模型。

4.4.4.4　渗流计算参数

　　坝基坝体岩土体的渗透系数采用《河南省淮河干流出山店水库可行性研究阶段工程地质勘察报告》中提供的有关成果。

4.4.4.5　渗流稳定分析结果及评价

坝体采用黏土心墙坝,坝基采用塑性混凝土防渗时,其渗流稳定计算成果见表4-12。

表4-12　渗流稳定计算成果表

位置	桩号	计算工况	渗流量 $[m^3/(s \cdot m)]$	出逸点高程 (m)	出逸比降
丘岗段	0+100	校核水位98.03 m	9.11×10^{-7}	95.11	0.13
		设计水位95.65 m	5.7×10^{-7}	95.11	0.11
		正常蓄水位88.00 m	—	—	—
二级 阶地段	0+750	校核水位98.03 m	2.28×10^{-5}	82.642	0.29
		设计水位95.65 m	2.22×10^{-5}	82.642	0.27
		正常蓄水位88.00 m	2.21×10^{-5}	82.641	0.26
	1+050	校核水位98.03 m	2.59×10^{-7}	83.46	0.18
		设计水位95.65 m	1.84×10^{-7}	83.17	0.15
		正常蓄水位88.00 m	3.11×10^{-8}	83.17	0.13
	1+500	校核水位98.03 m	1.32×10^{-6}	82.94	0.24
		设计水位95.65 m	1.03×10^{-6}	82.94	0.2
		正常蓄水位88.00 m	6.09×10^{-7}	82.94	0.13
一级 阶地段	2+200	校核水位98.03 m	8.52×10^{-6}	82.3	0.24
		设计水位95.65 m	7.56×10^{-6}	82.3	0.2
		正常蓄水位88.00 m	1.73×10^{-6}	81.67	0.1
	2+800	校核水位98.03 m	1.03×10^{-5}	81.81	0.38
		设计水位95.65 m	1.02×10^{-5}	81.51	0.28
		正常蓄水位88.00 m	1.0×10^{-5}	81.51	0.24
	3+050	校核水位98.03 m	9.33×10^{-6}	80.86	0.27
		设计水位95.65 m	9.27×10^{-6}	80.86	0.24
		正常蓄水位88.00 m	1.95×10^{-6}	80.86	0.16
河槽段	3+280	校核水位98.03 m	9.77×10^{-7}	75.85	0.28
		设计水位95.65 m	5.95×10^{-7}	75.85	0.26
		正常蓄水位88.00 m	1.65×10^{-7}	75.85	0.24

坝体砂壳填料为不连续级配,其渗透变形形式为管涌型,允许渗透比降 $J_{允许} = 0.1 \sim 0.2$。根据渗流计算结果,最大出逸比降为 0.38,因此在渗水出逸处需设反滤层保护。本工程坡脚设贴坡排水,贴坡排水下设反滤层,满足规范要求。

4.4.4.6　坝体坝基渗流量计算

渗流量计算时,按地形地质条件沿坝轴线方向分为 N 个水平向的区段,各区段宽分别为 $L_i(i = 1, N)$。则总渗流量由下式计算:

$$Q = \sum_{i=1}^{N} Q_i = \sum_{i=1}^{N} [q_i L_i] \tag{4-54}$$

式中　Q_i——第 i 区段流量;

　　　q_i——第 i 区段单宽流量。

实际计算中分 0 +010 ~ 0 +143(丘岗段)、0 +143 ~ 2 +110.2(二级阶地)、2 +110.2 ~ 3 +208.6(一级阶地)、3 +208.6 ~ 3 +248(河床段)。

(1)丘岗段(桩号 0 +010 ~ 0 +143):表层为第四系中更新统(Q_2)低液限黏土层,厚度 19.20 ~ 27.50 mm,该段坝基大多在正常蓄水位以上,因此水库正常蓄水位时,该段渗漏量较小。

(2)二级阶地段(桩号 0 +143 ~ 2 +110.2):表层为低液限黏土,厚 13.0 ~ 18.7 m,下部由砾石层和砂层组成,厚度 8 ~ 15 m,坝基采用塑性混凝土防渗墙防渗时,水库正常蓄水位工况下,坝体坝基渗流量为 0.045 m³/s,日渗漏量为 3 888 m³,年渗漏量为 141.91 万 m³。

(3)一级阶地段(桩号 2 +110.2 ~ 3 +208.6):表层由低液限黏土组成,厚 11.0 ~ 16.0 m,下部由卵石层(Q_3)和砂层(Q_4^1)组成,厚度 6.0 ~ 12.0 m。坝基采用塑性混凝土防渗墙防渗时,水库正常蓄水位工况下,坝体坝基渗流量为 0.015 m³/s,日渗漏量为 1 296 m³,年渗漏量为 47.30 万 m³。

(4)河床段(桩号 3 +208.6 ~ 3 +248):表层为级配不良细砂层(Q_4^2),以下为粗砂(Q_4^1)、砾质粗砂层(Q_4^1),底部为卵石层(Q_3),厚 7.0 ~ 10.0 m。渗透系数平均 7.45×10^{-1} cm/s。其中 3 +331 ~ 3 +575 段为混凝土坝段,坝基采用帷幕灌浆处理,渗漏量较小,正常蓄水位工况下,土坝段坝体坝基渗流量为 0.000 65 m³/s,日渗漏量为 56.16 m³,年渗漏量为 2.05 万 m³。

根据水文资料,坝址上游多年平均入库径流量 10.1 亿 m³,而坝基采用塑性混凝土防渗墙防渗后,根据对各坝段的渗流量 Q 计算,忽略混凝土坝段的渗漏量,则坝体坝基年渗漏量为 191.26 万 m³。占多年平均入库径流量的 0.189%,渗漏量相对较小。

4.4.5　坝坡稳定分析

4.4.5.1　计算工况

根据《碾压式土石坝设计规范》(SL 274—2001)有关规定,控制坝坡稳定的有施工期、稳定渗流期、水库水位降落期和正常运用遇地震等工况,本工程具体计算工况见表 4-13。

表4-13　出山店水库坡坝稳定计算工况

运用条件	计算工况	计算部位
正常运用条件	设计水位的稳定渗流期	上、下游坝坡
	最不利水位的稳定渗流期	上游坝坡
非常运用条件Ⅰ	施工期	上、下游坝坡
	校核洪水位形成的稳定渗流期	上、下游坝坡
	水库水位从校核洪水位降至汛限水位	上游坝坡
	水库水位从正常蓄水位降至死水位或地面高程	上游坝坡
非常运用条件Ⅱ	正常蓄水位遇地震	上、下游坝坡

4.4.5.2　计算断面

计算断面根据坝高、坝基土层性质选取。分别对长里岗丘陵段（桩号0+010~0+143）、二级阶地（桩号0+143~2+110.2）、一级阶地（桩号2+110.2~3+208.6）、河床段（桩号3+208.6~3+248）各选取1~3个典型断面进行计算。

4.4.5.3　计算参数

根据可研阶段地质勘察报告中主要坝基土和坝体防渗料三轴试验建议值整理的坝坡稳定计算参数。采用有效应力法进行计算，坝体坝基土的抗剪强度采用有效抗剪强度。坝体坝基采用的材料物理力学性指标见表4-14、表4-15。

表4-14　坝体坝基材料物理力学性能指标表（稳渗期、库水位降落期）

部位和土料		干容重（kN/m³）	湿容重（kN/m³）	浮容重（kN/m³）	内摩擦角（°）	凝聚力（kPa）	渗透系数（cm/s）
坝基低液限黏土	岗地	16.0	19.8	10.1	15.4	40	8.13×10^{-6}
	二级阶地	15.6	19.5	9.8	14	27	4.56×10^{-6}
	一级阶地	15.2	19.2	9.52	13	20	1.6×10^{-5}
坝基灰色软土	单面排水	14.2	18.9	8.9	7	9	5×10^{-5}
	双面排水	15.2	19.4	9.5	12	10	5×10^{-5}
坝基非黏性土	级配不良砂	14.2	18.9	8.9	28	0	2×10^{-3}
	中粗砂	15.2	19.5	9.5	水下30 水上33	0 0	1×10^{-2}
	砾石	18.0	21.3	11.3	35.0	0	6.5×10^{-2}
坝体填筑土	心墙黏土	17.0	20.0	10.4	30	14	5.8×10^{-7}
	坝壳砂砾料	16.2	17.4	10.0	水下30 水上33	0 0	2.2×10^{-3}

表 4-15　坝体坝基材料物理力学性指标表（施工期）

部位和土料		干容重 (kN/m³)	湿容重 (kN/m³)	浮容重 (kN/m³)	内摩擦角(°)	凝聚力 (kPa)	渗透系数 (cm/s)
坝基低液限黏土	岗地	16.0	19.8	10.1	11.6	36.5	8.13×10^{-6}
	二级阶地	15.6	19.5	9.8	9.0	28.0	4.56×10^{-6}
	一级阶地	15.2	19.2	9.52	7.0	26.0	1.6×10^{-5}
坝基灰色软土	单面排水	14.2	18.9	8.9	9.0	4.0	5×10^{-5}
	双面排水	15.2	19.4	9.5	12.0	10.0	5×10^{-5}
坝基非黏性土	级配不良砂	14.2	18.9	8.9	28.0	0	2×10^{-3}
	中粗砂	15.2	19.5	9.5	水下 30.0 水上 33.0	0 0	1×10^{-2}
	砾石	18.0	21.3	11.3	35.0	0	6.5×10^{-2}
坝体填筑土	心墙黏土	17.0	20.0	10.4	18.0	30.0	5.8×10^{-7}
	坝壳砂砾料	16.2	17.4	10.0	水下 30 水上 33	0 0	2.2×10^{-3}

4.4.5.4　计算方法和计算结果

根据《碾压式土石坝设计规范》（SL 274—2001），坝坡抗滑稳定计算采用计及条块间作用力的简化毕肖普（simplified bishop）法，采用有效应力法进行计算。

计算采用河海大学《土石坝稳定分析系统 SLOPE》电算程序。

坝坡抗滑稳定允许最小安全系数见表 4-16。

表 4-16　出山店水库坝坡抗滑稳定允许最小安全系数表

运用条件	最小安全系数	说明
正常运用条件	1.5	
非常运用条件 I	1.3	工程等级为 1 级
非常运用条件 II	1.2	

注：非常运用条件 II 指正常运用条件遇地震。

出山店水库坝坡稳定计算成果见表 4-17。

由表 4-17 可见，正常运用条件下，二级阶地坝段、一级阶地坝段、河床坝段上下游坡的安全系数均大于规范要求的 1.5；非常运用条件 I 下，各坝段上下游坡的安全系数均大于规范要求的 1.3；非常运用条件 II 下，各坝段上下游坡的安全系数均大于规范要求的 1.2；大坝坝坡的稳定性是满足规范要求的。

表 4-17　出山店毕肖普（简化）圆弧法主坝坝坡稳定计算成果表

运用条件	计算工况	河床坝段 3+280		一级阶地 3+050		一级阶地 2+800		一级阶地 2+200		二级阶地 1+500		二级阶地 1+050		二级阶地 0+750		岗地坝段 0+100	
		上游坡	下游坡	上游坡	下游坡	上游坡	下游坡	上游坡	下游坡	上游坡	下游坡	上游坡	下游坡	上游坡	下游坡	上游坡	下游坡
正常运用条件	1/3 坝高水位	1.843	—	1.615	—	1.864	—	1.677	—	1.668	—	1.704	—	1.692	—	1.801	—
	设计水位	1.953	1.786	1.882	1.560	1.961	1.741	1.785	1.560	1.969	1.525	1.897	1.522	1.960	1.524	1.979	1.758
非常运用条件 I	施工期	2.23	1.825	1.994	1.672	2.140	1.788	1.663	1.415	1.540	1.455	2.031	1.684	1.548	1.560	2.174	1.876
	校核水位	1.97	1.787	1.999	1.501	1.991	1.665	1.902	1.341	1.999	1.460	2.179	1.424	1.986	1.461	1.916	1.876
	水位突降 1	1.486	—	1.313	—	1.369	—	1.380	—	1.329	—	1.380	—	1.327	—	—	—
	水位突降 2	1.528	—	1.528	—	1.718	—	1.525	—	1.598	—	1.571	—	1.510	—	1.928	—
非常运用条件 II	正常蓄水位+地震 7°地震	1.635	1.512	1.376	1.343	1.577	1.518	1.343	1.483	1.444	1.400	1.412	1.383	1.468	1.353	—	1.493

注:1. 水位突降 1 工况:校核水位 98.03 m 突降至汛限水位 88.0 m。
2. 水位突降 2 工况:正常蓄水位 88.0 m 突降至死水位 84.0 m,由于 0+100 断面地面高程比较高,此工况为设计水位突降至地面。

第5章　绿色混凝土工程

5.1　绿色混凝土的概念

绿色混凝土主要分为绿色高性能混凝土、再生骨料混凝土、环保型混凝土及机敏型混凝土等。

5.1.1　绿色高性能混凝土

1998年吴中伟院士首次提出"绿色高性能混凝土"的概念。高性能混凝土具有普通混凝土无法比拟的优良性能，关于高性能混凝土的研究是当今土木工程界最热门的课题之一，如果将高性能混凝土与环境保护、生态保护和可持续发展结合起来考虑，则成为绿色高性能混凝土（GHPC）。在1997年3月的"高强与高性能混凝土"会议上指出GHPC是混凝土的发展方向。真正的绿色高性能混凝土应该是节能型混凝土，所使用的水泥必须为绿色水泥。普通水泥生产过程中需要高温煅烧硅质原料和钙质原料，消耗大量的能源。如果采用无熟料水泥或免烧水泥配制混凝土，就能显著降低能耗，达到节能的目的。

5.1.2　再生骨料混凝土

再生骨料混凝土指以废混凝土、废砖块、废砂浆作骨料，加入水泥砂浆拌制的混凝土。我国20世纪50年代所建成的混凝土工程已使用50余年，许多工程都已经损坏，随着结构的破坏，许多建筑物都需要修补或拆除，而在大量拆除建筑废料中相当一部分都是可以再生利用的，如果将拆除下来的建筑废料进行分选，制成再生混凝土骨料，用到新建筑物的重建上，不仅能够从根本上解决大部分建筑废料的处理问题，同时减少运输量和天然骨料使用量。在德国，再生混凝土主要用于公路工程，如德国lowerSaxong的一条双层公路采用了再生骨料混凝土，该混凝土路面总厚度为26 cm，底层混凝土19 cm采用再生骨料混凝土，面层7 cm采用天然骨料配制的混凝土。为了更好地回收利用废混凝土，可将废混凝土经过特殊处理工艺制成再生骨料，用其部分或全部代替天然骨料配制成再生混凝土。利用再生骨料配制再生混凝土是发展绿色混凝土的主要措施之一，可节省建筑原材料的消耗，保护生态环境，有利于混凝土工业的可持续发展。但是，再生骨料与天然骨料相比，孔隙率大、吸水性强、强度低，因此再生骨料混凝土与天然骨料配置的混凝土的特性相差较大，这是应用再生骨料混凝土时需要注意的问题。

5.1.3　环保型混凝土

混凝土材料给环境带来了负面影响，如制造水泥时燃烧碳酸钙排出的二氧化碳和含硫气体，形成酸雨，产生温室效应，进而影响环境。根据调查城市噪声的三分之一来自建筑施工，其中混凝土浇捣振动噪声占主要部分。就混凝土本身的特性来看，质地硬脆，颜色灰暗，给人以粗、硬、冷的感觉,由混凝土的构成的生活空间色彩单调,缺乏透气性、透水性,对温度、湿度的调节性能差,在城市大密度的混凝土建筑物和铺筑的道路,使城市的气温上升。新型的混凝土不仅要满足作为结构材料的要求,还要尽量减少给地球环境带来的负荷和不良影响,能够与自然协调,与环境共生。因此,作为人类最大量使用的建设材料,混凝土的发展方向必然既要满足现代人的需求,又要考虑环境因素,有利于资源、能源的节省和生态平衡。环保型的混凝土成为混凝土的主要发展方向。

5.1.3.1　低碱混凝土

pH 值为 12~13,呈碱性的混凝土对用于结构物来说是有利的,具有保护钢筋不被腐蚀的作用。但对于道路、港湾等,这种碱性不利于植物和水中生物的生长,所以开发低碱性、内部具有一定的空隙、能够提供植物根部或生物生长所必需的养分存在的空间、适应生物生长的混凝土是环保型混凝土的一个重要研究方向。

目前开发的环保型混凝土主要有多孔混凝土及植被混凝土。多孔混凝土也称为无砂混凝土,它只有粗骨料,没有细骨料,直接用水泥作为黏结剂连接粗骨料,其透气和透水性能良好,连续空隙可以作为生物栖息繁衍的地方,而且可以降低环境负荷,是一种新型的环保材料。植被混凝土则是以多孔混凝土为基础,然后通过在多孔混凝土内部的孔隙加入各种有机、无机的养料来为植物提供营养,并且加入了各种添加剂来改善混凝土的内部性质,是以混凝土内部的环境适合植物生长,另外还在混凝土表面铺了一层混有种子的客土,提供种子早期的营养。

5.1.3.2　透水性混凝土

透水性混凝土与传统混凝土相比,透水性混凝土最大的特点是具有 15%~30% 的连通孔隙,具有透气性和透水性,将这种混凝土用于铺筑道路、广场、人行道等,能扩大城市的透水、透气面积,增加行人、行车的舒适性和安全性,减少交通噪声,对调节城市空气的温度和湿度、维持地下土壤的水位和生态平衡具有重要作用。

透水性混凝土使用的材料有水泥、骨料、混合材、外加剂和水,与一般混凝土基本上相同,根据用途、目的及使用场合不同,有时不使用混合材和外加剂。反映透水性混凝土性能的指标有孔隙率、透水系数、抗压强度、抗冻融循环性和干缩等。

5.1.3.3　吸收分解 NO_x 的光催化混凝土

城市工业和交通的发展,会导致城市空气的质量下降。燃烧燃料也会对大气环境造成严重的影响,危害最大的是 NO_x(主要有 NO,NO_2,N_2O)。NO_x 可引起酸雨、臭氧层破坏、温室效应及光化学烟雾等破坏地球生态环境和危害人的身体健康及其动植物的发育一系列问题。光催化混凝土是绿色建材中的一种,它含有二氧化钛催化剂,因而具有催化剂,能氧化多数的有机和无机的污染物,尤其是工业燃烧和汽车尾气排放的 NO 气体,使其降解为二氧化碳和水等无害物质,起着空气净化、美化环境的作用。

5.1.4　机敏型混凝土

机敏型混凝土是一种具有感知和修复性能的混凝土,是智能混凝土的初级阶段,是混凝土材料发展的高级阶段。智能混凝土是在混凝土原有的组成基础上掺加复合智能型组分使混凝土材料具有一定的自感知、自适应和损伤自修复等智能特性的多功能材料,根据这些特性可以有效地预报混凝土材料内部的损伤,满足结构自我安全检测需要,防止混凝土结构潜在的脆性破坏,能显著提高混凝土结构的安全性和耐久性。近年来,损伤自诊断混凝土、温度自调节混凝土及仿生自愈合混凝土等一系列机敏型混凝土的相续出现,为智能混凝土的研究和发展打下了坚实的基础。

5.1.4.1　自诊断智能混凝土

自诊断智能混凝土具有压敏性和温敏性等性能。普通的混凝土材料本身并不具有自感应功能,但在混凝土基材中掺入部分导电组分制成的复合混凝土可具备自感应性能。目前常用的导电组分可分为3类:聚合物类、碳类和金属类,而最常用的是碳类和金属类。碳类导电组分包括石墨、碳纤维及碳黑;金属类材料则有金属微粉末、金属纤维、金属片及金属网等。

5.1.4.2　调节机敏混凝土

自调节机敏混凝土具有电力效应和电热效应等性能。Wittmann F. H. 在1973年首先研究了力由变形产生电、电力,由电产生变形效应。Wittmann F. H. 在做水泥净浆小梁弯曲时,通过附着在梁上下表面的电极可检测到电压,且对其逆反应——电力效应进行了研究,发现梁产生弯曲变形,改变电压的方向时,弯曲的方向也发生相应的变化。

机敏混凝土的力电效应、电力效应是基于电化学理论的可逆效应,因此将电力效应应用于混凝土结构的传感和驱动时,可以在一定范围内对它们实施变形调节。例如,对于平整度要求极高的特殊钢筋混凝土桥梁,可通过机敏混凝土的电热和电力自调节功能进行调节由于温度自重所引起的蠕变;机敏混凝土的热电效应使其可以方便地实时检测建筑物内部和周围环境温度变化,并利用电热效应在冬季控制建筑物内部环境的温度,可极大地促进智能化建筑的发展。

5.1.4.3　自修复机敏混凝土

混凝土结构在使用过程中,大多数结构是带裂缝工作的。含有微裂纹的混凝土在一定的环境条件下是能够自行愈合的,但自然愈合有其自身无法克服的缺陷,受混凝土的龄期、裂纹尺寸、数量和分布及特定的环境影响较大,而且愈合期较长,通常对较晚龄期的混凝土或当混凝土裂缝宽度超过了一定的界限,混凝土的裂缝很难愈合。国内的研究表明,掺有活性掺和料和微细有机纤维的混凝土破坏后,其抗拉强度存在自愈合现象;国外研究混凝土裂缝自愈合的方法是在水泥基材料中掺入特殊的修复材料,使混凝土结构在使用过程中发生损伤时,自动利用修复材料(黏结剂)进行恢复甚至提高混凝土材料的性能。美国伊利诺伊斯理工大学的 Carolyn Dry 采用在空心玻璃纤维中注入缩醛高分子溶液作为黏结剂,埋入混凝土中,制成具有自修复智能混凝土。当混凝土结构在使用过程中发生损伤时,空心玻璃纤维中的黏结剂流出愈合损伤,恢复甚至提高混凝土材料的性能。

5.2　绿色高性能混凝土

5.2.1　绿色高性能混凝土的概念及分类

5.2.1.1　绿色高性能混凝土的概念

绿色混凝土的“绿色”含义为:节约资源、能源;不破坏环境,更有利于环境可持续发展,既满足当代人的需求,又不危害子孙后代,且能满足其需要。

　　所谓绿色高性能混凝土,是指通过材料研选、采用特殊工艺、制造出来的具有特殊结构和表面特性的混凝土;既能减少环境负荷,又能与环境协调,它具有能适应动、植物生长,对调节生态平衡、美化环境景观,为人类构造舒适环境。

　　绿色高性能混凝土指具有以下特点的混凝土:可满足混凝土的可持续发展,能减少环境污染,又能与自然生态系统和谐开发;比传统混凝土具有更高的强度和耐久性;可选择资源丰富,能耗小的原材料;能大量利用工业废弃资源,实现非再生性资源的可循环使用和有害物质的从低排放;适合人居,对人体无害。

5.2.1.2　绿色高性能混凝土的分类

　　如今绿色高性能混凝土已逐渐形成一门独立学科,根据使用功能,发展为植被绿化型混凝土、透水型混凝土、水生物保护型混凝土等三大类。

　　(1)植被绿化型混凝土。指能够适应植物生长、可进行植被作业的混凝土及其制品,具有保护环境、改善生态条件、基本保持原有结构材料性能。多孔连续型绿化混凝土是植被绿化混凝土的一种类型,这种混凝土以多孔混凝土作为骨架结构,内部存在着一定量的连通孔隙,为混凝土表面的绿色植物提供根部生长、吸取养分的空间,采用多孔混凝土作为植物生长基体,并在孔隙内充填植物生长所需的物质。

　　(2)透水型混凝土。是具有l50/r30%的连通孔隙的多孔或大孔混凝土。它是由胶凝材料、粗骨料、水和外加剂按照一定的比例拌和而成,由于无细骨料,在硬化后的混凝土中存在着较大的孔洞、孔隙率大,有较强的透水性能。

　　(3)水生物保护型混凝土。水生物保护型混凝土是指能够营造出适合生物生长、生息的空间或孔隙,能够为水藻类生物提供合适的附着表面,并能在混凝土表面增殖,通过相互作用或共生作用,形成食物链,使混凝土周围的水质对生物生长没有不良影响,为海洋生物和淡水生物生长提供良好条件,保护生态环境。

5.2.1.3　高性能混凝土质量与施工控制

　　1.高性能混凝土原材料及其选用

　　1)细骨料

　　细骨料宜选用质地坚硬、洁净、级配良好的天然中、粗河砂,其质量要求应符合普通混凝土用砂石标准中的规定。砂的粗细程度对混凝土强度有明显的影响,一般情况下,砂子越粗,混凝土的强度越高。配制 C50 ~ C80 的混凝土用砂宜选用细度模数大于 2.3 的中砂,对于 C80 ~ C100 的混凝土用砂宜选用细度模数大于 2.6 的中砂或粗砂。

　　2)粗骨料

　　高性能混凝土必须选用强度高、吸水率低、级配良好的粗骨料。宜选择表面粗糙、外形有棱角、针片状含量低的硬质砂岩、石灰岩、花岗岩、玄武岩碎石,级配符合规范要求。由于高性能混凝土要求强度较高,就必须使粗骨料具有足够高的强度,一般粗骨料强度应为混凝土强度的 115 ~ 210 倍或控制压碎指标值 >10% 。最大粒径不应大于 25 mm,以 10 ~ 20 mm为佳,这是因为较小粒径的粗骨料,其内部产生缺陷的概率减小,与砂浆的黏结面积增大,且界面受力较均匀。另外,粗骨料还应注意骨料的粒型、级配和岩石种类,一般采取连续级配,其中尤以级配良好、表面粗糙的石灰岩碎石为最好。粗骨料的线膨胀系数要尽可能小,这样能大大减小温度应力,从而提高混凝土的体积稳定性。

3）细掺和料

配制高性能混凝土时，掺入活性细掺和料可以使水泥浆的流动性大为改善，空隙得到充分填充，使硬化后的水泥石强度有所提高。更重要的是，加入活性细掺和料改善了混凝土中水泥石与骨料的界面结构，使混凝土的强度、抗渗性与耐久性均得到提高。活性细掺和料是高性能混凝土必用的组成材料。在高性能混凝土中常用的活性细掺和料有硅粉（SF）、磨细矿渣粉（BFS）、粉煤灰（FA）、天然沸石粉（NZ）等。粉煤灰是火电厂燃煤锅炉排出的烟道灰，它能有效地提高混凝土的抗渗性，显著改善混凝土拌和物的工作性，大掺量粉煤灰混凝土还对环境保护和节约资源有重要意义。配制高性能混凝土的粉煤灰宜用含碳量低、细度低、需水量低的优质粉煤灰。矿渣是高炉炼铁排出的熔融矿渣在高温状态下迅速水淬冷却而成的，用于高性能混凝土的磨细矿渣细度大于水泥，能提高混凝土的工作性和耐久性。硅粉是电炉法生产硅铁合金所排放的烟道灰，SiO_2 含量大于 90% ，平均粒径约 011 μm，比表面积 >20 000 m^2/kg，借助大剂量高效减水剂和强力搅拌作用，可以填充到水泥或其他掺和料的间隙中去，并且具有很高的活性，在各种掺和料中对混凝土的增强作用最为显著，是国际上制备超高强混凝土最通用的超细活性掺和料。

4）减水剂及缓凝剂

由于高性能混凝土具有较高的强度，且一般混凝土拌和物的坍落度较大（15～20 cm），在低水胶比（一般 <0.35）情况下，要使混凝土具有较大的坍落度，就必须使用高效减水剂，且其减水率宜在 20% 以上。有时为减少混凝土坍落度的损失，在减水剂内还宜掺有缓凝的成分。此外，由于高性能混凝土水胶比低，水泥颗粒间距小，能进入溶液的离子数量也少，因此减水剂对水泥的适应性表现更为敏感。因大部分高性能混凝土施工时采用泵送，故掺减水剂后混凝土拌和物的坍落度损失不能太快太大，否则影响泵送。

5）矿物掺和料

（1）粉煤灰。是燃烧煤粉的锅炉烟气中收集到的细微粉末，又称"飞灰"（fly ash），其颗粒多呈球形，表面光滑。大量的实践证明：掺用粉煤灰的混凝土，其长期性能可得到大幅度地改善，对延长构筑物的使用寿命有重要意义。粉煤灰在混凝土中的主要作用包括以下几个方面：①填充骨料颗粒的空隙并包裹它们形成润滑层，产生"滚珠润滑"效应；②对水泥颗粒起物理分散作用，使其分布得更均匀；③粉煤灰和聚集在骨料颗粒周围的氢氧化钙结晶发生火山灰反应，生成具有胶凝性质的产物，加强了薄弱的过渡区，对改善混凝土的各项性能有显著作用；④粉煤灰延缓了水化速度，减小混凝土因水化热引起的温升，对防止混凝土产生温度裂缝十分有利；⑤可减小混凝土温度开裂的危险，同时由于加快了火山灰反应，还可提高 28 d 强度。值得注意的是，粉煤灰的水泥取代率对强度影响显著，较好的早期强度和后期强度的水泥取代率应小于 10% 。当粉煤灰掺量较低时，只会对水泥早期水化热有影响，但对 7 d 龄期的水化热几乎没有影响。

（2）硅粉（silica fume，SF）又称硅灰。是从生产硅铁或硅钢等合金所排放的烟气中收集到的颗粒极细的烟尘。硅粉主要由非常微小、表面光滑的玻璃态球形颗粒组成，粒径为 0.1～1.0 μm，是水泥粒径的 1/50～1/100，一般比表面积为 18 500～20 000 m^2/kg，主要化学成分为二氧化硅，含量在 90% 以上。在混凝土中掺加少量硅粉或以硅粉取代部分水泥，结合应用减水剂，可使混凝土各方面的物理力学性能都得到显著提高，硅粉的适宜掺量为水泥用量的 5%～10% 。硅粉的加入，对混凝土的性能的影响主要有：①改善了新拌混凝土的黏聚性、保水性,提高了需水量;②提高了混凝土的强度,增大了弹性模量和混凝土的干缩;③提高了混凝土的耐久性。另外,在配制硅粉混凝土时必须注意:①由于硅粉的需水量比水泥大,在配制硅粉混凝土时,一般要掺加减水剂。在选择减水剂时,应使之与所用的水泥具有相容性,否则,容易影响混凝土的工作性能。同时,根据减水剂性能及需求的减水需求来选择合适的掺量。②比表面积和活性 SiO_2 含量是硅粉的重要指标,硅粉比表面积越大、活性 SiO_2 含量越高,硅粉性能越好,配制硅粉混凝土需选择具有良好性能的硅粉。③硅粉混凝土的干缩一般比普通混凝土大,配制高性能混凝土时应采取补偿收缩的措施,如掺加粉煤灰等。

2. 配合比设计控制要点

(1)设计思路有很大区别。

在以往的配合比设计方法中,是按混凝土的强度等级要求计算水灰比,而现在则是按耐久性的要求,首先根据环境作用等级确定电通量指标,由此来选择水胶比、控制胶凝材料最小用量及掺和料的比例。由于客专隧道的衬砌和仰拱设计强度等级为 C30 或 C35,一般来说,为满足电通量要求和水胶比限值要求,混凝土的强度一般都是超强的。

(2)胶凝材料用量及粉煤灰所占比例。

在进行配合比参数设计时,为保证混凝土的耐久性,混凝土中胶凝材料总量应处在一个适宜范围内,不仅有最低限要求,同时,对于 C30 及以下混凝土,胶凝材料总量不宜高于 400 kg/m³,C35~C40 不宜高于 450 kg/m³。铁路客运专线大力提倡使用粉煤灰、矿渣粉等矿物掺和料,与普通硅酸盐水泥一起作为胶凝材料。使用粉煤灰等矿物掺和料,并不是单纯地考虑降低混凝土成本,首先是为了混凝土耐久性的需要,特别是可以有效改善混凝土抵抗化学侵蚀的能力(包括氯化物侵蚀、硫酸盐侵蚀、碱-骨料反应等)。国内外的大量研究表明,粉煤灰的掺量在 20% 以上时,改善混凝土耐久性的效果较佳,更有研究资料表明,粉煤灰的最大掺量可达到 50% 左右。在《铁路混凝土结构耐久性设计暂行规定》中明确规定,一般情况下,矿物掺和料掺量不宜小于胶凝材料总量的 20%,当大于 30% 时,混凝土的水胶比不得大于 0.45。

(3)含气量的要求。

含气量的要求也是客运专线高性能混凝土与普通混凝土的重要区别之一。以往工程仅在有抗冻要求时才考虑适当提高混凝土的含气量,这是对混凝土耐久性的规律认识不足的表现。实际上,混凝土中适量的引气,不仅能改善抗冻性,同时可显著减轻混凝土的泌水性,使水在拌和物中的悬浮状态更加稳定,从而提高混凝土材料的均匀性和稳定性。因此,客运专线规定,即使配制非抗冻混凝土时,含气量也应不小于 2%,并且作为施工质量控制的必检项目之一。为适当提高混凝土的含气量,并获得较佳的减水和保塑效果,可使用新型聚羧酸盐减水剂。

(4)电通量指标。

电通量指标是客运专线对混凝土耐久性最重要、最具体的指标。目前,我国尚无电通量试验的国家标准,铁路行业电通量试验方法是以美国 ASTMC1202 快速电量测定方法为基础制定的,其所测指标可以最大程度地区分和评价混凝土的密实度,而密实度正是影响混凝土耐久性最为关键的因素。以往多是以抗渗性来评价混凝土的密实程度,但实践证明,抗渗试验只适合于判定较低强度等级混凝土的密实性,当强度等级超过 C30 后,抗渗等级几乎都能达到 P20 以上，再往下试验比较困难。这正是用电通量指标取代抗渗标号作为混凝土耐久性控制的主要原因。混凝土的电通量主要取决于水胶比，通过大量试验得到规律，一般水胶比小于 0.5 时基本可满足电通量小于 2 000 的要求，水胶比小于 0.45 时基本可满足电通量小于 1 500 的要求。

3. 高性能混凝土的施工控制

（1）搅拌。混凝土原材料应严格按照施工配合比要求进行准确称量，称量最大允许偏差应符合下列规定（按重量计）：胶凝材料（水泥、掺和料等）±1%，外加剂 ±1%，骨料 ±2%，拌和用水 ±1%。应采用卧轴式、行星式或逆流式强制搅拌机搅拌混凝土，采用电子计量系统计量原材料。搅拌时间不宜少于 2 min，也不宜超过 3 min。炎热季节或寒冷季节搅拌混凝土时，必须采取有效措施控制原材料温度，以保证混凝土的入模温度满足规定。

（2）运输。应采取有效措施，保证混凝土在运输过程中保持均匀性及各项工作性能指标不发生明显波动。应对运输设备采取保温隔热措施，防止局部混凝土温度升高（夏季）或受冻（冬季）。应采取适当措施防止水分进入运输容器或蒸发。

（3）浇筑。①混凝土入模前，应采用专用设备测定混凝土的温度、坍落度、含气量、水胶比及泌水率等工作性能；只有拌和物性能符合设计或配合比要求的混凝土方可入模浇筑。混凝土的入模温度一般宜控制在 5～30 ℃。②混凝土浇筑时的自由倾落高度不得大于 2 m，当大于 2 m 时，应采用滑槽、串筒、漏斗等器具辅助输送混凝土，保证混凝土不出现分层离析现象。③混凝土的浇筑应采用分层连续推移的方式进行，间隙时间不得超过 90 min，不得随意留置施工缝。④新浇混凝土与邻接的已硬化混凝土或岩土介质间浇筑时的温差不得大于 15 ℃。

（4）振捣。可采用插入式振动棒、附着式平板振捣器、表面平板振捣器等振捣设备振捣混凝土。振捣时应避免碰撞模板、钢筋及预埋件。采用插入式振捣器振捣混凝土时，宜采用垂直点振方式振捣。每点的振捣时间以表面泛浆或不冒大气泡为准，一般不宜超过 30 s，避免过振。若需变换振捣棒在混凝土拌和物中的水平位置，应首先竖向缓慢将振捣棒拔出，然后再将振捣棒移至新的位置，不得将振捣棒放在拌和物内平拖。

（5）养护。高性能混凝土早期强度增长较快，一般 3 d 达到设计强度的 60%，7 d 达到设计强度的 80%，因而混凝土早期养护特别重要。通常在混凝土浇筑完毕后采取以带模养护为主，浇水养护为辅，使混凝土表面保持湿润。养护时间不少于 14 d。

（6）质量检验控制。除施工前严格进行原材料质量检查外，在混凝土施工过程中，应对混凝土的以下指标进行检查控制。混凝土拌和物：水胶比、坍落度、含气量、入模温度、泌水率、匀质性；硬化混凝土：标准养护试件抗压强度、同条件养护试件抗压强度、抗渗性、电通量等。

5.2.1.4　高性能混凝土的特点

1. 高耐久性

高性能混凝土的重要特点是具有高耐久性，而耐久性则取决于抗渗性；抗渗性又与混凝土中的水泥石密实度和界面结构有关。由于高性能混凝土掺加了高效减水剂，其水胶比很低（≤0.138），水泥全部水化后，混凝土没有多余的毛细水，孔隙细化，最可孔径很小，总孔隙率低；再者高性能混凝土中掺加矿物质超细粉后，混凝土中骨料与水泥石之间的界面过

渡区孔隙能得到明显的降低,而且矿物质超细粉的掺加还能改善水泥石的孔结构,使其
≥100 μm 的孔含量得到明显减少,矿物质超细粉的掺加也使得混凝土的早期抗裂性能得到
了大大的提高。以上这些措施对于混凝土的抗冻融、抗中性化、抗碱－骨料反应、抗硫酸盐
腐蚀,以及其他酸性和盐类侵蚀等性能都能得到有效的提高。

2. 高工作性

高性能混凝土具有良好的流变学性能,高流动性,不泌水,不离析,能在正常施工条件
下保证混凝土结构的密实性和均匀性,对于某些结构的特殊部位(如梁柱接头等钢筋密集
处)还可采用自流密实成型混凝土,从而保证该部位的密实性,这样就可以减轻施工劳动强
度,节约施工能耗。

3. 其他

高性能混凝土具有较高的韧性、良好体积稳定性和长期的力学性能稳定性。高性能混
凝土的高韧性要求其具有能较好地抵抗地震荷载、疲劳荷载及冲击荷载的能力,混凝土的韧
性可通过在混凝土掺加引气剂或采取高性能纤维混凝土等措施得到提高。高性能混凝土的
体积稳定性表现在其优良的抗初期开裂性,低的温度变形、低徐变及低的自收缩变形。虽
然高性能混凝土的水灰比比较低,但是如果将新型高效减水剂和增黏剂一起使用,尽可能
地降低单方用水量,防止离析,浇筑振实后立即用湿布或湿草帘加以覆盖养护,避免太阳
光照射和风吹,防止混凝土的水分蒸发,这样高性能混凝土早期开裂就会得到有效地抑
制。国内已有研究表明,对于外掺加 40% 粉煤灰的高性能混凝土,不管是在标准养护还是
在蒸压养护条件下,其 360 d 龄期的徐变度(单位徐变应力的徐变值)均小于同强度等级的
普通混凝土,高性能混凝土徐变度仅为普通混凝土的 50% 左右。高性能混凝土长期的力学
稳定性要求其在长期的荷载作用及恶劣环境侵蚀下抗压强度、抗拉强度及弹性模量等力学
性能保持稳定。

5.3　再生混凝土

再生混凝土又叫再生骨料混凝土,是指将废弃混凝土经过清洗、破碎、筛分和按一定比
例与级配混合,形成"循环再生骨料",部分或者全部代替砂石等天然骨料配制成的再生骨
料混凝土,用在钢筋混凝土结构工程中,这是废弃混凝土最有价值的再利用方法,是应该要
提倡的未来混凝土的发展方向。

5.3.1　再生骨料及混凝土的技术指标

5.3.1.1　再生骨料技术性能

混凝土再生骨料根据粒径大小可以分为再生粗骨料(粒径 5～40 mm)和再生细骨料
(粒径 0.15～2.5 mm)。由于再生骨料和普通骨料具有相近的性能,所以,以再生骨料为主
要组成材料所制成的再生混凝土和普通混凝土也有着相近的各项性能。

5.3.1.2　再生混凝土

与天然骨料相比,再生骨料中存在大量水泥砂浆及其他杂质,其耐久性不高,因此有
学者提出再生混凝土不宜用于一般工业厂房与民用建筑中,再生骨料只能用于地基加固、
低等级道路和城市人行横道的级配垫层、混凝土空心砌块等,极大地限制了再生混凝土的

应用。然而,通过试验研究结果表明:高品质再生细骨料混凝土的强度高于天然骨料混凝土,且随着再生细骨料取代量的增加而增大;高品质再生粗骨料混凝土的强度接近天然骨料混凝土强度,且随着再生细骨料取代量的增加而无明显变化;在高效减水剂的作用下,粉煤灰、矿粉和硅灰大掺量复掺,可制备工作性能良好、早期强度满足要求和后期强度有极好发展的高性能混凝土;再生骨料和各种掺和料的适应性比较好,超细矿粉和普通矿粉复掺能够明显提高再生混凝土强度。也就是说,粉煤灰、矿渣和硅灰等矿物掺和料大量取代水泥,使用高效减水剂降低混凝土水胶比,可以制作出工作性良好、强度较高、耐久性较好的高性能混凝土。高性能再生混凝土很好地扩大了再生混凝土的应用范围和使用效果。

5.3.1.3　再生水泥

目前,韩国已经成功开发了从废弃的混凝土中分离出水泥,并使这种水泥能再生利用的技术。主要流程是:首先把废弃混凝土中的水泥、骨料和钢筋等分离开来;然后在 700 ℃的高温下对水泥进行加热处理;最后添加秘密配方的特殊的物质,就能生产出再生水泥。这种再生水泥的强度与普通水泥几乎一样,有些甚至更好,能够符合普通建筑工程的施工标准。这种再生水泥的生产成本仅为普通水泥的一半,而且在生产过程中不产生二氧化碳,有利于环保。经估计,每 100 t 废弃混凝土能够获得 30 t 左右的再生水泥。因此,这项技术不仅有利于解决建设中的大量废弃物问题(废弃混凝土),还能解决缺乏水泥的原料(石灰石)的资源枯竭问题。目前,该技术已经申请了专利,并开始批量生产,试点推广,现场反应良好。

5.3.2　废弃混凝土再生利用的主要途径

5.3.2.1　基础和道路垫层

目前,我国最常见的再利用方法是将废弃混凝土破碎后作为建筑物基础垫层或者道路基层。再生利用时,废弃混凝土再生骨料自身已经具备了基本性能,只要使用普通鄂式粉碎机进行轧制,超限的粒径筛出后重新加工,这样就可以得到符合要求的再生骨料,操作简单,备料方便,经济效果显著。

在实践中,以合格水泥为结合料,参照《公路工程无机结合料稳定材料试验规程》(JTG E51—2009),采用击实试验和静压成型试验会使再生骨料发生不同程度的破碎,导致再生骨料内部存在缺陷,造成所制做的试件离散性非常大,同样材料、级配、水泥用量和养护条件下,试件的抗压强度却有着很大的区别。试验发现,如果采用振动压实成型的方法,并且选用合理的工艺参数,则可以避免缺陷的产生,试件的强度和变异性都满足公路基层规范的指标要求,是废弃混凝土再利用的一个有效途径。

5.3.2.2　新型墙体材料

为了促进新型墙体材料的发展和应用,保护土地资源和生态环境,节能利废,建设节约型社会,国家大力提倡非黏土砖的墙体材料的研发、推广和应用。目前的砌体块材中有混凝土砌块、加气混凝土、矿渣混凝土砌块等。可以将废弃混凝土破碎后生产混凝土砌块砖、铺道砖、花格砖等建材制品,也可以制作混凝土空心砌块。进行相应的力学性能和物理性能的研究,通过试验研究再生骨料的含量、外加剂掺入量和空心砌块形状的设计对混凝土空心砌块物理力学性能的影响,并与天然混凝土进行对比,寻找能作为墙体材料的合理配合比和空心砌块的体型。进而进行再生混凝土空心砌块砌筑的砌体柱的抗压试验,对比分析《砌体结构设计规范》(GB 50003—2001)的抗压计算公式,对再生混凝土空心砌块砌体柱的抗压适用性,为进行实际生产再生混凝土空心砌块提供试验依据。由于再生骨料与天然骨料的性质不同,故再生骨料混凝土与天然骨料混凝土的性能亦不相同。再生混凝土与天然骨料混凝土相比,其抗拉强度、抗压强度和坍落度都比较低,但是如果采用合适的配合比和加入适当的外加剂,则与天然混凝土的性能相近,甚至超出。所以,利用废弃混凝土作为再生骨料制作混凝土空心砌块,可以替代黏土砖、水泥砖、混凝土砌块等墙体材料,起到建筑资源循环利用的作用,具有很好的节能与环保的经济效益、社会效益,并具有广泛的应用前景。

5.4　环保型混凝土

对于环保型混凝土,目前应用比较多的是透水混凝土(见图 5-1)。透水混凝土是由粗骨料、水泥和水及添加物拌制而成的一种多孔轻质混凝土,它不含细骨料,由粗骨料表面包覆一薄层水泥浆相互黏结而形成孔穴均匀分布的蜂窝状结构,故具有透气、透水和重量轻等特点。透水混凝土主要组成材料为水、水泥、骨料及其他增强材料。透水混凝土骨料采用骨架——空隙型级配,水泥净浆或加入少量细骨料或增强材料的砂浆薄层包裹在骨料颗粒表面形成骨料颗粒间胶结层,骨料颗粒通过硬化的水泥(砂)浆薄层堆聚形成多孔“拱架”结构,其内部存在着大量连通孔隙,且多为直径超过 1 mm 的大孔。透水混凝土的透水、透气性能取决于其内部的连通孔隙率及孔径大小;力学强度取决于骨料强度、胶结层强度、胶结层与骨料的界面黏结质量和黏结点数量、骨料颗粒相互嵌挤形成的“拱架”结构的质量;表面粗糙度主要取决于骨料粒径大小。

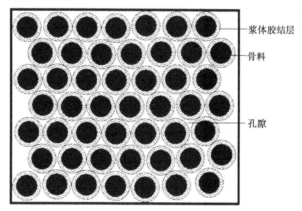

图 5-1　透水混凝土结构示意图

5.4.1　透水混凝土类型

到目前为止,用于道路铺装和地面的透水混凝土主要有三种类型:水泥透水性混凝土、高分子透水性混凝土、烧结透水性制品。

5.4.1.1　水泥透水性混凝土

水泥透水性混凝土是以硅酸盐类水泥为胶凝材料、采用单一粒级的粗骨料,不用或少用细骨料配制的无砂、多孔混凝土。该种混凝土一般采用较高强度的水泥,骨灰比为 3.0 ~ 4.0,水灰比为 0.3 ~ 0.35。混凝土拌和物较干硬,采用加压振动成形,形成具有连通孔隙的混凝土。硬化后的混凝土内部通常含有 20% 左右的连通孔隙,相应的表观密度低于普通混凝土,通常为 1 700 ~ 2 200 kg/m³。抗压强度可达 15 ~ 35 MPa,抗折强度可达 3 ~ 5 MPa,透水系数为 1 ~ 15 mm/s。

5.4.1.2　高分子透水性混凝土

高分子透水性混凝土是采用单一粒级的粗骨料,以沥青或高分子树脂为胶结材料配制的透水性混凝土。与水泥透水性混凝土相比,该种混凝土强度较高,但成本也高。同时由于有机胶凝材料耐热性较差,在日光大气因素作用下容易老化,其性能受温度影响较大,尤其是温度升高时,容易软化流淌,使透水性受到影响。因此,在保证孔隙的前提下,抗老化、热稳定性就是保证质量的关键。

5.4.1.3　烧结透水性制品

烧结透水性制品是以废弃的瓷砖、长石、高岭土、黏土等矿物的粒状物和浆体拌和,压制成坯体,经高温煅烧而成,具有多孔结构的块体材料。该类混凝土透水性材料强度高,耐磨性好,耐久性优良,但烧结过程需要消耗能量,成本较高,适用于用量较小的园林、广场、景观道路铺装部位。

5.4.2　透水混凝土的生产工艺

透水混凝土的投料顺序(见图 5-2)采用先将水泥、掺和料、骨料投入搅拌机进行搅拌 1 min,再加入外加剂和一半的水量搅拌 1 min,最后投入剩余水量,搅拌均匀后出机,出机速度慢于普通混凝土,适用于混凝土搅拌运输车运输。透水混凝土拌和物中水泥浆的稠度大,石子用量多,为了使水泥浆能够均匀地包裹在骨料上,搅拌时间不宜低于 3 min。

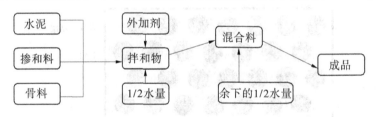

图 5-2　透水混凝土生产工艺

5.4.3　影响透水混凝土性能的因素

5.4.3.1　水灰比

水灰比既影响混凝土的强度,又影响其透水性。透水混凝土的水灰比一般随着水泥用量的增加而减少,但只是在一个较小的范围内波动。对确定的某一级配骨料的水泥用量,有一最佳水灰比,此时透水混凝土才会具有最大的抗压强度。当水灰比小于这一最佳值时,水泥浆难以均匀地包裹所有的骨料颗粒,工作度变差,达不到适当的密实度,不利于强度的提高。反之,如果水灰比过大,易产生离析,水泥浆会从骨料颗粒上淌下,形成不均匀的混凝土组织,既不利于透水,也不利于强度的提高。

5.4.3.2　胶结材料

透水混凝土性能在不同强度胶结材料的影响条件下,透水混凝土强度随着水泥石强度的增加而提高。与普通混凝土相似,透水混凝土形成强度主要靠胶结材料的强度,胶结材料强度增加,透水混凝土的强度随之增大。

5.4.3.3　水泥－骨料用量

多孔透水混凝土的抗压强度主要由粗骨料之间的咬合摩擦力及骨料与水泥浆体的黏结强度决定。水泥浆体的抗压强度主要由水灰比决定,在一定水灰比下,水泥用量的增大使得界面厚度增大,黏结面积及黏结点的数量增加,从而提高了它的抗压强度。另外,随着水泥用量的增大,骨料颗粒之间的黏结状况可能会发生变化,由原来通过水泥浆体的点接触黏结发展为通过水泥浆体的面接触黏结,从而使得多孔透水混凝土的抗压强度增加。随着水泥用量的增大,粗骨料之间原来连通的孔隙会逐渐减小变得不连通,整个骨架透水的通道减少而使其透水系数降低。又因水泥浆体的流变性比较大,水泥用量的增大将使其更趋于采用填充骨料之间空隙的方式来构成结构;因此使得多孔透水混凝土的空隙率及透水系数显著下降。

5.4.3.4　搅拌工艺

由于透水混凝土水泥浆较少,微量或无细骨料,在成型时若采用机械振捣的方式,将使水泥浆聚集到底部,使混凝土底部封闭,失去透水能力。故可采用轻型击实的方法,显然开始时随着锤击次数的增加,强度及体密度逐渐增大,减小了内部的空隙。但当锤击次数达到一定程度以后,透水混凝土已基本密实了,这时强度及体积密度也不会有明显变化。

5.4.4　透水混凝土在工程中的应用及优越性能的体现

5.4.4.1　透水混凝土在路面工程中的应用及体现

国家体育场"鸟巢"工程的湖边西路道路工程从南一路至辛店村,面积达 9 700 多 m²,用透水混凝土铺设。透水混凝土在国家体育场"鸟巢"工程的湖边西路道路得到了较大面积的成功应用。经过权威部门检测,达到了 C20 混凝土的强度,透水系数达到 6.2 mm/s,孔隙率达到 28%,抗冻融大于 50。

5.4.4.2　透水混凝土在园林绿化工程中的应用及体现

透水混凝土经过压模、压印、压花,成为一种防水、防滑、防腐的绿色环保地面装饰材料。它是在未干的水泥地面上加上一层彩色强化料(起装饰和强化混凝土作用)及着色脱模粉(起二次着色和脱模作用),然后用专用的模具在水泥地面上压印。在混凝土表层依靠彩色强化料、着色脱模粉、专用成型模、专业工具及环保养护剂,在铺设混凝土时能在其表面层上创造出逼真的大理石、石板、瓦片、砖石、岩石、卵石等自然效果的地面材料工艺。经过这些装饰的混凝土能使水泥地面永久地呈现各种色泽、图案和质感,逼真地模拟自然的材质和纹理,随心所欲地勾划各类图案,而且愈久弥新,使人们轻松地实现建筑物与人文环境、自然环境和谐相处,融为一体的理想。

5.4.4.3　透水混凝土在城市排水防涝中的应用及体现

2007 年 7 月中下旬,重庆、济南和武汉等城市先后遭受特大暴雨袭击,主城区出现大面积积水,导致交通严重受阻、市民出行艰难,并给人民生命财产带来巨大损失。究其原因,除降雨强度巨大、城市地下排水管网排涝标准设计较低和城市排水系统年久失修、排洪泄洪能力不足等外,城市化速度加快而城市透水能力不断减弱也可以认为是一个重要的因素。广州市市政园林局为了解决"水浸街"难题,首次在旧城区进行"透水性路面材料"的应用研究。市政部门选择了中山七路陈家祠北侧、康王北路西侧的龙源社区内一段约 260 m 长的道路作为试验段。经过测算,该路面每平方米一分钟就能吸收 270 L 左右的水,而广州雨量也不过 100 mL/min,铺装后,路面积水会一部分直接渗透入地下,一部分从排水系统收集,可以协助城市排水系统有效排涝。因此,透水混凝土路面的铺设能大大缓解排水管道网的压力,从而减少雨水浸街。

5.4.4.4　透水混凝土的优越性能

透水混凝土在提升城市功能、保持城市较好生态环境方面具有以下重要功能:

(1)防涝功能。

透水混凝土路面的透水性非常好,可以使水分渗透到地下,而且本身也具有良好的蓄水功能,可以减轻多雨季节、排水系统的负担,减少路面积水,减轻排洪压力。

(2)生态功能。

充分利用雨水,增大地表相对湿度,补充城区日益枯竭的地下水资源,改善养护城市地表植物和土壤微生物的生存条件和调整生态平衡,消除目前城市土壤沙漠化的现象。

(3)缓解城市热岛效应。

增加城市可透水、透气面积,加强地表与空气的热量和水分交换,调节城市气候,降低地表温度,有利于缓解城市热岛效应。

(4)吸噪。

由于其多孔性,能够吸收车辆行驶时产生的噪声,或其他城市噪声,创造安静舒适的生活和交通环境。

(5)安全性。

防止路面积水和夜间路反光,冬天不会在路面形成薄冰,提高了车辆和行人的通行舒适性和安全性。

(6)吸尘。

大量的空隙能够吸附城市粉尘,减少扬尘污染。

(7)在河道、堤坝、路基等护坡中的功能。

透水混凝土可大量应用于河道、堤坝、路基等护坡,由于多孔性可以减缓雨水的冲刷速度,且孔中聚集部分土壤和微生物,创造了植物生长环境,实现混凝土的生态化。

第 6 章　渠系建筑物

6.1　认识渠系建筑物

6.1.1　渠系建筑物的概念

输配水渠道一般线路长,沿线地形起伏变化大,地质情况复杂,为了准确调节水位、控制流量、分配水量、穿越各种障碍,满足灌溉、水力发电、工业及生活用水的需要,在渠道上兴建的水工建筑物,统称为渠系建筑物。

6.1.2　渠系建筑物的类型和作用

渠系建筑物的种类较多,按其主要作用可分为以下几种:

(1)控制建筑物。主要作用是调节各级渠道的水位和流量,以满足各级渠道的输水、配水和灌水要求,如进水闸、节制闸、分水闸等。

(2)泄水建筑物。主要作用是保护渠道及建筑物安全,用以排放渠中余水、入渠的洪水或发生事故时的渠水,如退水闸、溢流堰、泄水闸等。

(3)交叉建筑物。渠道经过河谷、洼地、道路、山丘等障碍时所修建的建筑物,主要作用是跨越障碍、输送水流。如渡槽、倒虹吸管、桥梁、涵洞、隧洞等。常根据建筑物运用要求、交叉处的相对高程,以及地形、地质、水文等条件,经比较后合理选用。

(4)落差建筑物。渠道通过地面坡度较大的地段时,为使渠底纵坡符合设计要求,避免深挖高填,调整渠底比降,减小渠道落差集中所修建的建筑物,如跌水、陡坡等。

(5)量水建筑物。为了测定渠道流量,达到计划用水、科学用水而修建的专门设施,如量水堰、量水槽、量水喷嘴等。工程中常利用符合水力计算要求的渠道断面或渠系建筑物进行量水,如水闸、渡槽、陡坡、跌水、倒虹吸等。

(6)防沙建筑物。为了防止和减少渠道的淤积,在渠首或渠系中设置冲沙和沉沙设施,如冲沙闸、沉沙池等。

(7)专门建筑物。方便船只通航的船闸、利用落差发电的水电站和水力加工站等。

(8)利民建筑物。根据群众需要,结合渠系布局,修建方便群众出行、生产的建筑物,如行人桥、踏步、码头、船坞等。

6.1.3　渠系建筑物的布置原则

在渠系建筑物的布置工作中,一般应当遵循以下原则:

(1)布局合理,效益最佳。渠系建筑物的位置和形式,应根据渠系平面布置图、渠道纵横断面图及当地的具体情况,合理布局,使建筑物的位置和数量恰当,水流条件好,工程效益最大。

（2）运行安全，保证需求。满足渠道输水、配水、量水、泄水和防洪等要求，保证渠道安全运行，提高灌溉效率和灌水质量，最大限度地满足作物需水要求。

（3）联合修建，形成枢纽。渠系建筑物尽可能集中布置，联合修建，形成枢纽，降低造价，便于管理。

（4）独立取水，便于管理。结合用水要求，最好做到各用水单位有独立的取水口，减少取水矛盾，便于用水管理。

（5）方便交通，便于生产。在满足灌溉要求的同时，应考虑交通、航运和群众的生产、生活的需要，为提高劳动效率和建设新农村创造条件。

6.1.4　渠系建筑物的特点

在灌区工程中，渠系建筑物是重要组成部分，其主要特点如下：

（1）量大面广，总投资多。渠系建筑物的分布面广，数量较大，总工程量和投资往往很大。如韶山灌区的总干渠和北干渠上，渠系建筑物的造价为枢纽工程造价的6.3倍。所以应对渠系建筑物的布局、选型和构造设计进行深入研究和决策，降低工程总造价。

（2）同类建筑物较为相似。渠系建筑物一般规模较小、数量较多，同一类型的建筑物工作条件、结构形式、构造尺寸较为相近。因此，在同一个灌区，应尽量利用同类建筑物的相似性，采用定型设计和预制装配式结构，简化设计和施工程序，确保工程质量，加快施工进度和便于维修运用。对于规模较大、技术复杂的建筑物，应进行专门的设计。

（3）受地形环境影响较大。渠系建筑物的布置，主要取决于地形条件，与群众的生产、生活环境密切相关。如渡槽的布置既要考虑长度最短，又要考虑与进出口渠道平顺连接，这样将会增加填方渠道与两岸连接的长度，多占用农田及多拆迁房屋，影响群众切身利益。所以，进行渠系建筑物布置时，必须深入实地进行调查研究。

6.1.5　渠系建筑物的设计

渠系建筑物一般多为小型建筑物，在其设计过程中，可以直接使用定型设计图集中的尺寸和结构，不再进行复杂的水力和结构计算。采用定型设计，不仅可以缩短设计时间，而且可以保证工程质量，加快施工进度，节省工程费用。

实际工程中，建筑物轮廓和控制性尺寸的确定，常以简单的水力计算为主进行验算。对一般构件的构造和尺寸，可参考工程设计经验拟订。

为了总结灌区渠系建筑物的建设经验，提高工程设计质量，促进水利建设，更好地发挥工程效益，我国已经出版了多种渠系建筑物设计图册。这些图册中的设计图件，都经过实践的检验，它们技术先进，经济合理，运行安全可靠，在同类建筑物中具有一定典型性和代表性。在使用定型设计图件时，一定要根据各地区的具体条件，因地制宜，取其所长。

6.2　渠　道

渠道是灌溉、发电、航运、给水、排水等水利工程中广为采用的输水建筑物。渠道遍布整个灌区，线长面广，其规划和设计是否合理，将直接关系到土方量的大小、渠系建筑物的多少、施工和管理的难易及工程效益的大小。因此，一定要搞好渠道的规划布置和设计工作。

灌溉渠系一般可分为干、支、斗、农、毛五级渠道,构成灌溉系统。其中,前四级为固定渠道,后者多为临时性渠道。一般干渠、支渠主要起输水作用,称为输水渠道;斗渠、农渠主要起配水作用,称为配水渠道。

渠道设计的任务是在完成渠系布置之后,推算各级渠道的设计流量,确定渠道的纵横断面形状、尺寸、结构和空间位置等。

6.2.1 渠道的选线

渠道的线路选择,关系到灌区合理开发、渠道安全输水及降低工程造价等关键问题,应综合考虑地形、地质、施工条件及挖填平衡、便于管理养护等因素。

(1)地形条件。渠道顺直,应尽量与道路、河流正交,减少工程量。在平原地区,渠道路线最好选为直线,并力求选在挖方与填方相差不大的地方。如不能满足这一条件,应尽量避免深挖方和高填方地带,转弯也不应过急,对于有衬砌的渠道,转弯半径应不小于 $2.5B(B$ 为渠道水面宽度);对于不衬砌的渠道,转弯半径应不小于 $5B$。在山坡地区,渠道路线应尽量沿等高线方向布置,以免过大的挖填方量。当渠道通过山谷、山脊时,应对高填、深挖、绕线、渡槽、穿洞等方案进行比较,从中选出最优方案。

(2)地质条件。渠道线路应尽量避开渗漏严重、流沙、泥泽、滑坡及开挖困难的岩层地带,必须通过时,应比较确定。如采取防渗措施以减少渗漏,采用外绕回填或内移深挖以避开滑坡地段,采用混凝土或钢筋混凝土衬砌以保证渠道安全运行等方案。

(3)施工条件。应全面考虑施工时的交通运输、水和动力供应、机械施工场地、取土和弃土的位置等条件,改善施工条件,确保施工质量,

(4)管理要求。渠道的线路选择要和行政区划与土地利用规划相结合,确保每个用水单位均有独立的用水渠道,以便于运用和管理维护。

渠道的线路选择必须重视野外踏勘工作,从技术、经济等方面仔细分析比较。

6.2.2 渠道的横、纵断面设计

渠道的断面设计包括横断面设计和纵断面设计,二者是互相联系、互为条件的。在实际设计中,纵、横断面设计应交替,并且反复进行,最后经过分析比较确定。

合理的渠道断面设计,应满足以下几方面的具体要求:①有足够的输水能力,以满足灌区用水需要;②有足够的水位,以满足自流灌溉的要求;③有适宜的流速,以满足渠道不冲、不淤或周期性冲淤平衡,以满足纵向稳定要求;④有稳定边坡,以保证渠道不坍塌、不滑坡;⑤有合理的断面结构形式,以减少渗透损失,提高灌溉水利用系数;⑥尽可能在满足输水的前提下,兼顾蓄水、养殖、通航、发电等综合利用要求;⑦尽量做到工程量最小,以有效地降低工程总投资;⑧施工容易,管理方便。

6.2.2.1 渠道横断面设计

1. 渠道横断面的形状

渠道横断面的形状常见的有梯形、矩形、U 形等。一般采用梯形,它便于施工,并能保持渠道边坡的稳定;在坚固的岩石中开挖渠道时,宜采用矩形断面;当渠道通过城镇工矿区或斜坡地段,渠宽受到限制时,可采用混凝土等材料砌护。

为了提高渠道的稳定性、提高水的利用率、减少渗漏损失、缩小渠道断面,一般采取防渗

措施。

2. 渠道横断面结构

渠道横断面结构有挖方断面、填方断面和半挖半填断面三种形式，主要是渠道过水断面和渠道沿线地面的相对位置不同造成的。规划设计中，常采用半挖半填的结构形式，或尽量做到挖填平衡，以避免深挖、高填，以减少工程量，降低工程费用。

3. 渠道横断面设计

渠道横断面设计主要内容是确定渠道设计参数，通过水力计算确定横断面尺寸。对于梯形渠道，横断面设计参数主要包括渠道流量、边坡系数、糙率、渠底比降、断面宽深比，以及渠道的不冲流速、不淤流速等。当渠道的设计参数已确定时，即可根据明渠均匀流公式确定渠道横断面尺寸。

4. 渠道设计参数

（1）渠道流量。是渠道和渠系建筑物设计的基本依据。设计渠道时，需要设计流量、最小流量和加大流量，分别作为设计和校核之用。

①渠道设计流量是指设计年内作物灌水时期渠道需要通过的最大流量，是渠道正常工作条件下需要通过的流量。渠道设计流量是设计渠道纵横断面的主要依据，与渠道的灌溉面积、作物组成、灌溉制度、渠道的工作制度及渠道的输水损失等因素有关。

②渠道最小流量是在设计标准条件下，渠道正常工作中输送的最小流量。渠道最小流量用于校核下一级渠道的水位控制条件，确定节制闸的修建位置。对于同一条渠道而言，其设计流量与最小流量相差不要过大，以免下级渠道因水位不足而造成引水困难。一般渠道最小流量≥渠道设计流量的 40%，相应的渠道最小水深≥设计水深的 70%。

③渠道加大流量。灌溉工程运行期，可能出现规划设计之外的情况，如作物种植比例变更、灌溉面积扩大、气候特别干旱、渠道发生事故后需要短时间加大输水量等，都需要渠道通过比设计流量更大的流量。通常把短时期内渠道需要通过的最大灌溉流量称为渠道加大流量，它是确定渠道堤顶高程、校核渠道输水能力和不冲流速的依据。一般干渠、支渠需要考虑加大流量，而斗渠、农渠多因实行轮灌无须考虑加大流量。

④渠道加大流量等于加大系数乘以设计流量，即 $Q_{加大}$ = 加大系数 × $Q_{设计}$，渠道流量加大系数参照表6-1选定。

表 6-1　渠道流量加大系数表

设计流量 （m³/s）	<1	1~5	5~20	20~50	50~100	100~300	>300
加大系数	1.35~1.30	1.30~1.25	1.25~1.20	1.20~1.15	1.20~1.15	1.15~1.10	<1.05

注：1. 表中加大系数，湿润地区可取小值，干旱地区可取大值；

　　2. 泵站供水的续灌渠道加大流量应为包括备用机组在内的全部装机流量。

（2）边坡系数 m。梯形土渠两侧边坡系数，一般取 1~2，应根据土质情况和开挖深度或填土高度确定。对于挖深大于 5 m 或填高超过 3 m 的土坡，必须根据稳定条件确定。计算方法同土石坝的稳定计算。为使边坡稳定和管理方便，每隔 4~6 m 深应设一平台，平台宽 1.5~2 m，并在平台内侧设置排水沟。

（3）渠道的糙率 n。反映渠床粗糙程度的指标，影响因素主要有渠床状况、渠道流量、渠水含沙量、渠道弯曲状况、施工质量、养护情况。一般情况下，渠床糙率参考水力计算相应的糙率表选用,大型渠道的糙率最好通过试验确定。

(4)渠道断面宽深比 β。是指底宽 b 和水深 h 的比值。宽深比对渠道工程量和渠床稳定等有较大影响,过于宽浅容易淤积,过于窄深又容易产生冲刷。宽深比与渠道流量、水流含沙情况、渠道比降等因素有关,比降小的渠道应选较小的宽深比,以增大水力半径,加快水流速度;比降大的渠道应选较大的宽深比,以减小流速,防止渠床冲刷。为了节省输水渠道土石方及衬砌工程量,尽量少占地,一般采用窄深式断面;而配水渠道为使水流较为稳定,不易产生冲刷和淤积,多采用宽浅式断面。一般情况下,流量大,含沙量小,渠床土质较差时多用宽浅式渠道;反之,宜采用窄深式渠道。对于中、小型渠道,可以根据渠道流量,参照表 6-2 所列经验数据选定。

表 6-2　渠道断面宽深比

设计流量(m³/s)	<1	1~3	3~5	5~10	10~30	30~60
宽深比 β	1~2	1~3	2~4	3~5	5~7	6~10

有通航要求的渠道,应根据船舶吃水深度、错船所需的水面宽度及通航的流速要求等确定。渠道水面宽度应大于船舶宽度的 2.6 倍,船底以下水深应不小于 15~30 cm。

(5)渠道的不冲不淤流速。

在稳定渠道中,允许的最大平均流速称为临界不冲流速,简称不冲流速,用 $v_{不冲}$ 表示;允许的最小平均流速称为临界不淤流速,简称不淤流速,用 $v_{不淤}$ 表示。为了维持渠床稳定,渠道通过设计流量时的平均流速(设计流速) $v_{设计}$ 应满足以下条件:

$$v_{不淤} < v_{设计} < v_{不冲} \tag{6-1}$$

渠道不冲流速,水在渠道中流动时,具有一定的能量,这种能量随水流速度的增加而增加,当流速增加到一定程度时,渠床上的土粒就会随水流移动,土粒将要移动而尚未移动时的水流速度就是临界不冲流速,简称不冲流速。一般渠道允许不冲流速可按表 6-3 的数值选用,渠水含沙量越大,且渠床有薄层淤泥时,可将表 6-3 中所列数值适当提高后选用。

表 6-3　渠道允许不冲流速　　　　　　　(单位:m/s)

防渗衬砌结构类别		$v_{不冲}$	防渗衬砌结构类别		$v_{不冲}$
土料	黏土、黏砂混合土	0.75~1.00	膜料(土料保护层)	砂壤土、轻壤土	<1.45
	灰土、三合土、四合土	<1.00		中壤土	<0.60
				重壤土	<0.65
水泥土	现场填筑	<2.50		黏土	<0.70
	预制铺砌	<2.00		砂砾料	<0.90
砌石	干砌卵石(挂淤)	2.50~4.00	沥青混凝土	现场浇筑	<3.00
	浆砌块石 单层	2.50~4.00		预制铺砌	<2.00
	浆砌块石 双层	3.50~5.00	混凝土	现场浇筑	<8.00
	浆砌料石	4.00~6.00		预制铺砌	<5.00
	浆砌石板	<2.50		喷射法施工	<10.00

渠道的不淤流速,渠道水流的挟沙能力随流速减小而减少,当流速小到一定程度时,部分泥沙就开始在渠道内淤积。泥沙将要沉积而尚未沉积时的流速就是临界不淤流速,简称不淤流速。渠道不淤流速主要取决于渠道含沙情况和断面水力要素。含沙量很小的清水渠道虽无泥沙淤积威胁,但为了防止渠道杂草滋生,影响输水能力,要求大型渠道的平均流速不小于 0.5 m/s,中、小型渠道的平均流速不小于 0.3~0.4 m/s。

6.2.2.2 渠道纵断面设计

灌溉渠道不仅要满足输送设计流量的要求,而且要满足水位控制的要求。渠道纵断面设计的任务是根据灌溉水位要求确定渠道的空间位置。一般纵断面设计主要内容包括:确定渠道纵坡比降、设计水位线、最低水位线、最高水位线、渠底高程线、渠道沿程地面高程线和堤顶高程线,绘制渠道纵断面图。渠底纵坡比降是指单位渠长的渠底降落值。渠底比降不仅决定着渠道输水能力的大小、控制灌溉面积的多少和工程量的大小,而且还关系着渠道的冲淤、稳定和安全,必须慎重选择确定。在规划设计中,渠底比降应根据渠道沿线地面坡度、下级渠道分水口要求水位、渠床土质、渠道流量、渠水含沙量等情况,参照相似灌区的经验数值(见表6-4),初选一个渠底比降,进行水力计算和流速校核,若满足水位和不冲不淤要求,便可采用。否则应重新选择比降,再计算校核,直至满足要求。

表 6-4　渠道比降一般数值

渠道级别	干渠	支渠	斗渠	农渠
丘陵灌区	1/2 000 ~ 1/5 000	1/1 000 ~ 1/3 000	土渠 1/2 000; 石渠 1/500	土渠 1/1 000; 石渠 1/300
平原灌区	1/5 000 ~ 1/10 000	1/3 000 ~ 1/7 000	1/2 000 ~ 1/5 000	1/1 000 ~ 1/3 000
滨湖灌区	1/8 000 ~ 1/15 000	1/6 000 ~ 1/8 000	1/4 000 ~ 1/5 000	1/2 000 ~ 1/3 000

渠道纵坡选择时应注意以下几项原则:

(1)地面坡度。渠道纵坡应尽量接近地面坡度,以避免深挖高填。

(2)地质情况。易冲刷的渠道,纵坡宜缓;地质条件较好的渠道,纵坡可适当陡一些。

(3)流量大小。流量大时纵坡宜缓,流量小时可陡些。

(4)含沙量。水流含沙量小时,应注意防冲,纵坡宜缓;含沙量大时,应注意防淤,纵坡宜陡。

(5)水头大小。提水灌区水头宝贵,纵坡宜缓;自流灌区水头较富裕,纵坡可以陡些。

干渠及较大支渠,上、下游渠段流量变化较大时,可分段选择比降,而且下游段的比降应大些。支渠以下的渠道一般一条渠道只采用一个比降。

为了便于渠道的运用管理和保证渠道的安全,应设置一定的堤顶宽度和安全超高,参考表6-5选定。若渠道的堤顶有交通要求,则堤顶宽度应根据交通要求确定。

表 6-5　堤顶宽度和安全超高数值

项目	田间毛渠	固定渠道流量(m³/s)						
		<0.5	0.5~1	1~5	5~10	10~30	30~50	>50
安全超高	0.1~0.2	0.2~0.3	0.2~0.3	0.4~0.4	0.4	0.5	0.6	0.8
安全顶宽	0.2~0.5	0.5~0.8	0.8~1	1~1.5	1.5~2	2~2.5	2.5~3	3~3.5

6.3　渡　　槽

6.3.1　渡槽的作用及组成

渡槽是渠道跨越山谷、河流、道路等的架空输水建筑物,其主要作用是输送水流。根据水利工程的不同需要,渡槽还可以用于排洪、排沙、导流和通航等。

渡槽主要由槽身、支承结构、基础及进出口建筑物等部分组成。渠道通过进出口建筑物与槽身相连接,槽身置于支承结构上,槽中水重及槽身重通过支承结构传给基础,再传至地基。为确保运行安全,渡槽进口处可设置闸门,在上游一侧配置泄水闸;为方便群众生产生活,可以在有拉杆渡槽的顶端设置栏杆、铺设人行道板,方便群众出行。

渡槽一般适用于跨越河谷(断面宽深、流量大、水位低)、宽阔滩地或洼地等情况。它与倒虹吸管相比具有水头损失小、便于管理运用及可通航等优点,是交叉建筑物中采用最多的一种形式。与桥梁相比,渡槽以恒载为主,不承受桥梁那样复杂的活载,故结构设计相对简单,但对防渗和止水构造要求较高,以免影响运行管理和结构安全。

6.3.2　渡槽的类型

随着混凝土材料的不断应用,高强度、抗渗漏的钢筋混凝土渡槽便应运而生,渡槽从单一的梁式、拱式、斜拉式、悬吊式,发展到组合式(拱梁和斜撑梁组合式等)。

渡槽按槽身断面形式分类,有 U 形、矩形、梯形、椭圆形和圆形等;按支承结构分类,有梁式、拱式、桁架式、悬吊式、斜拉式等;按所用材料分类,有木制渡槽、砖石渡槽、混凝土渡槽、钢筋混凝土渡槽、钢丝网水泥渡槽等;按施工方法不同,有现浇整体式、预制装配式及预应力渡槽。

6.3.3　渡槽的总体布置

渡槽的总体布置,主要包括槽址选择、渡槽选型、进出口布置等内容。

渡槽总体布置的基本要求是:流量、水位满足灌区规划需要;槽身长度短,基础、岸坡稳定,结构选型合理;进出口与渠道连接顺直通畅,避免填方接头;少占农田,交通方便,就地取材等。

6.3.3.1　基本资料

基本资料是渡槽设计的依据和基础,主要包括以下几个方面的内容:

(1)灌区规划要求。在灌区规划阶段,渠道的纵、横断面及建筑物的位置已基本确定,可据此得到渡槽上下游渠道的各级流量和相应水位、断面尺寸、渠底高程及预留的渠道水流通过渡槽的允许水头损失值等。

(2)设计标准。根据渡槽所属工程等别及其在工程中的作用和重要性确定。对于跨越铁路、重要公路及墩架很高或跨度很大的渡槽,应采用较高的级别。对于跨越河道、山溪的渡槽,应根据其级别、地区的经验,并参考有关规定选择洪水标准计算决定相应的槽址洪水位、流量及流速等。

(3)地形资料。应有 1/200 ~ 1/2 000 的地形图。测绘范围应满足渡槽轴线的修正和施工场地布置需要,在渡槽进出口及有关附属建筑物布置范围外,至少应有 50 m 的富余。对小型渡槽,也可只测绘渡槽轴线的纵剖面及若干横剖面图。跨越河道的渡槽,应加测槽址河床纵、横断面图。

(4)地质资料。通过挖探及钻探等方法,探明地基岩土的性质、厚度、有无软弱层及不良地质隐患,观察河道及沟谷两岸是否稳定,并绘制沿渡槽轴线的地质剖面图;通过必要的土工试验,测定基础处岩土的物理力学指标,确定地基承载力等。

(5)水文气象等资料。调查槽址区的最大风力等级及风向,最大风速及其发生频率;多年平均气温,月平均气温,冬、夏季最高、最低气温,最大温差及冰冻情况等。渡槽跨越河流时,应收集河流的水文资料及漂浮物情况等。

(6)建筑材料。砂料、石料、混凝土骨料的储量、质量、位置与开采、运输条件,以及木材、水泥、钢材的供应情况等。

(7)交通要求。槽下为通航河道或铁路、公路时,应了解船只、车辆所要求的净宽、净空高度;槽上有行人及交通要求时,要了解荷载情况及今后的发展要求等。

(8)施工条件。施工设备、施工技术力量、水电供应条件及对外交通条件等。

(9)运用管理要求。如运用中可能出现的问题及对整个渠系的影响等。

以上各项资料并非每一个渡槽设计全需具备。每项资料调查、收集的深度和广度,随工程规模的大小、重要性及设计阶段的不同逐步深入。

6.3.3.2　槽址选择

渡槽轴线及槽身起止点位置选择的基本要求是:渠线及渡槽长度较短,地质条件较好,工程量最省;槽身起止点尽可能选在挖方渠道上;进出口水流顺畅,运用管理方便;满足所选的槽跨结构和进出口建筑物的结构布置要求等。对地形、地质条件复杂、长度较大的渡槽,应通过方案比较,择优选用。

6.3.3.3　渡槽选型

渡槽选型,应根据地形、地质、水流条件,建筑材料和施工技术等因素,综合研究决定。一般中、小型渡槽,可采用一种类型的单跨或等跨渡槽。具体选择时,应考虑以下几方面:

(1)地形、地质条件。当地形平坦、槽高不大时,宜采用梁式渡槽;窄深的山谷地形,当两岸地质条件较好,且有足够强度与稳定性时,宜建大跨度单跨拱式渡槽;地形、地质条件比较复杂时,应进行具体分析。如跨越河道的渡槽,若河道水深流急、水下施工较难,而且滩地高大时,在河床部分可采用大跨度的拱式渡槽,在滩地则宜采用梁式或中、小跨度的拱式渡槽。当地基承载能力较低时,可采用轻型结构或适当减小跨度。

(2)建筑材料。当槽址附近石料丰富且质量符合要求时,应就地取材,优先采用石拱渡槽。由于这种渡槽对地基条件要求高,需要较多的人力。因此,应综合分析各种条件,采用经济合理的结构形式。

(3)施工条件。如具备吊装设备和吊装技术,应尽可能采用预制构件装配的结构形式,以加快施工速度,节省劳力。同一渠系布置有多个渡槽时,应尽量采用同一种结构形式,以便利用同一套吊装设备,便于设计和施工定型化。

6.3.3.4　进、出口段布置

为了减小渡槽过水断面,降低工程造价,一般槽身纵坡较渠底坡度陡。为使渠道水流平顺地进入渡槽,避免冲刷和减小水头损失,渡槽进出口段布置应注意以下几方面:

(1)与渠道直线连接。渡槽进、出口前后的渠道上应有一定长度的直线段,与槽身平顺连接,在平面布置上要避免急转弯,防止水流条件恶化,影响正常输水,造成冲刷现象。对于流量较大、坡度较陡的渡槽,尤其要注意这一问题。

(2)设置渐变段。为使水流平顺衔接,适应过水断面的变化,渡槽进、出口均需设置渐变段。渐变段的形式,主要有扭曲面式、反翼墙式、八字墙式等。扭曲面式水流条件较好,应用也较多;八字墙式施工简单,小型渡槽使用较多。渐变段的长度 L_j 通常采用下列经验公式计算:

$$L_j = C(B_1 - B_2) \tag{6-2}$$

式中　B_1——渠道水面宽度,m;

　　　B_2——渡槽水面宽度,m;

　　　C——系数,进口取 $C = 1.5 \sim 2.0$,出口取 $C = 2.5 \sim 3.0$。

对于中小型渡槽,进口渐变段长度可取 $L_1 \geqslant 4h_1$(h_1 为上游渠道水深);出口渐变段长度可取为 $L_2 \geqslant 6h_3$(h_3 为出口渠道水深)。

6.3.4　渡槽的水力计算

渡槽水力计算的目的,是确定渡槽过水断面形状和尺寸、槽底纵坡、进出口高程,校核水头损失是否满足渠系规划要求。

渡槽的水力计算,是在槽址中心线及槽身起止点位置已选择的基础上进行的,所以上、下游渠道的断面尺寸、水深、渠底高程和允许水头损失均要为已知。

6.3.4.1　槽身断面尺寸的确定

槽身的过水断面尺寸,一般按设计流量设计,按最大流量校核,通过水力学公式进行计算。当槽身长度 $L \geqslant (15 \sim 20)h_2$($h_2$ 为槽内水深)时,按明渠均匀流公式计算;当 $L < (15 \sim 20)h_2$ 时,可按淹没宽顶堰公式进行计算。

槽身过水断面的深宽比选择,工程中多采用窄深式断面,一般矩形槽深宽比取 $0.6 \sim 0.8$;U 形槽深宽比取 $0.7 \sim 0.8$。为防止风浪或其他原因而引起侧墙顶溢流现象,侧墙应有一定的超高 Δh,一般选用 $0.2 \sim 0.6$ m,对于有通航要求的渡槽,超高值应根据通航要求确定。

6.3.4.2　渡槽纵坡 i 的确定

进行渡槽的水力计算,首先要确定渡槽纵坡。在相同的流量下,纵坡的选择对渡槽过水断面大小、工程造价高低、水头损失多少、通航要求、水流冲刷及下游自流灌溉面积等有直接影响。因此,确定一个适宜的底坡,使其既能满足渠系规划允许的水头损失,又能降低工程造价,常常需要试算。一般初拟时,常采用 $i = 1/500 \sim 1/1\,500$,槽内流速 $1 \sim 2$ m/s;对于通航的渡槽,要求流速在 1.5 m/s 以内,底坡 $i = 1/3\,000 \sim 1/10\,000$。

6.3.4.3　水头损失与水面衔接计算

水流通过渡槽时,由于克服局部阻力、沿程阻力及水流能量的转换,都会产生水头损失,水流进、出渡槽产生变化,这种水流现象可分为三段分析计算,如图 6-1 所示。

水流经过进口段时,随着过水断面的减小,流速逐渐加大,水流的位能一部分转化为动能,另一部分消耗于因水流收缩而产生的水头损失,因此形成进口段水面降落 Z;槽中基本保持均匀明流,水面坡等于槽底坡,产生沿程水头损失 Z_1;水流经过出口段时,随着过水断面的扩大,流速逐渐减小,水流的动能一部分消耗于因水流扩散而产生的水头损失,另一部分转化为位能,因此形成出口段水面回升 Z_2。水流经过渡槽的总水头损失,要求满足规划

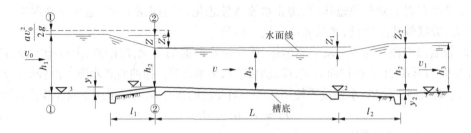

图 6-1　渡槽水力计算示意图

设计所允许的水头损失。

6.3.5　梁式渡槽设计

6.3.5.1　梁式渡槽的类型

梁式渡槽的槽身置于槽墩或槽架上,纵向受力与梁相同。梁式渡槽的槽身根据其支承位置的不同,可分为简支梁式、双悬臂梁式、单悬臂梁式和连续梁式等几种形式。前三种是较为常用的静定结构,连续梁式为超静定结构。

(1)简支梁式渡槽。其特点是结构形式简单,施工吊装方便,但是跨中弯矩较大,整个底板受拉,不利于抗裂防渗。对于矩形槽身,跨度一般为 8 ~ 15 m;U 形槽身,跨度为 15 ~ 20 m;其经济跨度一般为墩架高度的 0.8 ~ 1.2 倍。槽身高度大、修建槽墩困难,宜采用较大的跨度;槽身高度较小且地基条件又较差,宜选用较小的跨度。

(2)双悬臂梁式渡槽。按照悬臂长度的大小,双悬臂梁式又可分为等跨度、等弯矩和不等跨不等矩三种形式,一般前两种情况较为常用。设一节槽身总长度为 L,悬臂长度为 B,对于等跨式 $B = 0.25L$,在纵向均布荷载水重和自重的作用下,其跨中弯矩为零,底板全部位于受压区,有利于抗裂防渗。等弯矩式 $B = 0.207L$,跨中弯矩与支座弯矩相等,结构受力合理,但需上、下配置受力钢筋,总配筋量不一定最小。双悬臂梁式渡槽的跨度较大,一般每节槽身长度为 25 ~ 40 m,由于其重量大,施工吊装较困难,当悬臂顶端变形时,接缝处止水容易被拉裂。

(3)单悬臂梁式渡槽。一般用在靠近两岸的槽身,或双悬臂梁向简支梁式过渡时采用。其悬臂的长度不宜过长,以保证槽身的另一端支承处有足够的压力。

(4)连续梁式渡槽。连续梁式渡槽为超静定结构,弯矩值较小,但是适应不均匀沉陷的能力较差。因此,应慎重选用。

6.3.5.2　槽身设计

1.槽身横断面形式选择

在进行槽身横断面形式选择时,一般应考虑水力条件、结构受力、施工条件及通航要求等因素。一般大流量渡槽,多采用矩形断面,中、小流量可采用矩形也可采用 U 形断面。矩形槽身多用钢筋混凝土或预应力钢筋混凝土结构,U 形槽身还可采用钢丝网水泥或预应力钢丝网水泥结构。

对于中、小型渡槽,流量较小且又无通航要求时,可在槽顶设置拉杆,其间距一般为 1 ~ 2 m,以改善槽身横向受力条件和增加侧墙稳定性;如有通航要求,则不能设置拉杆,而应适当加大侧墙厚度,也可做成变厚度侧墙。为了增加侧墙的稳定,也可沿槽长方向每隔一定距离加一道肋,构成肋板式槽身,如图 6-2 所示。肋间距可按侧墙高的 70% ~ 100%,肋的宽度一般不应小于侧墙厚度 t,肋的厚度一般为 $(2 ~ 2.5)t$。对于大流量($40 ~ 50$ m^3/s 以上)的渡槽,或者因通航需要较大的槽宽时,为了减小底板厚度,可在底板下面设置边纵梁或中纵梁,而建成多纵梁式矩形槽,如图 6-3 所示。

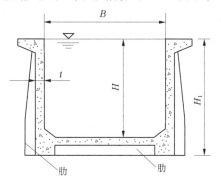

图 6-2　肋板式矩形槽身

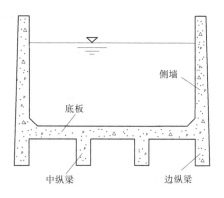

图 6-3　多纵梁式矩形槽身

槽身侧墙通常都作纵梁考虑,因为侧墙薄而高,所以应满足强度和稳定的要求,一般以侧墙厚度 t 与侧墙高 H_1 的比值 t/H_1 作为衡量指标,其经验数据可参考表 6-6。

表 6-6　槽身侧墙尺寸经验数据参考值

项目名称	t/H_1	厚度 t(cm)
有拉杆矩形槽	1/12 ~ 1/16	10 ~ 20
有拉杆 U 形槽	1/10 ~ 1/15	5 ~ 10
肋板式矩形槽	1/18 ~ 1/21	12 ~ 15

钢筋混凝土 U 形渡槽,一般采用半圆形上加直段的断面形式。为了增加槽壳的纵向刚度以利于满足底部抗裂要求、便于布置纵向受力钢筋,常将槽底弧形段加厚,如图 6-4 所示,图中 s_0 是从 d_0 两端分别向槽壳外缘作切线的水平投影长度,可由作图求出,其他参数经验值参见表 6-7。

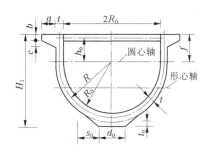

图 6-4　U 形槽身

表 6-7　U 形槽经验参数

参数	h_0	A	b	c	d_0	t_0
经验数据	$(0.4 ~ 0.6)R_0$	$(1.5 ~ 2.5)t$	$(1 ~ 2)t$	$(1 ~ 2)t$	$(0.5 ~ 0.6)R_0$	$(1 ~ 1.5)t$

2. 槽身一般构造

槽身设计中,除选择断面形式、确定断面尺寸外,还应注重槽身的分缝、止水及与墩台的连接等一般构造。

(1)分缝。为了适应槽身因温度变化引起的伸缩变形和允许的沉降位移,应在渡槽与进、出口建筑物之间及各节槽身之间设置变形缝,缝宽一般为 3~5 cm。

(2)止水。渡槽分缝应填堵止水材料,以适应变形和防止漏水,槽身接缝止水材料和构造形式较多,有橡皮压板式止水、塑料止水带压板式止水、沥青填料式止水、黏合式止水、套环填料式止水及木糠水泥填塞式止水等。

(3)支座。梁式渡槽槽身搁置在墩架上,当跨径在 10 m 以内时,一般不设专门的支座,直接支承在油毡或水泥砂浆的垫层上,垫层厚度不应小于 10 mm,为防止支承处混凝土拉裂,可设置钢筋网进行加固。当跨径较大时,为使支点接触面的压力分布比较均匀并减小槽身摩擦时所产生的摩擦力,常在支点处设置支座钢板。每个支点处的支座钢板有两块,分别固定于槽身及墩(架)的支承面上,一般要求每块钢板上先焊上直径不小于 10 mm 的锚筋,钢板厚不小于 10 mm,面积大小根据接触面处混凝土的局部压力决定。对于跨度及纵坡较大的简支梁式槽身,其支座形式最好能做成一端固定(不能水平移动但可以转动)一端活动(能水平移动和转动)。

3.槽身纵向结构计算

一般按满槽水情况设计。对矩形槽身,可将侧墙视为纵向梁,梁截面为矩形或 T 形,按受弯构件计算纵向正应力和剪应力,并进行配筋计算和抗裂验算。

4.槽身横向结构计算

由于荷载沿槽长方向的连续性和均匀性,在槽身横向计算时,如表6-8 所示,通常可沿槽长方向取长度为 1 m 的脱离体,按平面问题进行分析。

表6-8　渡槽横断面结构计算简图一览表

无拉杆矩形槽 计算简图	有拉杆矩形 槽计算简图	U 形渡槽 计算简图

(1)无拉杆矩形槽。对于无拉杆矩形槽身,侧墙可作为固定于底板上的悬臂板,侧墙和

底板仍按刚性连接处理。

（2）有拉杆矩形槽。其槽身横向结构计算时,假定设拉杆处的横向内力与不设拉杆处的横向内力相同,将拉杆"均匀化",拉杆截面尺寸一般较小,不计其抗弯作用及轴力对变位的影响,根据结构对称性。

槽身设置拉杆后,可显著地减小侧墙和底板的弯矩。计算表明,侧墙底部和底板跨中的最大弯矩值均发生在满槽水深的情况,可以近似地将水位取至拉杆中心。有拉杆的矩形槽身属一次超静定结构,可按力矩分配法进行计算。但必须注意,求出拉杆拉力（拉杆"均匀化"后）以后,应再乘以拉杆的间距,才是拉杆的实际拉力。

（3）U 形槽。一般设有拉杆,横向结构计算时取单位长度槽身按平面问题分析。作用于单位长槽身的荷载有槽身、水的重力和两侧截面上的剪力,其剪力分布呈抛物线形,方向沿槽壳厚度中心线的切线方向,对槽壳产生弯矩和轴向力。该力产生的弯矩与其他荷载产生的弯矩的方向相反,起抵消作用。因其结构及荷载对称,取一半进行分析。

6.3.5.3　支承结构设计

支承结构主要包括形式选择、尺寸确定、排架与基础连接及结构计算等内容。

1. 支承结构形式选择、尺寸确定

梁式渡槽的支承结构,一般有槽墩式和排架式两种形式,如表 6-9 所示。

表 6-9　渡槽支承结构形式一览表

（1）槽墩式。槽墩一般为重力式,包括实体墩和空心墩两种形式。①实体墩:墩头多为半圆形或尖角形,建筑材料为混凝土或浆砌石,构造简单,施工方便,但使用材料较多,自身重力大,故高度不宜太大,当槽墩较高又承受较大荷载时,要求地基应有较大的承载能力。

这种墩的高度一般为 8 ~ 15 m。②空心墩:截面形式有圆矩形、矩形、双工字形、圆形等。空心墩墩身,可采用混凝土预制块砌筑,也可将墩身分段预制现场安装。与实体墩相比,可节省材料,与槽架相比,可节省钢材。其自身重力小,但刚度大,适用于修建较高的槽墩。③槽台:渡槽与两岸连接时,常用重力式边槽墩,亦简称槽台。槽台起着支承槽身和挡土的双重作用,其高度一般不超过 5 ~ 6 m。为减小槽台背水压力,常在其体内设置排水孔,孔径为5 ~ 8 cm,并做反滤层予以保护。

(2)排架式。排架式主要有单排架、双排架、A 字形排架和组合式槽架等形式。①单排架:由两根支柱和横梁所组成的多层刚架结构。具有体积小、重量轻、可现浇或预制吊装等优点,在工程中被广泛应用。单排架高度一般为 10 ~ 20 m。②双排架:由两个单排架及横梁组合而成,属于空间框架结构。在较大的竖向及水平荷载作用下,其强度、稳定性及地基应力均较单排架容易满足要求。可适应较大的高度,通常为 15 ~ 25 m。③A 字形排架:常由两片 A 字形单排架组成,其稳定性能好,适应高度大,但施工较复杂,造价也较高。④组合式槽架:适用于跨越河道主河槽部分,在最高洪水位以下为重力式墩,其上为槽架,槽架可为单排架,也可为双排架。

2. 排架与基础的连接

排架与基础的连接形式,通常有固接和铰接两种。

3. 单排架结构计算

单排架的结构计算,一般分满槽水加横向风荷、空槽加横向风荷、施工吊装等情况进行,其计算简图由立柱和横梁的轴线所组成,其横向计算可采用"无剪力分配法"。荷载组合分为空槽加横向风荷和满槽(水)加横向风荷两种情况。前者往往对排架的内力及配筋起控制作用,而后者则对立柱的配筋起校核作用。

6.3.5.4　渡槽基础设计

渡槽基础,是将渡槽的全部重量传给地基的底部结构。渡槽基础的类型较多,根据埋置深度可分为浅基础和深基础,埋置深度小于 5 m 时为浅基础,大于 5 m 时为深基础;按照结构形式可分为刚性基础、整体板式基础、钻孔桩基础和沉井基础等。渡槽的浅基础一般采用刚性基础及整体板式基础,深基础多为桩基础和沉井基础。

6.3.6　拱式渡槽

拱式渡槽是指槽身置于拱式支承结构上的渡槽。其支承结构由槽墩、主拱圈、拱上结构组成。主拱圈是拱式渡槽的主要承重结构,其受力特征为:槽身荷载通过拱上结构传给主拱圈,再由主拱圈传给槽墩或槽台。主拱圈主要承受压力,故可用石料或混凝土建造,并可采用较大的跨度,但拱圈对支座的变形要求严格。对于跨度较大的拱式渡槽应建在比较坚固的岩石地基上。

(1)板拱渡槽。渡槽的主拱圈横截面形状为矩形,结构形式像一块拱形的板,一般为实体结构,多采用粗料石或预制混凝土块砌筑,故常称石拱渡槽。对于小型渡槽,主拱圈也可采用砖砌。其主要特点是可以就地取材,结构简单,施工方便,故在水利工程中被广泛采用。但因自重较大、对地基要求较高,一般用于较小跨度的渡槽。

(2)肋拱渡槽。其主拱圈由几根分离的拱肋组成,为了加强拱圈的整体性和横向稳定性,在拱肋间每隔一定的距离设置刚度较大的横系梁进行联结,拱上结构为排架式。当槽宽不大时,多采用双肋。肋拱渡槽一般采用钢筋混凝土结构,小跨度的拱圈也可采用少筋混凝土或无筋混凝土。对于大、中跨径的肋拱结构可分段预制吊装拼接,无须支架施工。这种形式的渡槽外形轻巧美观,自重较轻,工程量较小。

（3）双曲拱渡槽。双曲拱主要是由拱肋、拱波和横系梁或横隔板等部分组成。因主拱圈沿纵向是拱形,其横截面也是拱形,故称为双曲拱渡槽。双曲拱能够充分发挥材料的抗压性能,具有较大的承载能力,节省材料,造型美观,主拱圈可分块预制吊装施工,一般适用于修建大跨度渡槽。

6.4　倒虹吸管

6.4.1　倒虹吸管的特点和适用条件

倒虹吸管属于交叉建筑物,是指设置在渠道与河流、山沟、谷地、道路等相交叉处的压力输水管道。其管道的特点是两端与渠道相接,而中间向下弯曲。与渡槽相比,具有结构简单、造价较低、施工方便等优点,水头损失较大、运行管理不便等缺点。

倒虹吸管的适用条件:①渠道跨越宽深河谷,修建渡槽、填方渠道或绕线方案困难或造价较高时;②渠道与原有渠、路相交,因高差较小不能修建渡槽、涵洞时;③修建填方渠道,影响原有河道泄流时;④修建渡槽,影响原有交通时等。

6.4.2　倒虹吸管的组成和类型

倒虹吸管的组成,一般分为进口段、管身段和出口段三大部分。

倒虹吸管的类型,根据管路埋设情况及高差的大小,倒虹吸管通常可分为竖井式、斜管式、曲线式和桥式四种类型。

6.4.2.1　竖井式

竖井式倒虹吸管是由进、出口竖井和中间平洞所组成的。竖井式倒虹吸管,构造简单、管路较短、占地较少、施工较容易,但水力条件较差。一般适用于流量不大、压力水头小于 3～5 m 的穿越道路倒虹吸管。

6.4.2.2　斜管式

斜管式倒虹吸管,进、出口为斜卧段,中间为平直段。一般用于穿越渠道、河流而两者高差不大,且压力水头较小、两岸坡度较平缓的情况。

斜管式倒虹吸管与竖井式相比,水流畅通,水头损失较小,构造简单,实际工程中采用较多。但是,斜管的施工较为不便。

6.4.2.3　曲线式

曲线式倒虹吸管,一般是沿坡面的起伏爬行曲线铺设。主要适用于跨越河谷或山沟,且两者高差较大的情况。

6.4.2.4　桥式

与曲线式倒虹吸相似,在沿坡面爬行铺设曲线形的基础上,在深槽部位建桥,管道铺设在桥面上或支承在桥墩等支承结构上。

6.4.3　倒虹吸管的布置要求

倒虹吸管的总体布置应根据地形、地质、施工、水流条件,以及所通过的道路、河道洪水等具体情况经过综合分析比较确定。一般要求如下:

(1)管身长度最短。管路力争与河道、山谷和道路正交,以缩短倒虹吸管道的总长度。还应避免转弯过多,以减少水头损失和镇墩的数量。

(2)岸坡稳定性好。进、出口及管身应尽量布置在地质稳定的挖方地段,避免建在高填方地段,并且地形应平缓,以便于施工。

(3)开挖工程量少。管身沿地形坡度布置,以减少开挖的工程量,降低工程造价。

(4)进、出口平顺。为了改善水流条件,虹吸管进、出口与渠道的连接应当平顺。

(5)管理运用方便。结构的布置应安全、合理,以便于管理运用。

6.4.4　进口段布置和构造

6.4.4.1　进口段的组成

进口段主要由渐变段、进水口、拦污栅、闸门、工作桥、沉沙池及退水闸等部分组成。

6.4.4.2　进口段的布置和构造

进口段包括进口渐变段进水口、闸门、拦污栅、工作桥、沉沙池、进口退水闸等。

(1)进口渐变段。倒虹吸管的进口,一般设有渐变段,主要作用是使其进口与渠道平顺连接,以减少水头损失。渐变段长度一般采用 3~5 倍的渠道设计水深。

(2)进水口。倒虹吸的进水口是通过挡水墙与管身相连接而成的。挡水墙常用混凝土浇筑或圬工材料砌筑,砌筑时应妥善与管身衔接好。

(3)闸门。对于单管倒虹吸,其进口一般可不设置闸门,有时仅在侧墙留闸门槽,以便在检修和清淤时使用,需要时临时安装插板挡水。双管或多管道虹吸,在其进口应设置闸门。当过流量较小时,可用一管或几根管道输水,以防止进口水位跌落,同时可增加管内流速,防止管道淤积。闸门的形式,可用平板闸门或叠梁闸门。

(4)拦污栅。为了防止漂浮物或人畜落入渠内被吸入倒虹吸管道内,在闸门前需设置拦污栅。栅条可用扁钢做成,其间距一般为 20~25 cm。

(5)工作桥。为了启闭闸门或进行清污,有条件情况下,可设置工作桥或启闭台。为了便于运用和检修,工作桥或启闭台面应高出闸墩顶足够的高度,通常为闸门高再加1.0~1.5 m。

(6)沉沙池。对于多泥沙的渠道,在进水口之前,一般应设置沉沙池。主要作用是拦截渠道水流挟带的粗颗粒泥沙和杂物进入倒虹吸管内,以防止造成管壁磨损、淤积堵塞,甚至影响虹吸管道的输水能力。对于以悬移质为主的平原区渠道,也可不设沉沙池。

(7)进口退水闸。大型或较为重要的倒虹吸管,应在进口设置退水闸。当倒虹吸管发生事故时,为确保工程的安全,可关闭倒虹吸管前的闸门,将渠水从退水闸安全泄出。

6.4.5　出口段的布置和构造

出口段包括出水口、闸门、消力池、渐变段等。

(1)闸门。为了便于管理,双管或多管倒虹吸的出口应设置闸门或预留检修门槽。

（2）消力池。消力池一般设置在渐变段的底部，主要用于调整出口流速分布，使水流平稳地进入下游渠道，防止造成下游渠道的冲刷。

（3）渐变段。出口一般设有渐变段，以使出口与下游渠道平顺连接，其长度一般为4~6倍的渠道设计水深。

6.5 其他渠系建筑物

6.5.1 涵洞

6.5.1.1 涵洞的作用与组成

涵洞是指渠道与道路、沟谷等交叉时，为输送渠道、排泄沟溪水流，在道路、填方渠道下面所修建的交叉建筑物。

涵洞由进口段、洞身段和出口段三部分组成。进、出口段是洞身与填土边坡相连接的部分，主要作用是保证水流平顺、减少水头损失、防止水流冲刷；洞身段是输送水流，其顶部往往有一定厚度的填土。

6.5.1.2 涵洞的类型

（1）涵洞按水流形态可分为：无压涵、半压力涵和有压涵，无压涵洞入口处水深小于洞口高度，洞内水流均具有自由水面；半压力涵洞入口处水深大于洞口高度，水流仅在进水口处充满洞口，而在涵洞的其他部分均具有自由水面；压力涵洞入口处水深大于洞口高度，在涵洞全长的范围内都充满水流，无自由水面。无压明流涵洞水头损失较少，一般适用于平原渠道；高填方土堤下的涵洞可用压力流；半有压流的状态不稳定，周期性作用时对洞壁产生不利影响，一般情况下设计时应避免这种流态。

（2）按涵洞断面形式可分为：圆管涵、盖板涵、拱涵、箱涵。圆形适用于顶部垂直荷载大的情况，可以是无压，也可以是有压。方形适用于洞顶垂直荷载小，跨径小于 1 m 的无压明流涵洞。拱形适用于洞顶垂直荷载较大，跨径大于 1.57 m 的无压涵洞。

（3）涵洞按建筑材料可分为：砖涵、石涵、混凝土涵和钢筋混凝土涵等。

（4）按涵顶填土情况可分为：明涵（涵顶无填土）和暗涵（涵顶填土大于 50 cm）。

选择上述涵洞类型时要考虑净空断面的大小、地基的状况、施工条件及工程造价等。

6.5.2 桥梁

渠系桥梁是灌区百姓生产、生活的重要建筑物。灌区各级渠道上配套的桥梁具有量大面广、结构形式相似的特点，采取定型设计和装配式结构较为适宜。

6.5.2.1 桥梁的组成

桥梁一般包括桥跨结构、支座系统、桥墩、桥台、墩台基础、桥面铺装、防排水系统、栏杆、伸缩缝、灯光照明等。

6.5.2.2 桥梁的分类

桥梁按用途分为公路桥、公铁两用桥、人行桥、机耕桥、过水桥。

桥梁按跨径大小和多跨总长 [单孔跨径 L_0（m）；多孔跨径总长 L（m）] 分为：特大桥，$L \geq 500$ m 或 $L_0 \geq 100$ m；大桥，$L \geq 100$ m 或 $L_0 \geq 40$ m；中桥，30 m $< L < 100$ m 或 20 m $\leq L_0 < 40$

m;小桥,8 m≤L≤30 m 或 5 m<L_0<20 m。

桥梁按结构分为梁式桥、拱桥、钢架桥、缆索承重桥(斜拉桥和悬索桥)四种基本体系,此外还有组合体系桥。

桥梁按行车道位置分为上承式桥、中承式桥、下承式桥。

桥梁按使用年限可分为永久性桥、半永久性桥、临时桥。

桥梁按材料类型分为木桥、圬工桥、钢筋混凝土桥、预应力桥、钢桥。

6.5.3　跌水

6.5.3.1　作用与类型

跌水的作用是将上游渠道或水域的水安全地自由跌落入下游渠道或水域的,将天然地形的落差适当集中所修筑的建筑物,调整引水渠道的底坡,克服过大的地面高差而引起的大量挖方或填方。跌水多设置于落差集中处,用于渠道的泄洪、排水和退水。

跌水可分为单级跌水和多级跌水。

6.5.3.2　组成与布置

跌水应根据工程需要进行布置,既可以单独设置,也可以与其他建筑物结合布置,一般情况下,跌水应尽量与节制闸、分水闸或泄水闸布置在一起,方便运行管理。

在跌差较小处选用单级跌水,在跌差较大处(跌差大于 5 m)选用多级跌水。

跌水常用的建筑材料多为砖、砌石、混凝土和钢筋混凝土。

跌水主要由进口、跌水口、跌水墙、消力池、海漫、出口等部分组成。

6.5.4　陡坡

6.5.4.1　作用与类型

陡坡的作用与跌水相同,主要是调整渠底比降,满足渠道流速要求,避免深挖高填,减小挖填方工程量,降低工程投资。

根据地形条件和落差的大小,陡坡分为单级陡坡和多级陡坡两种。

6.5.4.2　组成与布置

陡坡由进口连接段、控制堰口、陡坡段、消力池和出口连接段五部分组成。陡坡的构造与跌水类似,所不同的是以陡坡段代替跌水墙,水流不是自由跌落而是沿斜坡下泄。

6.6　渡槽设计实训

6.6.1　工程概况

小浪底北岸灌区涉及济源市、焦作市两市,灌区东西宽约 41.0 km,南北宽约 21.0 km,规划总控制面积618.14 km^2,灌溉面积53.2 万亩(济源市面积11.86 万亩),其中正常灌溉面积18.25 万亩(济源市面积4.76 万亩)、节水灌溉面积27.33 万亩(济源市面积7.1万亩)、补水灌溉面积7.62 万亩(济源市面积0),同时承担济源市、焦作市两市的工业和城市供水。

小浪底北岸灌区共布置跨河渡槽1座,为总干渠赵庄渡槽。

根据《灌溉与排水工程设计规范》（GB 50288—99）及《灌溉与排水渠系建筑物设计规范》（SL 482—2011）确定渡槽建筑物级别,总干渠赵庄渡槽为 3 级建筑物。

总干渠赵庄渡槽洪水标准为 30 年一遇设计,100 年一遇校核。

6.6.1.1 渡槽布置原则

（1）渡槽和引水渠线长度较短,地质条件良好;槽身轴线宜为直线,且宜与所跨河道正交。

（2）槽身长度和跨度确定的原则是不缩窄河道行洪口宽、满足河道防洪规划要求。

（3）渡槽进、出口段宜置于原地面且与上下游渠道平顺连接。

（4）槽身结构形式选择,在地形开阔,槽高不大,地质条件较差宜采用梁式渡槽;窄深山谷,槽高较大,地基条件良好,场地稳定开阔的地段宜采用桁架、拱式或斜拉式渡槽。

（5）根据设计流量、运行要求及建筑物材料等条件确定采用何种渡槽槽数及横断面形式。

（6）根据上部结构形式、荷载及地形地质条件综合分析确定渡槽支撑结构形式。

6.6.1.2 地质及水文资料

1. 地形地貌

总干渠赵庄渡槽地貌单元属黄土丘陵区,区内黄土阶地、冲沟较发育,地势南高北低,地面高程 191.50 ~ 217.50 m,沟底高程 171.5 ~ 174.5 m。

2. 地层岩性

赵庄渡槽场区上覆第四系中更统风积成因（Q_2^{eol}）的黄土:棕黄色掺杂棕红色,结构较疏松;土质不均,该层局部夹有少量钙质结核,粒径一般 1 ~ 3 cm;下伏地层为古近系始新统卢氏组第四段（E42L）泥岩和砂岩互层,一般属中厚层—厚构状构造,属软—极软岩,成岩差。

地质结构属土岩双层结构。上部黄土一般具轻微—中等湿陷性,湿陷深度一般 3 ~ 5 m;泥岩一般具弱膨胀潜势;砂岩呈微胶结状,局部泥钙质胶结较好。

3. 土岩体的物理力学性指标建议值

各层土、岩体物理力学参数建议值见表 6-10。

表 6-10 总干渠赵庄渡槽各岩、土单元的物理力学性指标建议值表

层号	主要力学参数建议值											
	天然状态			液性指数 I_L	压缩		饱快		饱固快		承载力基本容许值 f_{a0} (kPa)	侧壁土摩阻力标准值 q_{ik} (kPa)
	含水量 W(%)	干密度 ρ_d (g/cm³)	比重 G_s		a_{1-2} (MPa⁻¹)	E_s (MPa)	C (kPa)	φ (°)	C (kPa)	φ(°)		
①	23.2	1.54	2.73	0.14	0.25	7.5	22	14	20	16	150	23.2
②											800	

4. 工程水文地质评价

赵庄渡槽场区湿陷性黄土状土浸水后强度明显降低,抗冲刷能力较差;弱膨胀泥岩开挖后易产生失水干裂、遇水膨胀软化、崩解等影响渠基稳定;微胶结的砂岩边坡稳定性较差,一

般具中等透水性。

建议对黄土渠坡采取相应的抗冲刷处理措施;对弱膨胀岩土施工时应做好坡面保护工作,并采取适当的工程处理措施。建议渠道边坡坡比:黄土1:1.5~1:1.75;微胶结砂岩1:1.75~1:2.00;弱膨胀岩土1:2.25~1:2.50,挖方深度较大段应采取多级边坡。

5. 交叉河沟断面洪水

总干渠赵庄渡槽交叉断面设计洪水直接采用水文计算结果,见表6-11。

表6-11　交叉断面24 h设计洪水参数表

河流	洪峰流量 $Q(\mathrm{m^3/s})$				
	20%	10%	5%	3.33%	2%
双阳河	23	32	40	46	51

6. 地质构造与地震

根据《中国地震动参数区划图》(中国地震动峰值加速度区划图1:400万、中国地震动反应谱特征周期区划图1:400万)(GB 18306—2015),工程区地震动峰值加速度为0.10 g,相应的地震基本烈度为7度。

6.6.2　渡槽总体布置

总干渠赵庄渡槽工程主要由进口渐变段、槽身段、出口渐变段三部分组成,建筑物全长300 m,具体见图6-5。

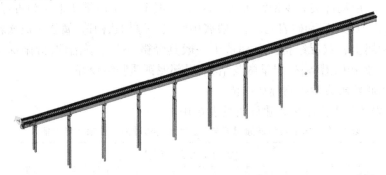

图6-5　赵庄渡槽立体图

6.6.2.1　进口渐变段

进口渐变段长10 m,采用C25钢筋混凝土矩形落地槽,槽身由进口断面(宽×高)3.2 m×3.9 m渐变到出口断面(宽×高)3.2 m×3.4 m,槽底高程由188.30 m渐变到188.32 m。

6.6.2.2　槽身段

槽身段长270 m,槽身断面(宽×高)为3.2 m×3.4 m,槽底纵比降1/600,进口底板高程188.32 m,出口底板高程187.87 m。

总干渠赵庄渡槽槽身采用单向预应力矩形结构形式,跨径30 m,共9跨。槽身采用C50预应力钢筋混凝土简支结构,槽身净宽3.2 m,净高3.4 m,槽壁厚0.5 m,底板厚0.6 m,槽顶左右两侧设人行道各宽1.4 m,槽顶设0.2 m×0.3 m横向拉杆,拉杆间距1.5 m。槽身与盖梁之间设 GPZ 系列盆式橡胶支座。槽身下部支承采用 C25 钢筋混凝土排架,盖梁厚 1.2 m,宽 5.1 m,长 2 m;梁下布置两根排架柱高 11～15 m,柱直径 1.0 m。柱下基础采用灌注桩,单柱单桩,桩径 1.2 m,单桩长 14～20 m。

6.6.2.3 出口渐变段

出口渐变段长 20 m,采用 C25 钢筋混凝土矩形落地槽,槽身由进口断面(宽×高)3.2 m×3.4 m 渐变到出口断面(宽×高)3.2 m×3.9 m,槽底高程由 187.87 m 渐变到 187.68 m。

6.6.3 水力计算

计算内容:在设计流量下,根据拟订的槽身比降及过水断面尺寸,计算确定渡槽水头损失及进出口底部高程,并根据加大流量复核渡槽过水能力。

计算方法:槽身按明渠均匀流计算,进口水头损失按能量方程式计算,出口水位回升采用进口水头损失的 1/3。

两座典型渡槽的基本设计资料见表 6-12,水头损失及进、出口槽底部高程计算成果见表 6-13 和表 6-14。

表 6-12 渡槽水力计算基本资料

槽名	槽身净宽 (m)	流量 (m³/s)	水深 (m)	槽底坡降	渠道流速 (m/s)	槽身净高 (m)	槽身长 (m)
总干渠 赵庄渡槽	3.2	23	2.5	1/600	2.78	3.4	300

表 6-13 渡槽水力计算成果表

槽名	进口水头损失 Z_1(m)	出口水位回升 Z_2(m)	沿程水头损失 $i \times L$(m)	总水头损失 Z(m)
总干渠赵庄渡槽	0.03	0.09	0.5	0.44

表 6-14 渡槽水力计算成果表

槽名	上游 渠底高程 ∇_3(m)	上游渠 道水位 ∇_5(m)	下游渠 底高程 ∇_4(m)	下游渠 道水位 ∇_6(m)	进口槽 底高程 ∇_1(m)	出口槽 底高程 ∇_2(m)
总干渠赵庄 渡槽	188.30	190.89	187.68	190.27	188.32	187.87

6.6.4 渡槽稳定计算

槽身稳定计算包括槽身稳定和整体稳定两部分。需进行槽身抗滑、抗倾稳定验算。

计算最不利工况:空槽＋风压,即槽内无水,设计风压。

6.6.4.1　抗滑稳定验算

抗滑稳定验算按以下公式进行：

$$K_c = \frac{f \sum G}{\sum H} \geqslant [K_c] \tag{6-3}$$

式中　K_c——抗滑稳定安全系数；

　　　$[K_c]$——容许抗滑稳定安全系数；

　　　G——垂直荷载之和，kN；

　　　H——水平荷载之和，kN，槽身所受水平荷载，H 为基本风压力；

　　　f——摩擦系数，盆式橡胶支座。

风压力计算按以下公式进行：

$$F_{风} = WS \tag{6-4}$$

式中　$F_{风}$——槽身所受风压，kN；

　　　W——风荷载强度，kN/m^2；

　　　S——渡槽表面横向风力的受风面积。

风荷载强度计算按以下公式进行：

$$W = \beta_z \mu_s \mu_z \mu_t W_0 \tag{6-5}$$

式中　W_0——基本风压值，kN/m^2；

　　　μ_s——风载体形系数；

　　　μ_z——风压高度变化系数；

　　　μ_t——地形条件系数；

　　　β_z——风振系数。

各渡槽风压计算参数及结果见表 6-15。

表 6-15　渡槽风压计算参数及结果表

典型渡槽名称	基本风压值 W_0	风载体形系数 μ_s	风压高度变化系数 μ_z	地形条件系数 μ_t	风振系数 β_z	风荷载强度 W
总干渠赵庄渡槽	0.4 kN/m^2	1.79	0.9	1.2	1.0	0.78 kN/m^2

各渡槽抗滑稳定计算结果见表 6-16。

表 6-16　渡槽抗滑稳定计算结果表

渡槽名称	计算项	$\sum G(kN)$	$\sum H(kN)$	f	K_c	$[K_c]$
总干渠赵庄渡槽	槽身抗滑计算	5 700	79.6	0.06	4.3	1.05

经计算，槽身抗滑稳定安全系数在最不利工况时 $K_c > [K_c]$，满足设计要求。

6.6.4.2　抗倾覆稳定验算

槽身抗倾覆稳定验算按以下公式计算：

$$K_0 = \frac{l_a \sum N}{\sum M_y} \tag{6-6}$$

式中　K_0——实际抗倾覆稳定安全系数；

　　　l_a——承受最大压应力的基底面边缘到基底重心轴的距离，m；

　　　$\sum N$——基底面承受的铅直力总和，kN；

　　　$\sum M_y$——所有铅直力及水平力对基底面重心轴的力矩总和，kN·m。

抗倾覆稳定计算结果详见表 6-17。

表 6-17　渡槽抗倾覆稳定计算结果表

渡槽名称	计算项	$\sum N$(kN)	$\sum M_y$(kN·m)	l_a(m)	K_0	$[K_0]$
总干渠赵庄渡槽	槽身抗倾覆计算	5 700	135.3	2.15	90.6	1.2

经计算，槽身抗倾覆稳定安全系数在最不利工况时 $K_0 > [K_0]$，满足设计要求。

6.6.5　槽身结构设计

6.6.5.1　荷载组合及安全系数

作用于槽身上的主要荷载有水压力、结构自重、人群荷载、风荷载、动水压力、施工荷载等，各种荷载计算方法如下。

1. 结构自重

钢筋混凝土容重 $\gamma = 25$ kN/m³。

2. 水重

水容重 $\gamma = 10$ kN/m³。

3. 水压力

槽内 h 水深处的静水压力按 $p = \gamma h$ 计算。

4. 风荷载

根据《公路桥涵设计通用规范》(JTG D60—2004)附表 A，当地基本风压值 $\omega = 0.40$ kN/m²。

5. 人群荷载

按 2.5 kN/m² 考虑。

6. 施工或检修荷载

计入人群荷载和施工机具重，单位面积内按 4.0 kN/m² 考虑。

各种设计工况下的荷载组合及安全系数详见表 6-18。

表 6-18　渡槽结构计算荷载组合及安全系数表

部位	设计工况	工况说明	自重	水重	水压力	风荷载	土压力	预应力	Ⅲ级建筑物允许挠度	最大裂缝宽度允许值（mm）
槽身	基本	设计水深	√	√	√	√		√	L/500	0.2 ~ 0.3
	特殊	满槽水	√	√	√	√		√	—	—

6.6.5.2　槽身设计

1. 结构形式及基本尺寸

总干渠赵庄渡槽槽身侧墙高 3.4 m，宽 0.5 m，侧墙顶部向外设 1 m 宽人行道板，板厚 0.2 ~ 0.3 m。渡槽底板宽 4.2 m，厚 0.6 m，渡槽过水断面（宽×高）为 3.2 m×3.4 m，槽顶每隔 1.5 m 设一截面为（宽×高）0.2 m×0.3 m 的拉杆，渡槽侧墙与底板结合处设 0.30 m×0.30 m 的贴角，以减小转角处的应力集中，具体尺寸见图 6-6。

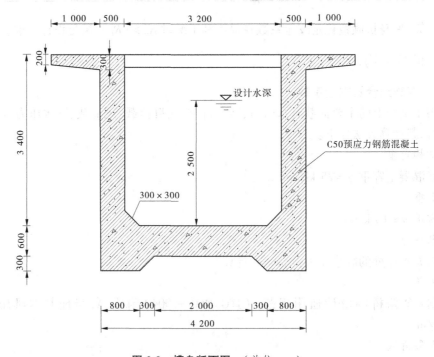

图 6-6　槽身断面图　（单位：mm）

2. 内力计算

（1）纵向计算。

渡槽结构受力十分明确，纵向简化为倒 T 形梁承受荷载，用结构力学法对槽身进行内力计算。

经计算得：

偶然荷载组合跨中弯矩为：　　$M = ql^2/8 = 286 \times 30 \times 30/8 = 32\ 175(\text{kN} \cdot \text{m})$

基本荷载组合跨中弯矩为：　　$M = ql^2/8 = 276 \times 30 \times 30/8 = 31\ 050(\text{kN} \cdot \text{m})$

偶然荷载组合支座剪力为：　　　$Q = 0.5 \times ql = 0.5 \times 286 \times 30 = 4\,290(\text{kN})$

计算跨中弯矩为：　　　$M = ql^2/8 = 295.5 \times 30 \times 30/8 = 33\,243.8(\text{kN} \cdot \text{m})$

从内力计算成果看，渡槽槽身跨中弯矩较大，为限制构件裂缝开展宽度，拟采用预应力混凝土结构，混凝土强度等级选用 C50，渡槽结构承载能力极限状态及正常使用极限状态计算采用结构力学法。结构力学法计算时，按纵向、横向分别计算出控制截面的内力。根据结构力学理论，将渡槽槽身横向简化为平面刚架，求解各单元构件的内力。预应力钢筋采用河南省水利勘测设计研究有限公司编制的《预应力钢筋混凝土结构计算》程序计算，经计算得每跨渡槽选配预应力钢筋为：64 束 7 Φ 5。

（2）横向计算。

渡槽横向结构计算包括侧墙和底板各截面的弯矩及底板轴力计算，在横向计算时，结构简化为由底板、侧墙、中隔墙和拉杆组成的封闭框架，采用河南省水利勘测设计研究有限公司编制的《钢筋混凝土结构计算》程序计算，计算结果见表 6-19 ~ 表 6-22。

设计工况：

表 6-19　侧墙弯矩计算成果表

截面	1(墙顶)	2	3	4	5(墙底)
距墙顶距离(m)	0.15	0.85	1.7	2.55	3.4
弯矩(kN·m)	-0.56	0.8	2.46	9.9	29.26

表 6-20　底板弯矩计算成果表

截面	1(板端)	2	3	4	5(跨中)
距左端墙底中心距离(m)	0.25	0.462 5	0.925	1.387 5	1.85
弯矩(kN·m)	12.01	-0.69	-22.08	-34.91	-39.19

校核工况：

表 6-21　侧墙弯矩计算成果表

截面	1(墙顶)	2	3	4	5(墙底)
距墙顶距离(m)	0.15	0.85	1.7	2.55	3.4
弯矩(kN·m)	-1.09	-5.20	-4.25	8.98	40.62

表 6-22　底板弯矩计算成果表

截面	1(板端)	2	3	4	5(跨中)
距左端墙底中心距离(m)	0.25	0.462 5	0.925	1.387 5	1.85
弯矩(kN·m)	19.50	3.94	-22.26	-37.98	-43.22

配筋计算采用河南省水利勘测设计研究有限公司编制的《钢筋混凝土结构计算》程序计算，经计算渡槽侧墙及底板横向均选配钢筋 Φ 18@200。

6.6.6　基础设计

根据地质条件赵庄渡槽基础采用灌注桩设计。

根据《公路桥涵地基与基础设计规范》(JTG D63—2007)，桩基础按摩擦桩设计。

灌注桩单桩轴向受压承载力容许值$[R_a]$按下列公式计算：

$$[R_a] = \frac{1}{2}u\sum_{i=1}^{n}q_{ik}l_i + A_p q_r \tag{6-7}$$

式中　$[R_a]$——单桩轴向受压承载力容许值,kN；

　　　　u——桩的周长,m；

　　　　A_p——桩端截面面积,m²；

　　　　n——土的层数；

　　　　l_i——盖梁底面或局部冲刷线以下各土层的厚度,m；

　　　　q_{ik}——与l_i对应的各土层与桩侧的摩阻力标准值,kPa；

　　　　q_r——桩端处土的承载力容许值,kPa,$q_r = m_0\lambda\{[f_{a0}]+k_2\gamma_2(h-3)\}$；

　　　　$[f_{a0}]$——桩端处土的承载力基本容许值,kPa；

　　　　h——桩端的埋置深度,m；

　　　　k_2——容许承载力随深度的修正系数,取1.0；

　　　　γ——桩端以上各土层的加权平均容重,kN/m³；

　　　　λ——修正系数,取0.72；

　　　　m_0——清底系数,取0.7。

通过拟订的钻孔灌注桩桩径、桩长,根据以上公式计算单桩承载力。根据计算结果,总干渠赵庄渡槽承台下设2根灌注桩,直径1.2 m,灌注桩中心距3.6 m,槽台下部灌注桩桩长为25 m,排架柱下部灌注桩桩长为40 m。

6.6.7　渡槽超高复核

考虑到渡槽内水面可能产生波动等原因,为了保证渡槽有足够的过水能力,槽身顶部在水面以上应有一定的超高。超高应满足以下要求:①当槽身通过设计流量时,矩形断面槽壁顶部超高不小于槽内水深的1/12再加5 cm;②当槽身通过加大流量时,槽中水面与槽身顶部(对无拉杆槽身)或拉杆底面(对有拉杆槽身)的高差应不小于10 cm;③有通航要求的渡槽,槽身顶部超高应符合航运部门的要求;④平面上轴线弯曲的渡槽,弯道凹岸槽壁顶部的超高应比直段槽身顶部超高加大。

由于小浪底北岸灌区赵庄渡槽为不通航且无弯道矩形槽,因此仅需复核渡槽在设计水位、加大水位下的超高能否满足第①、②条要求,复核结果表明,在各设计工况下的渡槽超高均能满足要求。

6.6.8　抗震设计

赵庄渡槽工程地震基本烈度属7度区,结构设计应考虑相应的抗震减震措施。

总干渠赵庄渡槽槽身采用C50预应力钢筋混凝土,槽身端部加密抗剪切钢筋增强结构整体抗震性能,渡槽支座均采用GPZ系列减震型支座。

渡槽盖梁两端头增加高0.5 m,厚0.3 m的抗震挡块并在梁顶、梁底局部加强配筋,保证槽身的横向抗震稳定性。

6.6.9　渡槽工程特性表

小浪底北岸灌区赵庄渡槽主要工程特性见表6-23～表6-25。

表 6-23　渡槽超高复核成果表

序号	名称	建筑物级别	设计水深 (m)	加大水深 (m)	断面尺寸 (m×m)	设计水深下超高 (m)	设计水深下超高限值 (m)	加大水深下超高 (m)	加大水深下超高限值 (m)	说明
1	总干渠赵庄渡槽	3	2.5	2.8	3.2×3.4	0.9	0.27	0.3	0.1	超高满足要求

表 6-24　渡槽工程特性表 (1)

序号	名称	建筑物级别	起点设计桩号	终点设计桩号	设计长度 (m)	设计流量 (m³/s)	加大流量 (m³/s)	设计水深 (m)	加大水深 (m)	断面尺寸 (m×m)	上部结构形式
1	总干渠赵庄渡槽	3	ZG29+640.00	ZG29+940.00	300	23	26.5	2.5	2.8	3.2×3.4	C50 单向预应力钢筋混凝土矩形槽

表 6-25　渡槽工程特性表 (2)

序号	名称	建筑物级别	起点设计桩号	终点设计桩号	跨度 (m)	下部结构形式	桩长 (m)	桩径 (m)	进口底板高程 (m)	出口底板高程 (m)	纵比降	设计水头 (m)
1	总干渠赵庄渡槽	3	ZG29+640.00	ZG29+940.00	30	桩柱基础	25~40	1.2	188.30	187.68	1/600	0.62

第7章   水利工程施工质量管理

7.1   工程质量管理的基本概念

水利水电工程项目的施工阶段是根据设计图纸和设计文件的要求,通过工程参建各方及其技术人员的劳动形成工程实体的阶段。这个阶段的质量控制无疑是极其重要的,其中心任务是通过建立健全有效的工程质量监督体系,确保工程质量达到合同规定的标准和等级要求。为此,在水利水电工程项目建设中,建立了质量管理的三个体系,即施工单位的质量保证体系、建设(监理)单位的质量检查体系和政府部门的质量监督体系。

7.1.1   工程项目质量和质量控制的概念

7.1.1.1   工程项目质量

质量是反映实体满足明确或隐含需要能力的特性总和。工程项目质量是国家现行的有关法律、法规、技术标准、设计文件及工程承包合同对工程的安全、适用、经济、美观等特征的综合要求。

从功能和使用价值来看,工程项目质量体现在适用性、可靠性、经济性、外观质量与环境协调等方面。由于工程项目是依据项目法人的需求而兴建的,故各工程项目的功能和使用价值的质量应满足于不同项目法人的需求,并无一个统一的标准。

从工程项目质量的形成过程来看,工程项目质量包括工程建设各个阶段的质量,即可行性研究质量、工程决策质量、工程设计质量、工程施工质量、工程竣工验收质量。

工程项目质量具有两个方面的含义:一是指工程产品的特征性能,即工程产品质量;二是指参与工程建设各方面的工作水平、组织管理等,即工作质量。工作质量包括社会工作质量和生产过程工作质量。社会工作质量主要是指社会调查、市场预测、维修服务等。生产过程工作质量主要包括管理工作质量、技术工作质量、后勤工作质量等,最终将反映在工序质量上,而工序质量的好坏,直接受到人、原材料、机具设备、工艺及环境等五方面因素的影响。因此,工程项目质量的好坏是各环节、各方面工作质量的综合反映,而不是单纯靠质量检验查出来的。

7.1.1.2   工程项目质量控制

质量控制是指为达到质量要求所采取的作业技术和活动,工程项目质量控制,实际上就是对工程在可行性研究、勘测设计、施工准备、建设实施、后期运行等各阶段、各环节、各因素的全程、全方位的质量监督控制。工程项目质量有个产生、形成和实现的过程,控制这个过程中的各环节,以满足工程合同、设计文件、技术规范规定的质量标准。在我国的工程项目建设中,工程项目质量控制按其实施者的不同,包括如下三个方面。

1.项目法人的质量控制

项目法人方面的质量控制,主要是委托监理单位依据国家的法律、规范、标准和工程建设的合同文件,对工程建设进行监督和管理。其特点是外部的、横向的、不间断的控制。

2.政府方面的质量控制

政府方面的质量控制是通过政府的质量监督机构来实现的,其目的在于维护社会公共利益,保证技术性法规和标准的贯彻执行。其特点是外部的、纵向的、定期或不定期抽查。

3.承包人方面的质量控制

承包人主要是通过建立健全质量保证体系,加强工序质量管理,严格施行"三检制"(初检、复检、终检),避免返工,提高生产效率等方式来进行质量控制。其特点是内部的、自身的、连续的控制。

7.1.2　工程项目质量的特点

由于建筑产品位置固定、生产流动性、项目单件性、生产一次性、受自然条件影响大等特点,决定了工程项目质量具有以下特点。

7.1.2.1　**影响因素多**

影响工程质量的因素是多方面的,如人的因素、机械因素、材料因素、方法因素、环境因素等均直接或间接地影响着工程质量。尤其是水利水电工程项目主体工程的建设,一般由多家承包单位共同完成,故其质量形式较为复杂,影响因素多。

7.1.2.2　**质量波动大**

由于工程建设周期长,在建设过程中易受到系统因素及偶然因素的影响,使产品质量产生波动。

7.1.2.3　**质量变异大**

由于影响工程质量的因素较多,任何因素的变异,均会引起工程项目的质量变异。

7.1.2.4　**质量具有隐蔽性**

由于工程项目实施过程中,工序交接多,中间产品多,隐蔽工程多,取样数量受到各种因素、条件的限制,使产生错误判断的概率增大。

7.1.2.5　**终检局限性大**

由于建筑产品位置固定等自身特点,使质量检验时不能解体、拆卸,所以在工程项目终检验收时难以发现工程内在的、隐蔽的质量缺陷。

此外,质量、进度和投资目标三者之间属于既对立又统一的关系,使工程质量受到投资、进度的制约。因此,应针对工程质量的特点,严格控制质量,并将质量控制贯穿于项目建设的全过程。

7.1.3　工程项目质量控制的原则

在工程项目建设过程中,对其质量进行控制应遵循以下几项原则。

7.1.3.1　**质量第一原则**

"百年大计,质量第一",工程建设与国民经济的发展和人民生活的改善息息相关。质量的好坏,直接关系到国家繁荣富强,关系到人民生命财产的安全,关系到子孙幸福,所以必须树立强烈的"质量第一"的思想。

要确立"质量第一"的原则,必须弄清并且摆正质量和数量、质量和进度之间的关系。不符合质量要求的工程,数量和进度都将失去意义,也没有任何使用价值。而且数量越多,进度越快,国家和人民遭受的损失也将越大,因此好中求多,好中求快,好中求省,才是符合质量管理所要求的质量水平。

7.1.3.2　预防为主原则

对于工程项目的质量,长期以来采取事后检验的方法,认为严格检查,就能保证质量,实际上这是远远不够的。应该从消极防守的事后检验变为积极预防的事先管理。因为好的建筑产品是通过好的设计、好的施工所产生的,不是检查出来的。必须在项目管理的全过程中,事先采取各种措施,消灭种种不符合质量要求的因素,以保证建筑产品质量。如果各质量因素(人、机、料、法、环)预先得到保证,工程项目的质量就有了可靠的前提条件。

7.1.3.3　为用户服务原则

建设工程项目,是为了满足用户的要求,尤其要满足用户对质量的要求。真正好的质量是用户完全满意的质量。进行质量控制,就是要把为用户服务的原则,作为工程项目管理的出发点,贯穿到各项工作中去。同时,要在项目内部树立"下道工序就是用户"的思想。各个部门、各种工作、各种人员都有个前、后的工作顺序,在自己这道工序的工作一定要保证质量,凡达不到质量要求的不能交给下道工序,一定要使"下道工序"这个用户感到满意。

7.1.3.4　用数据说话原则

质量控制必须建立在有效的数据基础之上,必须依靠能够确切反映客观实际的数字和资料,否则就谈不上科学的管理。一切用数据说话,就需要用数理统计方法,对工程实体或工作对象进行科学的分析和整理,从而研究工程质量的波动情况,寻求影响工程质量的主次原因,采取改进质量的有效措施,掌握保证和提高工程质量的客观规律。

在很多情况下,我们评定工程质量,虽然也按规范标准进行检测计量,也有一些数据,但是这些数据往往不完整、不系统,没有按数理统计要求积累数据,抽样选点,所以难以汇总分析,有时只能统计加估计,抓不住质量问题,既不能完全表达工程的内在质量状态,也不能有针对性地进行质量教育,提高企业素质。所以,必须树立起"用数据说话"的意识,从积累的大量数据中,找出控制质量的规律性,以保证工程项目的优质建设。

7.1.4　工程项目质量控制的任务

工程项目质量控制的任务就是根据国家现行的有关法规、技术标准和工程合同规定的工程建设各阶段质量目标实施全过程的监督管理。由于工程建设各阶段的质量目标不同,因此需要分别确定各阶段的质量控制对象和任务。

7.1.4.1　工程项目决策阶段质量控制的任务

(1)审核可行性研究报告是否符合国民经济发展的长远规划、国家经济建设的方针政策。

(2)审核可行性研究报告是否符合工程项目建议书或业主的要求。

(3)审核可行性研究报告是否具有可靠的基础资料和数据。

(4)审核可行性研究报告是否符合技术经济方面的规范标准和定额等指标。

(5)审核可行性研究报告的内容、深度和计算指标是否达到标准要求。

7.1.4.2　工程项目设计阶段质量控制的任务

(1)审查设计基础资料的正确性和完整性。

(2)编制设计招标文件,组织设计方案竞赛。

（3）审查设计方案的先进性和合理性,确定最佳设计方案。

（4）督促设计单位完善质量保证体系,建立内部专业交底及专业会签制度。

（5）进行设计质量跟踪检查,控制设计图纸的质量。在初步设计和技术设计阶段,主要检查生产工艺及设备的选型,总平面布置,建筑与设施的布置,采用的设计标准和主要技术参数;在施工图设计阶段,主要检查计算是否有错误,选用的材料和做法是否合理,标注的各部分设计标高和尺寸是否有错误,各专业设计之间是否有矛盾等。

7.1.4.3　工程项目施工阶段质量控制的任务

施工阶段质量控制是工程项目全过程质量控制的关键环节。根据工程质量形成的时间,施工阶段的质量控制又可分为质量的事前控制、事中控制和事后控制,其中事前控制为重点控制。

1. 事前控制

（1）审查承包商及分包商的技术资质。

（2）协助承建商完善质量体系,包括完善计量及质量检测技术和手段等,同时对承包商的实验室资质进行考核。

（3）督促承包商完善现场质量管理制度,包括现场会议制度、现场质量检验制度、质量统计报表制度和质量事故报告及处理制度等。

（4）与当地质量监督站联系,争取其配合、支持和帮助。

（5）组织设计交底和图纸会审,对某些工程部位应下达质量要求标准。

（6）审查承包商提交的施工组织设计,保证工程质量具有可靠的技术措施。审核工程中采用的新材料、新结构、新工艺、新技术的技术鉴定书;对工程质量有重大影响的施工机械、设备,应审核其技术性能报告。

（7）对工程所需原材料、构配件的质量进行检查与控制。

（8）对永久性生产设备或装置,应按审批同意的设计图纸组织采购或订货,到场后进行检查验收。

（9）对施工场地进行检查验收。检查施工场地的测量标桩、建筑物的定位放线及高程水准点,重要工程还应复核,落实现场障碍物的清理、拆除等。

（10）把好开工关。对现场各项准备工作检查合格后,方可发开工令;停工的工程,未发复工令者不得复工。

2. 事中控制

（1）督促承包商完善工序控制措施。工程质量是在工序中产生的,工序控制对工程质量起着决定性的作用。应把影响工序质量的因素都纳入控制状态中,建立质量管理点,及时检查和审核承包商提交的质量统计分析资料和质量控制图表。

（2）严格工序交接检查。主要工作作业包括隐蔽作业,需按有关验收规定经检查验收后,方可进行下一工序的施工。

（3）重要的工程部位或专业工程(如混凝土工程)要做试验或技术复核。

（4）审查质量事故处理方案,并对处理效果进行检查。

（5）对完成的分项分部工程,按相应的质量评定标准和办法进行检查验收。

（6）审核设计变更和图纸修改。

（7）按合同行使质量监督权和质量否决权。

（8）组织定期或不定期的质量现场会议，及时分析、通报工程质量状况。

3．事后控制

（1）审核承包商提供的质量检验报告及有关技术性文件。

（2）审核承包商提交的竣工图。

（3）组织联动试车。

（4）按规定的质量评定标准和办法，进行检查验收。

（5）组织项目竣工总验收。

（6）整理有关工程项目质量的技术文件，并编目、建档。

7.1.4.4　工程项目保修阶段质量控制的任务

（1）审核承包商的工程保修书。

（2）检查、鉴定工程质量状况和工程使用情况。

（3）对出现的质量缺陷，确定责任者。

（4）督促承包商修复缺陷。

（5）在保修期结束后，检查工程保修状况，移交保修资料。

7.1.5　工程项目质量影响因素的控制

在工程项目建设的各个阶段，对工程项目质量影响的主要因素就是"人、机、料、法、环"等五大方面。为此，应对这五个方面的因素进行严格的控制，以确保工程项目建设的质量。

7.1.5.1　对"人"的因素的控制

人是工程质量的控制者，也是工程质量的"制造者"。工程质量的好与坏，与"人"的因素是密不可分的。控制"人"的因素，即调动人的积极性、避免人的失误等，是控制工程质量的关键因素。

1．领导者的素质

领导者是具有决策权力的人，其整体素质，是提高工作质量的关键，因此在对承包商进行资质认证和选择时一定要考核领导者的素质。

2．人的理论和技术水平

人的理论水平和技术水平是人的综合素质的表现，它直接影响工程项目质量，尤其是技术复杂、操作难度大、要求精度高、新工艺的工程对人员素质要求更高，否则工程质量就很难保证。

3．人的生理缺陷

根据工程施工的特点和环境，应严格控制人的生理缺陷，如高血压、心脏病的人，不能从事高空作业和水下作业；反映迟钝、应变能力差的人，不能操作快速运行、动作复杂的机械设备等，否则，将影响工程质量，引发安全事故。

4．人的心理行为

影响人的心理行为因素很多，而人的心理因素如疑虑、畏惧、抑郁等很容易使人产生愤怒、怨恨等情绪，使人的注意力转移，由此引发质量、安全事故。所以，在审核企业的资质水平时，要注意企业职工的凝聚力如何，职工的情绪如何，这也是选择企业的一条标准。

5．人的错误行为

人的错误行为是指人在工作场地或工作中吸烟、打盹、错视、错听、误判断、误动作等这些都会影响工程质量或造成质量事故。所以,在有危险的工作场所,应严格禁止吸烟、嬉戏等。

6.人的违纪违章

人的违纪违章是指人的粗心大意、注意力不集中、不履行安全措施等不良行为,会对工程质量造成损害,甚至引发工程质量事故。所以,在使用人的问题上,应从思想素质、业务素质和身体素质等方面严格控制。

7.1.5.2　对材料、构配件的质量控制

1.材料质量控制的要点

(1)掌握材料信息,优选供货厂家。应掌握材料信息,优先选有信誉的厂家供货,对主要材料、构配件在订货前,必须经监理工程师论证同意后,才可订货。

(2)合理组织材料供应。应协助承包商合理地组织材料采购、加工、运输、储备;尽量加快材料周转,按质、按量、如期满足工程建设需要。

(3)合理地使用材料,减少材料损失。

(4)加强材料检查验收。用于工程上的主要建筑材料,进场时必须具备正式的出厂合格证和材质化验单;否则,应做补检。工程中所有各种构配件,必须具有厂家批号和出厂合格证。

凡是标志不清或质量有问题的材料,对质量保证资料有怀疑或与合同规定不相符的一般材料,应进行一定比例的材料试验,并需要追踪检验。对于进口的材料和设备及重要工程或关键施工部位所用材料,则应进行全部检验。

(5)重视材料的使用认证,以防错用或使用不当。

2.材料质量控制的内容

1)材料质量的标准

材料质量的标准是用以衡量材料标准的尺度,并作为验收、检验材料质量的依据。其具体的材料标准指标可参见相关材料手册。

2)材料质量的检验、试验

材料质量的检验目的是通过一系列的检测手段,将取得的材料数据与材料的质量标准相比较,用以判断材料质量的可靠性。

(1)材料质量的检验方法。检验方法有书面检验、外观检验、理化检验、无损检验四种。①书面检验是通过对提供的材料质量保证资料、试验报告等进行审核,取得认可方能使用;②外观检验是对材料从品种、规格、标志、外形尺寸等进行直观检查,看有无质量问题;③理化检验是借助试验设备和仪器对材料样品的化学成分、机械性能等进行科学的鉴定;④无损检验是在不破坏材料样品的前提下,利用超声波、X 射线、表面探伤仪等进行检测。

(2)材料质量检验程度。检验程度分为免检、抽检和全检三种。①免检就是免去质量检验工序。对有足够质量保证的一般材料,以及实践证明质量长期稳定而且质量保证资料齐全的材料,可予以免检。②抽检是按随机抽样的方法对材料抽样检验。如对材料的性能不清楚,对质量保证资料有怀疑,或成批生产的构配件,均应按一定比例进行抽样检验。③全检。对进口的材料、设备和重要工程部位的材料,以及贵重的材料,应进行全部检验,以确保材料和工程质量。

(3)材料质量检验项目。一般可分为一般检验项目和其他检验项目。

(4)材料质量检验的取样。材料质量检验的取样必须具有代表性,也就是所取样品的质量应能代表该批材料的质量。在采取试样时,必须按规定的部位、数量及采选的操作要求进行。

(5)材料抽样检验的判断。抽样检验是对一批产品(个数为 M)根据一次抽取 N 个样品进行检验,用其结果来判断该批产品是否合格。

3)材料的选择和使用要求

材料的选择不当和使用不正确,会严重影响工程质量或造成工程质量事故。因此,在施工过程中,必须针对工程项目的特点和环境要求及材料的性能、质量标准、适用范围等多方面综合考察,慎重选择和使用材料。

7.1.5.3　对方法的控制

对方法的控制主要是指对施工方案的控制,也包括对整个工程项目建设期内所采用的技术方案、工艺流程、组织措施、检测手段、施工组织设计等的控制。对一个工程项目而言,施工方案恰当与否,直接关系到工程项目质量,关系到工程项目的成败,所以应重视对方法的控制。这里说的方法控制,在工程施工的不同阶段,其侧重点也不相同,但都是围绕确保工程项目质量这个纲领。

7.1.5.4　对施工机械设备的控制

施工机械设备是工程建设不可缺少的设施,目前,工程建设的施工进度和施工质量都与施工机械关系密切。因此,在施工阶段,必须对施工机械的性能、选型和使用操作等方面进行控制。

1.机械设备的选型

机械设备的选型,应因地制宜,按照技术先进、经济合理、生产适用、性能可靠、使用安全、操作和维修方便等原则来选择施工机械。

2.机械设备的主要性能参数

机械设备的性能参数是选择机械设备的主要依据,为满足施工的需要,在参数选择上可适当留有余地,但不能选择超出需要很多的机械设备,否则容易造成经济上的不合理。机械设备的性能参数很多,要综合各参数,确定合适的施工机械设备。在这方面,要结合机械施工方案,择优选定机械设备,要严格把关,对不符合需要和有安全隐患的机械,不准进场。

3.机械设备的使用、操作要求

合理使用机械设备,正确地进行操作,是保证工程项目施工质量的重要环节,应贯彻"人机固定"的原则,实行定机、定人、定岗位的制度。操作人员必须认真执行各项规章制度,严格遵守操作规程,防止出现安全质量事故。

7.1.5.5　对环境因素的控制

影响工程项目质量的环境因素很多,有工程技术环境、工程管理环境、劳动环境等。环境因素对工程质量的影响复杂且多变。因此,应根据工程特点和具体条件,对影响工程质量的环境因素严格控制。

7.2　质量体系的建立与运行

7.2.1　施工阶段的质量控制

7.2.1.1　质量控制的依据

施工阶段的质量管理及质量控制的依据,大体上可分为两类,即共同性依据及专门技术法规性依据。

共同性依据是指那些适用于工程项目施工阶段与质量控制有关的,具有普遍指导意义和必须遵守的基本文件。主要有工程承包合同文件,设计文件,国家和行业现行的有关质量管理方面的法律、法规文件。

工程承包合同中分别规定了参与施工建设的各方在质量控制方面的权利和义务,并据此对工程质量进行监督和控制。

有关质量检验与控制的专门技术法规性依据是指针对不同行业、不同的质量控制对象而制定的技术法规性的文件,主要包括:

(1)已批准的施工组织设计。它是承包单位进行施工准备和指导现场施工的规划性、指导性文件,详细规定了工程施工的现场布置,人员设备的配置,作业要求,施工工序和工艺,技术保证措施,质量检查方法和技术标准等,是进行质量控制的重要依据。

(2)合同中引用的国家和行业的现行施工操作技术规范、施工工艺规程及验收规范。它是维护正常施工的准则,与工程质量密切相关,必须严格遵守执行。

(3)合同中引用的有关原材料、半成品、配件方面的质量依据。如水泥、钢材、骨料等有关产品技术标准;水泥、骨料、钢材等有关检验、取样、方法的技术标准;有关材料验收、包装、标志的技术标准。

(4)制造厂提供的设备安装说明书和有关技术标准。这是施工安装承包人员进行设备安装必须遵循的重要技术文件,也是进行检查和控制质量的依据。

7.2.1.2　质量控制的方法

施工过程中的质量控制方法主要有:旁站检查、测量、试验等。

1.旁站检查

旁站检查是指有关管理人员对重要工序(质量控制点)的施工所进行的现场监督和检查,以避免质量事故的发生。旁站检查也是驻地监理人员的一种主要现场检查形式。根据工程施工难度及复杂性,可采用全过程旁站检查、部分时间旁站检查两种方式。对容易产生缺陷的部位,或产生了缺陷难以补救的部位,以及隐蔽工程,应加强旁站检查。

在旁站检查中,必须检查承包人在施工中所用的设备、材料及混合料是否符合已批准的文件要求,检查施工方案、施工工艺是否符合相应的技术规范。

2.测量

测量是对建筑物的尺寸控制的重要手段。应对施工放样及高程控制进行核查,不合格者不准开工。对模板工程及已完工程的几何尺寸、高程、宽度、厚度、坡度等质量指标,按规定要求进行测量验收,不符合规定要求的需进行返工。测量记录,均要事先经工程师审核签字后方可使用。

3. 试验

试验是工程师确定各种材料和建筑物内在质量是否合格的重要方法。所有工程使用的材料,都必须事先经过材料试验,质量必须满足产品标准,并经工程师检查批准后,方可使用。材料试验包括水源、粗骨料、沥青、土工织物等各种原材料检验、不同等级混凝土的配合比试验、外购材料及成品质量证明和必要的试验鉴定、仪器设备的校调试验、加工后的成品强度及耐用性检验、工程检查等。没有试验数据的工程不予验收。

7.2.1.3　工序质量监控

1. 工序质量监控的内容

工序质量监控主要包括对工序活动条件的监控和对工序活动效果的监控。

(1)工序活动条件的监控。所谓工序活动条件监控,就是指对影响工程生产因素进行的控制。工序活动条件的控制是工序质量控制的手段。尽管在开工前对生产活动条件已进行了初步控制,但在工序活动中有的条件还会发生变化,使其基本性能达不到检验指标,这正是生产过程产生质量不稳定的重要原因。因此,只有对工序活动条件进行控制,才能达到对工程或产品的质量性能特性指标的控制。工序活动条件包括的因素较多,要通过分析,分清影响工序质量的主要因素,抓住主要矛盾,逐渐予以调节,以达到质量控制的目的。

(2)工序活动效果的监控。主要反映在对工序产品质量性能的特征指标的控制上。通过对工序活动的产品采取一定的检测手段进行检验,根据检验结果分析、判断该工序活动的质量效果,从而实现对工序质量的控制。其步骤如下:首先是工序活动前的控制,主要要求人、材料、机械、方法或工艺、环境能满足要求;其次采用必要的手段和工具,对抽出的工序子样进行质量检验;应用质量统计分析工具(如直方图、控制图、排列图等)对检验所得的数据进行分析,找出这些质量数据所遵循的规律。根据质量数据分布规律的结果,判断质量是否正常;若出现异常情况,寻找原因,找出影响工序质量的因素,尤其是那些主要因素,采取对策和措施进行调整;再重复前面的步骤,检查调整效果,直到满足要求,这样便可达到控制工序质量的目的。

2. 工序质量监控实施要点

对工序活动质量监控,首先应确定质量控制计划,它是以完善的质量监控体系和质量检查制度为基础。一方面工序质量控制计划要明确规定质量监控的工作程序、流程和质量检查制度,另一方面需进行工序分析,在影响工序质量的因素中,找出对工序质量产生影响的重要因素,进行主动的、预防性的重点控制。例如,在振捣混凝土这一工序中,振捣的插点和振捣时间是影响质量的主要因素,为此,应加强现场监督并要求施工单位严格予以控制。

同时,在整个施工活动中,应采取连续的动态跟踪控制,通过对工序产品的抽样检验,判定其产品质量波动状态,若工序活动处于异常状态,则应查出影响质量的原因,采取措施排除系统性因素的干扰,使工序活动恢复到正常状态,从而保证工序活动及其产品质量。此外,为确保工程质量,应在工序活动过程中设置质量控制点,进行预控。

3. 质量控制点的设置

质量控制点的设置是进行工序质量预防控制的有效措施。质量控制点是指为保证工程质量而必须控制的重点工序、关键部位、薄弱环节。应在施工前,全面、合理地选择质量控制点,并对设置质量控制点的情况及拟采取的控制措施进行审核。必要时,应对质量控制实施过程进行跟踪检查或旁站监督,以确保质量控制点的施工质量。

设置质量控制点的对象,主要有以下几方面:

(1)关键的分项工程。如大体积混凝土工程,土石坝工程的坝体填筑,隧洞开挖工程等。

(2)关键的工程部位。如混凝土面板堆石坝面板趾板及周边缝的接缝,土基上水闸的地基基础,预制框架结构的梁板节点,关键设备的设备基础等。

(3)薄弱环节。指经常发生或容易发生质量问题的环节;或承包人无法把握的环节;或采用新工艺(材料)施工的环节等。

(4)关键工序。如钢筋混凝土工程的混凝土振捣,灌注桩钻孔,隧洞开挖的钻孔布置、方向、深度、用药量和填塞等。

(5)关键工序的关键质量特性。如混凝土的强度、耐久性,土石坝的干容重、黏性土的含水量等。

(6)关键质量特性的关键因素。如冬季混凝土强度的关键因素是环境(养护温度),支模的关键因素是支撑方法,泵送混凝土输送质量的关键因素是机械,墙体垂直度的关键因素是人等。

控制点的设置应准确有效,因此究竟选择哪些作为控制点,需要由有经验的质量控制人员进行选择,一般可根据工程性质和特点来确定。表 7-1 列举出了某些分部分项工程的质量控制点,可供参考。

表 7-1　质量控制点的设置

分部分项工程		质量控制点
建筑物定位		标准轴线桩、定位轴线、标高
地基开挖及清理		开挖部位的位置、轮廓尺寸、标高;岩石地基钻爆过程中的钻孔、装药量、起爆方式;开挖清理后的建基面;断层、破碎带、软弱夹层、岩熔的处理;渗水的处理
基础处理	基础灌浆帷幕灌浆	造孔工艺、孔位、孔斜;岩芯获得率;洗孔及压水情况;灌浆情况;灌浆压力、结束标准、封孔
	基础排水	造孔、洗孔工艺;孔口、孔口设施的安装工艺
	锚桩孔	造孔工艺锚桩材料质量、规格、焊接;孔内回填
混凝土生产	砂石料生产	毛料开采、筛分、运输、堆存;砂石料质量(杂质含量、细度模数、超逊径、级配)、含水量、骨料降温措施
	混凝土拌和	原材料的品种、配合比、称量精度;混凝土拌和时间、温度均匀性;拌和物的坍落度;温控措施(骨料冷却、加冰、加冰水)、外加剂比例
混凝土浇筑	建基面清理	岩基面清理(冲洗、积水处理)
	模板、预埋件	位置、尺寸、标高、平整性、稳定性、刚度、内部清理;预埋件型号、规格、埋设位置、安装稳定性、保护措施
	钢筋	钢筋品种、规格、尺寸、搭接长度、钢筋焊接、根数、位置
	浇筑	浇筑层厚度、平仓、振捣、浇筑间歇时间、积水和泌水情况、埋设件保护、混凝土养护、混凝土表面平整度、麻面、蜂窝、露筋、裂缝、混凝土密实性、强度

续表 7-1

分部分项工程	质量控制点	
土石料填筑	土石料	土料的黏粒含量、含水量、砾质土的粗粒含量、最大粒径、石料的粒径、级配、坚硬度、抗冻性
	土料填筑	防渗体与岩石面或混凝土面的结合处理、防渗体与砾质土、黏土地基的结合处理、填筑体的位置、轮廓尺寸、铺土厚度、铺填边线、土层接面处理、土料碾压、压实干密度
	石料砌筑	砌筑体位置、轮廓尺寸、石块重量、尺寸、表面顺直度、砌筑工艺、砌体密实度、砂浆配比、强度
	砌石护坡	石块尺寸、强度、抗冻性、砌石厚度、砌筑方法、砌石孔隙率、垫层级配、厚度、孔隙率

4. 见证点、停止点的概念

在工程项目实施控制中,通常是由承包人在分项工程施工前制订施工计划时,就选定设置控制点,并在相应的质量计划中进一步明确哪些是见证点,哪些是停止点。所谓"见证点"和"停止点",是国际上对于重要程度不同及监督控制要求不同的质量控制对象的一种区分方式。见证点监督也称为 w 点监督。凡是被列为见证点的质量控制对象,在规定的控制点施工前,施工单位应提前 24 h 通知监理人员在约定的时间内到现场进行见证并实施监督。如监理人员未按约定到场,施工单位有权对该点进行相应的操作和施工。停止点也称为待检查点或 H 点,它的重要性高于见证点,是针对那些由于施工过程或工序施工质量不易或不能通过其后的检验和试验而充分得到论证的"特殊过程"或"特殊工序"而言的。凡被列入停止点的控制点,要求必须在该控制点来临之前 24 h 通知监理人员到场实验监控,如监理人员未能在约定时间内到达现场,施工单位应停止该控制点的施工,并按合同规定等待监理方,未经认可不能超过该点继续施工,如水闸闸墩混凝土结构在钢筋架立后,混凝土浇筑之前,可设置停止点。

在施工过程中,应加强旁站和现场巡查的监督检查;严格实施隐蔽式工程工序间交接检查验收、工程施工预检等检查监督;严格执行对成品保护的质量检查。只有这样才能及早发现问题,及时纠正,防患于未然,确保工程质量,避免导致工程质量事故。

为了对施工期间的各分部、分项工程的各工序质量实施严密、细致和有效的监督、控制,应认真地填写跟踪档案,即施工和安装记录。

7.2.1.4　施工合同条件下的工程质量控制

工程施工是使业主及工程设计意图最终实现并形成工程实体的阶段,也是最终形成工程产品质量和工程项目使用价值的重要阶段。由此可见,施工阶段的质量控制不仅是工程师的核心工作内容,也是工程项目质量控制的重点。

1. 质量检查(验)的职责和权利

施工质量检查(验)是建设各方质量控制必不可少的一项工作,它可以起到监督、控制质量,及时纠正错误,避免事故扩大,消除隐患等作用。

1) 承包商质量检查(验)的职责

(1) 提交质量保证计划措施报告。保证工程施工质量是承包商的基本义务。承包商应按 ISO9000 系列标准建立和健全所承包工程的质量保证计划,在组织上和制度上落实质量管理工作,以确保工程质量。

(2) 承包商质量检查(验)职责。根据合同规定和工程师的指示,承包商应对工程使用的材料和工程设备及工程的所有部位及其施工工艺进行全过程的质量自检,并做质量检查(验)记录,定期向工程师提交工程质量报告。同时,承包商应建立一套全部工程的质量记录和报表,以便于工程师复核检验和日后发现质量问题时查找原因。当合同发生争议时,质量记录和报表还是重要的当时记录。

自检是检验的一种形式,它是由承包商自己来进行的。在合同环境下,承包商的自检包括:班组的"初检",施工队的"复检",公司的"终检"。自检的目的不仅在于判定被检验实体的质量特性是否符合合同要求,更为重要的是用于对过程的控制。因此,承包商的自检是质量检查(验)的基础,是控制质量的关键。为此,工程师有权拒绝对那些"三检"资料不完善或无"三检"资料的过程(工序)进行检验。

2) 工程师的质量检查(验)权利

按照我国有关法律、法规的规定:工程师在不妨碍承包商正常作业的情况下,可以随时对作业质量进行检查(验)。这表明工程师有权对全部工程的所有部位及其任何一项工艺、材料和工程设备进行检查和检验,并具有质量否决权。具体内容包括:

(1) 复核材料和工程设备的质量及承包商提交的检查结果。

(2) 对建筑物开工前的定位定线进行复核签证,未经工程师签认不得开工。

(3) 对隐蔽工程和工程的隐蔽部位进行覆盖前的检查(验),上道工序质量不合格的不得进入下一工序施工。

(4) 对正在施工中的工程在现场进行质量跟踪检查(验),发现问题及时纠正等。

这里需要指出,承包商要求工程师进行检查(验)的意向,以及工程师要进行检查(验)的意向均应提前 24 h 通知对方。

2. 材料、工程设备的检查和检验

《水利水电土建工程施工合同条件》通用条款及技术条款规定,材料和工程设备的采购分两种情况:承包商负责采购的材料和工程设备,业主负责采购的工程设备,承包商负责采购的材料。对材料和工程设备进行检查和检验时应区别对待以上两种情况。

1) 材料和工程设备的检验和交货验收

(1) 对承包商采购的材料和工程设备,其产品质量承包商应对业主负责。材料和工程设备的检验和交货验收由承包商负责实施,并承担所需费用,具体做法:承包商会同工程师进行检验和交货验收,查验材质证明和产品合格证书。此外,承包商还应按合同规定进行材料的抽样检验和工程设备的检验测试,并将检验结果提交给工程师。工程师参加交货验收不能减轻或免除承包商在检验和验收中应负的责任。

(2) 对业主采购的工程设备,为了简化验交手续和重复装运,业主应将其采购的工程设备由生产厂家直接移交给承包商。为此,业主和承包商在合同规定的交货地点(如生产厂家、工地或其他合适的地方)共同进行交货验收,由业主正式移交给承包商。在交货验收过程中,业主采购的工程设备检验及测试由承包商负责,业主不必再配备检验及测试用的设备和人员,但承包商必须将其检验结果提交工程师,并由工程师复核签认检验结果。

2)工程师检查或检验

工程师和承包商应商定对工程所用的材料和工程设备进行检查和检验的具体时间和地点。通常情况下,工程师应到场参加检查或检验,如果在商定时间内工程师未到场参加检查或检验,且工程师无其他指示(如延期检查或检验),承包商可自行检查或检验,并立即将检查或检验结果提交给工程师。除合同另有规定外,工程师应在事后确认承包商提交的检查或检验结果。

对于承包商未按合同规定检查或检验材料和工程设备,工程师指示承包商按合同规定补做检查或检验。此时,承包商应无条件地按工程师的指示和合同规定补做检查或检验,并应承担检查或检验所需的费用和可能带来的工期延误责任。

3)额外检验和重新检验

(1)额外检验。在合同履行过程中,如果工程师需要增加合同中未做规定的检查和检验项目,工程师有权指示承包商增加额外检验,承包商应遵照执行,但应由业主承担额外检验的费用和工期延误责任。

(2)重新检验。在任何情况下,如果工程师对以往的检验结果有疑问,有权指示承包商进行再次检验即重新检验,承包商必须执行工程师指示,不得拒绝。"以往检验结果"是指已按合同规定要求得到工程师的同意,如果承包商的检验结果未得到工程师同意,则工程师指示承包商进行的检验不能称之为重新检验,应为合同内检测。

重新检验带来的费用增加和工期延误责任的承担视重新检验结果而定。如果重新检验结果证明这些材料、工程设备、工序不符合合同要求,则应由承包商承担重新检验的全部费用和工期延误责任;如果重新检验结果证明这些材料、工程设备、工序符合合同要求,则应由业主承担重新检验的费用和工期延误责任。

当承包商未按合同规定进行检查或检验,并且不执行工程师有关补做检查或检验指示和重新检验的指示时,工程师为了及时发现可能的质量隐患,减少可能造成的损失,可以指派自己的人员或委托其他人进行检查或检验,以保证质量。此时,不论检查或检验结果如何,工程师因采取上述检查或检验补救措施而造成的工期延误和增加的费用均应由承包商承担。

4)不合格工程、材料和工程设备

禁止使用不合格材料和工程设备。工程使用的一切材料、工程设备均应满足合同规定的等级、质量标准和技术特性。工程师在工程质量的检查或检验中发现承包商使用了不合格材料或工程设备时,可以随时发出指示,要求承包商立即改正,并禁止在工程中继续使用这些不合格的材料和工程设备。

如果承包商使用了不合格材料和工程设备,其造成的后果应由承包商承担责任,承包商应无条件地按工程师指示进行补救。业主提供的工程设备经验收不合格的应由业主承担相应责任。

不合格工程、材料和工程设备的处理:

(1)如果工程师的检查或检验结果表明承包商提供的材料或工程设备不符合合同要求时,工程师可以拒绝接收,并立即通知承包商。此时,承包商除立即停止使用外,应与工程师共同研究补救措施。如果在使用过程中发现不合格材料,工程师应视具体情况,丁达运出现场或降级使用的指示。

（2）如果检查或检验结果表明业主提供的工程设备不符合合同要求,承包商有权拒绝接收,并要求业主予以更换。

（3）如果因承包商使用了不合格材料和工程设备造成了工程损害,工程师可以随时发出指示,要求承包商立即采取措施进行补救,直至彻底清除工程的不合格部位及不合格材料和工程设备。

（4）如果承包商无故拖延或拒绝执行工程师的有关指示,则业主有权委托其他承包商执行该项指示。由此而造成的工期延误和增加的费用由承包商承担。

3. 隐蔽工程

隐蔽工程和工程隐蔽部位是指已完成的工作面经覆盖后将无法事后查看的任何工程部位和基础。由于隐蔽工程和工程隐蔽部位的特殊性及重要性,因此没有工程师的批准,工程的任何部分均不得覆盖或使之无法查看。

对于将被覆盖的部位和基础在进行下一道工序之前,首先由承包商进行自检（"三检"）,确认符合合同要求后,再通知工程师进行检查,工程师不得无故缺席或拖延,承包商通知时应考虑到工程师有足够的检查时间。工程师应按通知约定的时间到场进行检查,确认质量符合合同规定要求,并在检查记录上签字后,才能允许承包商进入下一道工序,进行覆盖。承包商在取得工程师的检查签证之前,不得以任何理由进行覆盖,否则,承包商应承担因补检而增加的费用和工期延误责任。如果由于工程师未及时到场检查,承包商因等待或延期检查而造成工期延误则承包商有权要求延长工期和赔偿其停工、窝工等损失。

4. 放线

1）施工控制网

工程师应在合同规定的期限内向承包商提供测量基准点、基准线和水准点及其书面资料。业主和工程师应对测量点、基准线和水准点的正确性负责。

承包商应在合同规定期限内完成测设自己的施工控制网,并将施工控制网资料报送工程师审批。承包商应对施工控制网的正确性负责。此外,承包商还应负责保管全部测量基准和控制网点。工程完工后,应将施工控制网点完好地移交给业主。

工程师为了监理工作的需要,可以使用承包商的施工控制网,并不为此另行支付费用。此时,承包商应及时提供必要的协助,不得以任何理由加以拒绝。

2）施工测量

承包商应负责整个施工过程中的全部施工测量放线工作,包括地形测量、放样测量、断面测量、支付收方测量和验收测量等,并应自行配置合格的人员、仪器、设备和其他物品。

承包商在施测前,应将施工测量措施报告报送工程师审批。

工程师应按合同规定对承包商的测量数据和放样成果进行检查。工程师认为必要时还可指示承包商在工程师的监督下进行抽样复测,并修正复测中发现的错误。

5. 完工和保修

1）完工验收

完工验收指承包商基本完成合同中规定的工程项目后,移交给业主接收前的交工验收,不是国家或业主对整个项目的验收。基本完成是指不一定要合同规定的工程项目全部完成,有些不影响工程使用的尾工项目,经工程师批准,可待验收后在保修期中去完成。

（1）完工验收申请报告。当工程具备了下列条件，并经工程师确认，承包商即可向业主和工程师提交完工验收申请报告，并附上完工资料：①除工程师同意可列入保修期完成的项目外，已完成了合同规定的全部工程项目。②已按合同规定备齐了完工资料，包括工程实施概况和大事记；已完工程（含工程设备）清单；永久工程完工图；列入保修期完成的项目清单；未完成的缺陷修复清单；施工期观测资料；各类施工文件、施工原始记录等。③已编制了在保修期内实施的项目清单和未修复的缺陷项目清单及相应的施工措施计划。

（2）工程师审核。工程师在接到承包商完工验收申请报告后的 28 d 内进行审核并做出决定。或者提请业主进行工程验收；或者通知承包商在验收前尚应完成的工作和对申请报告的异议，承包商应在完成工作后或修改报告后重新提交完工验收申请报告。

（3）完工验收和移交证书。业主在接到工程师提请进行工程验收的通知后，应在收到完工验收申请报告后 56 d 内组织工程验收，并在验收通过后向承包商颁发移交证书。移交证书上应注明由业主、承包商、工程师协商核定的工程实际完工日期。此日期是计算承包商完工工期的依据，也是工程保修期的开始。从颁交证书之日起，照管工程的责任即应由业主承担，且在此后 14 d 内，业主应将保留金总额的 50% 退还给承包商。

（4）分阶段验收和施工期运行。水利水电工程中分阶段验收有两种情况：第一种情况是在全部工程验收前，某些单位工程，如船闸、隧洞等已完工，经业主同意可先行单独进行验收，通过后颁发单位工程移交证书，由业主先接管该单位工程。第二种情况是业主根据合同进度计划的安排，需提前使用尚未全部建成的工程，如大坝工程达到某一特定高程可以满足初期发电时，可对该分部工程进行验收，以满足初期发电要求。验收通过应签发临时移交证书。工程未完成部分仍由承包商继续施工。对通过验收的部分工程由于在施工期运行而使承包商增加了修复缺陷的费用，业主应给予适当的补偿。

（5）业主拖延验收。如业主在收到承包商完工验收申请报告后，不及时进行验收，或在验收通过后无故不颁发移交证书，则业主应从承包商发出完工验收申请报告 56 d 后的次日起承担照管工程的费用。

2）工程保修

（1）保修期（FIDIC 条款中称为缺陷通知期）。工程移交前，虽然已通过验收，但是还未经过运行的考验，而且还可能有一些尾工项目和修补缺陷项目未完成，所以还必须有一段期间用来检验工程的正常运行，这就是保修期。水利水电土建工程保修期一般为一年，从移交证书中注明的全部工程完工日期开始起算。在全部工程完工验收前，业主已提前验收的单位工程或分部工程，若未投入正常运行，其保修期仍按全部工程完工日期起算；若验收后投入正常运行，其保修期应从该单位工程或部分工程移交证书上注明的完工日期起算。

（2）保修责任。

保修期内，承包商应负责修复完工资料中未完成的缺陷修复清单所列的全部项目。

保修期内如发现新的缺陷和损坏，或原修复的缺陷又遭损坏，承包商应负责修复。至于修复费用由谁承担，需视缺陷和损坏的原因而定，由于承包商施工中的隐患或其他承包商原因所造成，应由承包商承担；若由于业主使用不当或业主其他原因所致，则由业主承担。

（3）保修责任终止证书（FIDIC 条款中称为履约证书）。在全部工程保修期满，且承包商不遗留任何尾工项目和缺陷修补项目，业主或授权工程师应在 28 d 内向承包商颁发保修责任终止证书。

保修责任终止证书的颁发,表明承包商已履行了保修期的义务,工程师对其满意,也表明了承包商已按合同规定完成了全部工程的施工任务,业主接受了整个工程项目。但此时合同双方的财务账目尚未结清,可能有些争议还未解决,故并不意味合同已履行结束。

3)清理现场与撤离

圆满完成清场工作是承包商进行文明施工的一个重要标志。一般而言,在工程移交证书颁发前,承包商应按合同规定的工作内容对工地进行彻底清理,以便业主使用已完成的工程。经业主同意后也可留下部分清场工作在保修期满前完成。

承包商应按下列工作内容对工地进行彻底清理,并需经工程师检验合格为止:

(1)工程范围内残留的垃圾已全部焚毁,掩埋或清除出场。

(2)临时工程已按合同规定拆除,场地已按合同要求清理和平整。

(3)承包商设备和剩余的建筑材料已按计划撤离工地,废弃的施工设备和材料亦已清除。

(4)施工区内的永久道路和永久建筑物周围的排水沟道,均已按合同图纸要求和工程师指示进行疏通和修整。

(5)主体工程建筑物附近及其上、下游河道中的施工堆积场,已按工程师的指示予以清理。

此外,在全部工程的移交证书颁发后 42 d 内,除经工程师同意,由于保修期工作需要留下部分承包商人员、施工设备和临时工程外,承包商的队伍应撤离工地,并做好环境恢复工作。

7.2.2　全面质量管理

全面质量管理(total quality management,TQM)是企业管理的中心环节,是企业管理的纲,它和企业的经营目标是一致的。这就是要求将企业的生产经营管理和质量管理有机地结合起来。

7.2.2.1　全面质量管理的基本概念

全面质量管理是以组织全员参与为基础的质量管理模式,它代表了质量管理的最新阶段,最早起源于美国。菲根堡姆指出,全面质量管理是为了能够在最经济的水平上,并充分考虑到满足用户要求的条件下进行市场研究、设计、生产和服务,把企业内各部门研制质量、维持质量和提高质量的活动构成为一体的一种有效体系。他的理论经过世界各国的继承和发展,得到了进一步的扩展和深化。1994 版 ISO9000 族标准中对全面质量管理的定义为:一个组织以质量为中心,以全员参与为基础,目的在于通过让顾客满意和本组织所有成员及社会受益而达到长期成功的管理途径。

7.2.2.2　全面质量管理的基本要求

1. 全过程的管理

任何一个工程或产品的质量,都有一个产生、形成和实现的过程;整个过程是由多个相互联系、相互影响的环节所组成的,每一环节都或重或轻地影响着最终的质量状况。因此,要搞好工程质量管理,必须把形成质量的全过程和有关因素控制起来,形成一个综合的管理体系,做到以防为主,防检结合,重在提高。

2.全员的质量管理

工程或产品的质量是企业各方面、各部门、各环节工作质量的反映。每一环节,每一个人的工作质量都会不同程度地影响着工程或产品的最终质量。工程质量人人有责,只有人人都关心工程的质量,做好本职工作,才能生产出好质量的工程。

3.全企业的质量管理

全企业的质量管理一方面要求企业各管理层次都要有明确的质量管理内容,各层次的侧重点要突出,每个部门应有自己的质量计划、质量目标和对策,层层控制;另一方面就是要把分散在各部门的质量职能发挥出来。如水利水电工程中的"三检制",就充分反映这一观点。

4.多方法的管理

影响工程质量的因素越来越复杂,既有物质的因素,又有人为的因素;既有技术因素,又有管理因素;既有内部因素,又有企业外部因素。要搞好工程质量,就必须把这些影响因素控制起来,分析它们对工程质量的不同影响。灵活运用各种现代化管理方法来解决工程质量问题。

7.2.2.3　全面质量管理的基本指导思想

1.质量第一、以质量求生存

任何产品都必须达到所要求的质量水平,否则就没有或未实现其使用价值,从而给消费者、给社会带来损失。从这个意义上讲,质量必须是第一位的。贯彻"质量第一"就要求企业全员,尤其是领导层,要有强烈的质量意识;要求企业在确定质量目标时,首先应根据用户或市场的需求,科学地确定质量目标,并安排人力、物力、财力予以保证。当质量与数量、社会效益与企业效益、长远利益与眼前利益发生矛盾时,应把质量、社会效益和长远利益放在首位。

"质量第一"并非"质量至上"。质量不能脱离当前的市场水准,也不能不问成本一味地讲求质量。应该重视质量成本的分析,把质量与成本加以统一,确定最适合的质量。

2.用户至上

在全面质量管理中,这是一个十分重要的指导思想。"用户至上"就是要树立以用户为中心,为用户服务的思想。要使产品质量和服务质量尽可能满足用户的要求。产品质量的好坏最终应以用户的满意程度为标准。这里所谓"用户"是广义的,不仅指产品出厂后的直接用户,而且指在企业内部,下道工序是上道工序的用户。如混凝土工程,模板工程的质量直接影响混凝土浇筑这一下道关键工序的质量。每道工序的质量不仅影响下道工序质量,也会影响工程进度和费用。

3.质量是设计、制造出来的,而不是检验出来的

在生产过程中,检验是重要的,它可以起到不允许不合格品出厂的把关作用,同时还可以将检验信息反馈到有关部门。但影响产品质量好坏的真正原因并不在检验,而主要在于设计和制造。设计质量是先天性的,在设计的时候就已经决定了质量的等级和水平;而制造只是实现设计质量,是符合性质量。二者不可偏废,都应重视。

4.强调用数据说话

这就是要求在全面质量管理工作中具有科学的工作作风,在研究问题时不能满足于一知半解和表面,对问题不仅有定性分析还应尽量有定量分析,做到心中有"数",这样可以避

免主观盲目性。

在全面质量管理中广泛地采用了各种统计方法和工具,其中用得最多的有"七种工具",即因果图、排列图、直方图、相关图、控制图、分层法和调查表。常用的数理统计方法有回归分析、方差分析、多元分析、实验分析、时间序列分析等。

5. 突出"人"的积极因素

从某种意义上讲,在开展质量管理活动过程中,人的因素是最积极、最重要的因素。与质量检验阶段和统计质量控制阶段相比较,全面质量管理阶段格外强调调动人的积极因素的重要性。这是因为现代化生产多为大规模系统,环节众多,联系密切复杂,远非单纯靠质量检验或统计方法就能奏效的。必须调动人的积极因素,加强质量意识,发挥人的主观能动性,以确保产品和服务的质量。全面质量管理的特点之一就是全体人员参加的管理,做到"质量第一,人人有责"。

要提高质量意识,调动人的积极因素,一靠教育,二靠规范,需要通过教育培训和考核,同时还要依靠有关质量的立法及必要的行政手段等各种激励及处罚措施。

7.2.2.4　全面质量管理的工作原则

1. 预防原则

在企业的质量管理工作中,要认真贯彻预防为主的原则,凡事要防患于未然。在产品制造阶段应该采用科学方法对生产过程进行控制,尽量把不合格产品消灭在发生之前。在产品的检验阶段,不论是对最终产品或是在制品,都要把质量信息及时反馈并认真处理。

2. 经济原则

全面质量管理强调质量,但无论质量保证的水平或预防不合格的深度都是没有止境的,必须考虑经济性,建立合理的经济界限,这就是所谓经济原则。因此,在产品设计制定质量标准时,在生产过程进行质量控制时,在选择质量检验方式为抽样检验或全数检验时等场合,都必须考虑其经济效益。

3. 协作原则

协作是大生产的必然要求。生产和管理分工越细,就越要求协作。一个具体单位的质量问题往往涉及许多部门,如无良好的协作是很难解决的。因此,强调协作是全面质量管理的一条重要原则,也反映了系统科学全局观点的要求。

4. 按照 PDCA 循环组织活动

PDCA 循环是质量体系活动所应遵循的科学工作程序,周而复始,内外嵌套,循环不已,以求质量不断提高。

7.2.2.5　全面质量管理的运转方式

质量保证体系运转方式是按照计划(P)、执行(D)、检查(C)、处理(A)的管理循环进行的。它包括四个阶段和八个工作步骤。

1. 四个阶段

(1)计划阶段。按使用者要求,根据具体生产技术条件,找出生产中存在的问题及其原因,拟订生产对策和措施计划。

(2)执行阶段。按预定对策和生产措施计划,组织实施。

(3)检查阶段。对生产成品进行必要的检查和测试,即把执行的工作结果与预定目标对比,检查执行过程中出现的情况和问题。

（4）处理阶段。把经过检查发现的各种问题及用户意见进行处理。凡符合计划要求的予以肯定，成文标准化，对不符合设计要求和不能解决的问题，转入下一循环以进一步研究解决。

2. 八个步骤

（1）分析现状，找出问题，不能凭印象和表面做判断，结论要用数据表示。

（2）分析各种影响因素，要把可能因素一一加以分析。

（3）找出主要影响因素，要努力找出主要因素进行解剖，才能改进工作，提高产品质量。

（4）研究对策，针对主要因素拟订措施，制订计划，确定目标。

以上属 P 阶段工作内容。

（5）执行措施为 D 阶段的工作内容。

（6）检查工作成果，对执行情况进行检查，找出经验教训，为 C 阶段的工作内容。

（7）巩固措施，制定标准，把成熟的措施定成标准（规程、细则），形成制度。

（8）遗留问题转入下一个循环。

以上（7）和（8）为 A 阶段的工作内容。PDCA 管理循环的工作程序如图 7-1 所示。

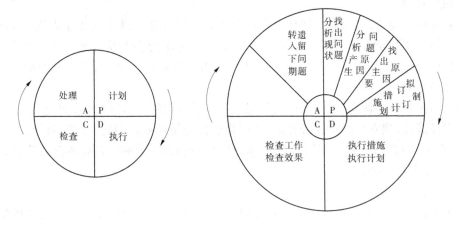

图 7-1　PDCA 管理循环的工作程序

3. PDCA 循环的特点

（1）四个阶段缺一不可，先后次序不能颠倒。就好像一只转动的车轮，在解决质量问题中滚动前进逐步使产品质量提高。

（2）企业的内部 PDCA 循环各级都有，整个企业是一个大循环，企业各部门又有自己的循环，如图 7-2 所示。大循环是小循环的依据，小循环又是大循环的具体和逐级贯彻落实的体现。

（3）PDCA 循环不是在原地转动，而是在转动中前进。每个循环结束，质量便提高一步。图 7-3 为循环上升示意图，它表明每一个 PDCA 循环都不是在原地周而复始地转动，而是像爬楼梯那样，每转一个循环都有新的目标和内容。因而就意味着前进了一步，从原有水平上升到了新的水平，每经过一次循环，也就解决了一批问题，质量水平就有新的提高。

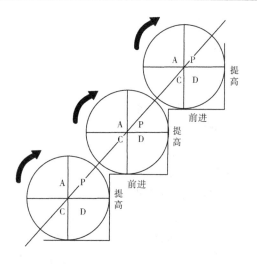

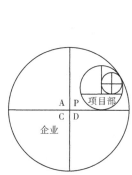

图 7-2　某工程的质量保证机构　　　　　　图 7-3　某工程项目的质量保证体系

（4）A 阶段是一个循环的关键,这一阶段(处理阶段)的目的在于总结经验,巩固成果,纠正错误,以利于下一个管理循环。为此,必须把成功和经验纳入标准,定为规程,使之标准化、制度化,以便在下一个循环中遵照办理,使质量水平逐步提高。

必须指出,质量的好坏反映了人们质量意识的强弱,也反映了人们对提高产品质量意义的认识水平。有了较强的质量意识,还应使全体人员对全面质量管理的基本思想和方法有所了解。这就需要开展全面质量管理,必须加强质量教育的培训工作,贯彻执行质量责任制并形成制度,持之以恒,才能使工程施工质量水平不断提高。

7.2.2.6　质量保证体系的建立和运转

工程项目在实施过程中,要建立质量保证机构和质量保证体系,图 7-2 和图 7-3 即为某工程项目的质量保证机构和质量保证体系。

7.3　工程质量统计与分析

7.3.1　质量数据

利用质量数据和统计分析方法进行项目质量控制,是控制工程质量的重要手段。通常通过收集和整理质量数据,进行统计分析比较,找出生产过程的质量规律,判断工程产品质量状况,发现存在的质量问题,找出引起质量问题的原因,并及时采取措施,预防和纠正质量事故,使工程质量始终处于受控状态。

质量数据是用以描述工程质量特征性能的数据。它是进行质量控制的基础,没有质量数据,就不可能有现代化的科学的质量控制。

7.3.1.1　质量数据的类型

质量数据按其自身特征,分为计量值数据和计数值数据;按其收集目的可分为控制性数据和验收性数据。

（1）计量值数据。是可以连续取值的连续型数据。如长度、重量、面积、标高等质量特征,一般都是可以用量测工具或仪器等量测,一般都带有小数。

(2)计数值数据。是不连续的离散型数据。如不合格品数、不合格的构件数等,这些反映质量状况的数据是不能用量测器具来度量的,采用计数的办法,只能出现0、1、2等非负数的整数。

(3)控制性数据。一般是以工序作为研究对象,是为分析、预测施工过程是否处于稳定状态,而定期随机地抽样检验获得的质量数据。

(4)验收性数据。是以工程的最终实体内容为研究对象,以分析、判断其质量是否达到技术标准或用户的要求,而采取随机抽样检验而获取的质量数据。

7.3.1.2　质量数据的波动及其原因

在工程施工过程中常可看到在相同的设备、原材料、工艺及操作人员条件下,生产的同一种产品的质量不同,反映在质量数据上,即具有波动性,其影响因素有偶然性因素和系统性因素两大类。偶然性因素引起的质量数据波动属于正常波动,偶然因素是无法或难以控制的因素,所造成的质量数据的波动量不大,没有倾向性,作用是随机的,工程质量只有偶然因素影响时,生产才处于稳定状态;由系统因素造成的质量数据波动属于异常波动,系统因素是可控制、易消除的因素,这类因素不经常发生,但具有明显的倾向性,对工程质量的影响较大。

质量控制的目的就是要找出出现异常波动的原因,即系统性因素是什么,并加以排除,使质量只受随机性因素的影响。

7.3.1.3　质量数据的收集

质量数据的收集总的要求应当是随机抽样,即整批数据中每一个数据都有被抽到的同样机会。常用的方法有随机法、系统抽样法、二次抽样法和分层抽样法。

7.3.1.4　样本数据特征

为了进行统计分析和运用特征数据对质量进行控制,经常要使用许多统计特征数据。统计特征数据主要有均值、中位数、极值、极差、标准偏差、变异系数,其中均值、中位数表示数据集中的位置;极差、标准偏差、变异系数表示数据的波动情况,即分散程度。

7.3.2　质量控制的统计方法简介

通过对质量数据的收集、整理和统计分析,找出质量的变化规律和存在的质量问题,提出进一步的改进措施,这种运用数学工具进行质量控制的方法是所有涉及质量管理的人员所必须掌握的,它可以使质量控制工作定量化和规范化。下面介绍几种在质量控制中常用的数学工具及方法。

7.3.2.1　直方图法

1.直方图的用途

直方图又称频率分布直方图,它们将产品质量频率的分布状态用直方图形来表示,根据直方图形的分布形状和与公差界限的距离来观察、探索质量分布规律,分析和判断整个生产过程是否正常。

利用直方图可以制定质量标准,确定公差范围,可以判明质量分布情况是否符合标准的要求。

2)直方图的分析

直方图有以下几种分布形式,见图 7-4。

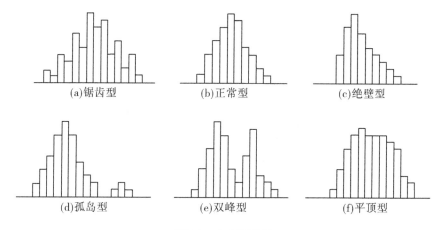

图 7-4　直方图类型

(1)锯齿型。原因一般是分组不当或组距确定不当,如图 7-4(a)所示。

(2)正常型。说明生产过程正常,质量稳定,如图 7-4(b)所示。

(3)绝壁型。一般是剔除下限以下的数据造成的,如图 7-4(c)所示。

(4)孤岛型。原因一般是材质发生变化或他人临时替班,如图 7-4(d)所示。

(5)双峰型。是把两种不同的设备或工艺的数据混在一起造成的,如图 7-4(e)所示。

(6)平顶型。生产过程中有缓慢变化的因素起主导作用,如图 7-4(f)所示。

3)注意事项

(1)直方图属于静态的,不能反映质量的动态变化。

(2)画直方图时,数据不能太少,一般应大于 50 个数据,否则画出的直方图难以正确反映总体的分布状态。

(3)直方图出现异常时,应注意将收集的数据分层,然后画直方图。

(4)直方图呈正态分布时,可求平均值和标准差。

7.3.2.2　排列图法

排列图又称巴雷特法、主次排列图法,是分析影响质量主要问题的有效方法,将众多的因素进行排列,主要因素就一目了然,如图 7-5 所示。

排列图法是由一个横坐标、两个纵坐标、几个长方形和一条曲线组成的。左侧的纵坐标是频数或件数,右侧的纵坐标是累计频率,横轴则是项目或因素,按项目频数大小顺序在横轴上自左至右画长方形,其高度为频数,再根据右侧的纵坐标,画出累计频率曲线,该曲线也称巴雷特曲线。

7.3.2.3　因果分析图法

因果分析图也叫鱼刺图、树枝图,这是一种逐步深入研究和讨论质量问题的图示方法。在工程建设过程中,任何一种质量问题的产生,一般都是多种原因造成的,这些原因有大有小,把这些原因按照大小顺序分别用主干、大枝、中枝、小枝来表示,这样,就可一目了然地观察出导致质量问题的原因,并以此为据,制定相应对策。

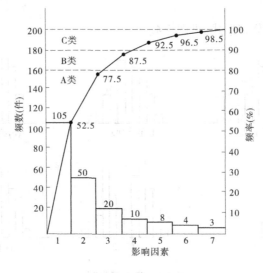

图 7-5　排列图

7.3.2.4　管理图法

管理图也称控制图,它是反映生产过程随时间变化而变化的质量动态,即反映生产过程中各个阶段质量波动状态的图形。管理图利用上下控制界限,将产品质量特性控制在正常波动范围内,一旦有异常反映,通过管理图就可以发现,并及时处理。

7.3.2.5　相关图法

产品质量与影响质量的因素之间,常有一定的相互关系,但不一定是严格的函数关系,这种关系称为相关关系,可利用直角坐标系将两个变量之间的关系表达出来。相关图的形式有正相关、负相关、非线性相关和无相关。

此外还有调查表法,分层法等。

7.4　工程质量事故的处理

工程建设项目不同于一般工业生产活动,其项目实施的一次性,生产组织特有的流动性、综合性、劳动的密集性、协作关系的复杂性和环境的影响,均使建筑工程质量事故具有复杂性、严重性、可变性及多发性的特点,事故是很难完全避免的。因此,必须加强组织措施、经济措施和管理措施,严防事故发生,对发生的事故应调查清楚,按有关规定进行处理。

需要指出的是,不少事故开始时经常只被认为是一般的质量缺陷,容易被忽视。随着时间的推移,待认识到这些质量缺陷问题的严重性时,则往往处理困难,或难以补救,或导致建筑物失事。因此,除了明显的不会有严重后果的缺陷外,对其他的质量问题,均应分析,进行必要的处理,并做出处理意见。

7.4.1　工程事故与分类

凡水利水电工程在建设中或完工后,由于设计、施工、监理、材料、设备,工程管理和咨询等方面造成工程质量不符合规程、规范和合同要求的质量标准,影响工程的使用寿命或正常运行,一般需做补救措施或返工处理的,统称为工程质量事故。日常所说的事故大多指施工质量事故。

　　在水利水电工程中,按对工程的耐久性和正常使用的影响程度,检查和处理质量事故对工期影响时间的长短及直接经济损失的大小,将质量事故分为一般质量事故、较大质量事故、重大质量事故和特大质量事故。

　　(1)一般质量事故是指对工程造成一定经济损失,经处理后不影响正常使用,不影响工程使用寿命的事故。小于一般质量事故的统称为质量缺陷。

　　(2)较大质量事故是指对工程造成较大经济损失或延误较短工期,经处理后不影响正常使用,但对工程使用寿命有较大影响的事故。

　　(3)重大质量事故是指对工程造成重大经济损失或延误较长工期,经处理后不影响正常使用,但对工程使用寿命有较大影响的事故。

　　(4)特大质量事故是指对工程造成特大经济损失或长时间延误工期,经处理后仍对工程正常使用和使用寿命有较大影响的事故。

　　如《水利工程质量事故处理暂行规定》规定:一般质量事故,它的直接经济损失在20万～100万元,事故处理的工期在一个月内,且不影响工程的正常使用与寿命。一般建筑工程对事故的分类略有不同,主要表现在经济损失大小之规定。

7.4.2　工程事故的处理方法

7.4.2.1　事故发生的原因

　　工程质量事故发生的原因很多,最基本的还是人、机械、材料、工艺和环境几方面。一般可分直接原因和间接原因两类。

　　直接原因主要有人的行为不规范和材料、机械的不符合规定状态。如设计人员不按规范设计、监理人员不按规范进行监理,施工人员违反规程操作等,属于人的行为不规范;又如水泥、钢材等某些指标不合格,属于材料不符合规定状态。

　　间接原因是指质量事故发生地的环境条件,如施工管理混乱,质量检查监督失职,质量保证体系不健全等。间接原因往往导致直接原因的发生。

　　事故原因也可从工程建设的参建各方来寻查,业主、监理、设计、施工和材料、机械、设备供应商的某些行为或各种方法也会造成质量事故。

7.4.2.2　事故处理的目的

　　工程质量事故分析与处理的目的主要是:正确分析事故原因,防止事故恶化;创造正常的施工条件;排除隐患,预防事故发生;总结经验教训,区分事故责任;采取有效的处理措施,尽量减少经济损失,保证工程质量。

7.4.2.3　事故处理的原则

　　质量事故发生后,应坚持"三不放过"的原则,即事故原因不查清不放过,事故主要责任人和职工未受到教育不放过,补救措施不落实不放过。

　　发生质量事故,应立即向有关部门(业主、监理单位、设计单位和质量监督机构等)汇报,并提交事故报告。

　　由质量事故而造成的损失费用,坚持事故责任是谁由谁承担的原则。如责任在施工承包商,则事故分析与处理的一切费用由承包商自己负责;施工中事故责任不在承包商,则承包商可依据合同向业主提出索赔;若事故责任在设计或监理单位,应按照有关合同条款给予相关单位必要的经济处罚。构成犯罪的,移交司法机关处理。

7.4.2.4　事故处理的程序方法

事故处理的程序是:①下达工程施工暂停令;②组织调查事故;③事故原因分析;④事故处理与检查验收;⑤下达复工令。

事故处理的方法有两大类:

(1)修补。这种方法适合于通过修补可以不影响工程的外观和正常使用的质量事故。此类事故是施工中多发的。

(2)返工。这类事故是严重违反规范或标准,影响工程使用和安全,且无法修补,必须返工。

有些工程质量问题,虽严重超过了规程、规范的要求,已具有质量事故的性质,但可针对工程的具体情况,通过分析论证,不需做专门处理,但要记录在案。如混凝土蜂窝、麻面等缺陷,可通过涂抹、打磨等方式处理;由于欠挖或模板问题使结构断面被削弱,经设计复核验算,仍能满足承载要求的,也可不做处理,但必须记录在案,并有设计和监理单位的鉴定意见。

7.5　工程质量验收与评定

7.5.1　工程质量评定

7.5.1.1　质量评定的意义

工程质量评定,是依据国家或相关部门统一制定的现行标准和方法,对照具体施工项目的质量结果,确定其质量等级的过程。水利水电工程按《水利水电工程施工质量评定规程》(SL 176—2007)(简称《评定标准》)执行。其意义在于统一评定标准和方法,正确反映工程的质量,使之具有可比性;同时也考核企业等级和技术水平,促进施工企业提高质量。

工程质量评定以单元工程质量评定为基础,其评定的先后次序是单元工程、分部工程和单位工程。

工程质量的评定在施工单位(承包商)自评的基础上,由建设(监理)单位复核,报政府质量监督机构核定。

7.5.1.2　评定依据

(1)国家与水利水电部门有关行业规程、规范和技术标准。

(2)经批准的设计文件、施工图纸、设计修改通知、厂家提供的设备安装说明书及有关技术文件。

(3)工程合同采用的技术标准。

(4)工程试运行期间的试验及观测分析成果。

7.5.1.3　评定标准

(1)单元工程质量评定标准。单元工程质量等级按《评定标准》进行。当单元工程质量达不到合格标准时,必须及时处理,其质量等级按如下确定:①全部返工重做的,可重新评定等级;②经加固补强并经过鉴定能达到设计要求,其质量只能评定为合格;③经鉴定达不到设计要求,但建设(监理)单位认为能基本满足安全和使用功能要求的,可不补强加固;或经补强加固后,改变外形尺寸或造成永久缺陷的,经建设(监理)单位认为能基本满足设计要求,其质量可按合格处理。

（2）分部工程质量评定标准。分部工程质量合格的条件是:①单元工程质量全部合格;②中间产品质量及原材料质量全部合格,金属结构及启闭机制造质量合格,机电产品质量合格。

优良的条件是:①单元工程质量全部合格,其中有 50% 以上达到优良,主要单元工程、重要隐蔽工程及关键部位的单位工程质量优良,且未发生过质量事故;②中间产品质量全部合格,其中混凝土拌和物质量达到优良,原材料质量、金属结构及启闭机制造质量合格,机电产品质量合格。

（3）单位工程质量评定标准。单位工程质量合格的条件是:①分部工程质量全部合格;②中间产品质量及原材料质量全部合格,金属结构及启闭机制造质量合格,机电产品质量合格;③外观质量得分率达 70% 以上;④施工质量检验资料基本齐全。

优良的条件是:①分部工程质量全部合格,其中有 50% 以上达到优良,主要分部工程质量优良,且未发生过重大质量事故;②中间产品质量全部合格,其中混凝土拌和物质量达到优良,原材料质量、金属结构及启闭机制造质量合格,机电产品质量合格;③外观质量得分率达 95% 以上;④施工质量检验资料齐全。

（4）工程质量评定标准。单位工程质量全部合格,工程质量可评为合格;如其中 50% 以上的单位工程优良,且主要建筑物单位工程质量优良,则工程质量可评优良。

7.5.2　工程质量验收

7.5.2.1　概述

工程验收是在工程质量评定的基础上,依据一个既定的验收标准,采取一定的手段来检验工程产品的特性是否满足验收标准的过程。水利水电工程验收分为分部工程验收、阶段验收、单位工程验收和竣工验收。按照验收的性质,可分为投入使用验收和完工验收。工程验收的目的是:检查工程是否按照批准的设计进行建设;检查已完工程在设计、施工、设备制造安装等方面的质量,并对验收遗留问题提出处理要求;检查工程是否具备运行或进行下一阶段建设的条件;总结工程建设中的经验教训,并对工程做出评价;及时移交工程,尽早发挥投资效益。

工程验收的依据是:验收工作的依据是有关法律、规章和技术标准,主管部门有关文件,批准的设计文件及相应设计变更、修设文件,施工合同,监理签发的施工图纸和说明,设备技术说明书等。当工程具备验收条件时,应及时组织验收。未经验收或验收不合格的工程不得交付使用或进行后续工程施工。验收工作应相互衔接,不应重复进行。

工程进行验收时必须要有质量评定意见,阶段验收和单位工程验收应有水利水电工程质量监督单位的工程质量评价意见;竣工验收必须有水利水电工程质量监督单位的工程质量评定报告,竣工验收委员会在其基础上鉴定工程质量等级。

7.5.2.2　工程验收的主要工作

（1）分部工程验收。分部工程验收应具备的条件是该分部工程的所有单元工程已经完建且质量全部合格。分部工程验收的主要工作是:鉴定工程是否达到设计标准;按现行国家或行业技术标准,评定工程质量等级;对验收遗留问题提出处理意见。分部工程验收的图纸、资料和成果是竣工验收资料的组成部分。

（2）阶段验收。根据工程建设需要，当工程建设达到一定关键阶段时（如基础处理完毕、截流、水库蓄水、机组启动、输水工程通水等），应进行阶段验收。阶段验收的主要工作是：检查已完工程的质量和形象面貌；检查在建工程建设情况；检查待建工程的计划安排和主要技术措施落实情况，以及是否具备施工条件；检查拟投入使用工程是否具备运用条件；对验收遗留问题提出处理要求。

（3）完工验收。完工验收应具备的条件是所有分部工程已经完建并验收合格。完工验收的主要工作：检查工程是否按批准设计完成；检查工程质量，评定质量等级，对工程缺陷提出处理要求；对验收遗留问题提出处理要求；按照合同规定，施工单位向项目法人移交工程。

（4）竣工验收。工程在投入使用前必须通过竣工验收。竣工验收应在全部工程完建后3个月内进行。进行验收确有困难的，经工程验收主持单位同意，可以适当延长期限。竣工验收应具备以下条件：工程已按批准设计规定的内容全部建成；各单位工程能正常运行；历次验收所发现的问题已基本处理完毕；归档资料符合工程档案资料管理的有关规定；工程建设征地补偿及移民安置等问题已基本处理完毕，工程主要建筑物安全保护范围内的迁建和工程管理土地征用已经完成；工程投资已经全部到位；竣工决算已经完成并通过竣工审计。

竣工验收的主要工作：审查项目法人"工程建设管理工作报告"和初步验收工作组"初步验收工作报告"；检查工程建设和运行情况；协调处理有关问题；讨论并通过"竣工验收鉴定书"。

第 8 章 水利工程施工成本管理

8.1 施工成本管理的基本任务

8.1.1 施工项目成本的概念

施工项目成本是指建筑施工企业完成单位施工项目所发生的全部生产费用的总和,包括:完成该项目所发生的人工费、材料费、施工机械使用费、措施项目费、管理费,但是不包括利润和税金,也不包括构成施工项目价值的一切非生产性支出。

8.1.2 施工项目成本的主要形式

8.1.2.1 直接成本和间接成本

按照生产费用计入成本的方法可分为直接成本和间接成本。直接成本是指直接用于并能够直接计入施工项目的费用,比如人工工资、材料费用等。间接成本是指不能够直接计入施工项目的费用,只能按照一定的计算基数和一定的比例分配计入施工项目的费用,比如管理费、规费等。

8.1.2.2 固定成本和变动成本

按照生产费用与产量的关系可分为固定成本和变动成本。固定成本是指在一定期间和一定工程量的范围内,成本的数量不会随工程量的变动而变动。如折旧费、大修费等。变动成本是指成本的发生会随工程量的变化而变动的费用。如人工费、材料费等。

8.1.2.3 预算成本、计划成本和实际成本

按照控制的目标,从发生的时间可分为预算成本、计划成本和实际成本。

预算成本是根据施工图结合国家或地区的预算定额及施工技术等条件计算出的工程费用。它是确定工程造价的依据,也是施工企业投标的依据,同时也是编制计划成本和考核实际成本的依据。它反映的是一定范围内的平均水平。

计划成本是施工项目经理在施工前,根据施工项目成本管理目的,结合施工项目的实际管理水平编制的计算成本。它有利于加强项目成本管理、建立健全施工项目成本责任制,控制成本消耗,提高经济效益。它反映的是企业的平均先进水平。

实际成本是施工项目在报告期内通过会计核算计算出的项目的实际消耗。

施工项目施工成本如表 8-1 所示。

8.1.3 施工项目成本管理的基本内容

施工项目成本管理包括成本预测和决策、成本计划编制、成本计划实施、成本核算、成本检查、成本分析及成本考核。成本计划的编制与实施是关键的环节。因此,进行施工项目成本管理的过程中,必须具体研究每一项内容的有效工作方式和关键控制措施,从而取得施工

项目整体的成本控制效果。

表 8-1　施工项目成本

直接成本	直接工程费	人工费
		材料费
		施工机械使用费
	措施项目费	环境保护费、文明施工费、安全施工费
		临时设施费、夜间施工费、二次搬运费
		大型机械设备进出场及安装费
		混凝土、钢筋混凝土模板及支架费
		脚手架费、已完成工程及设备保护费、施工排水、降水费
间接成本	规费	工程排污费、工程定额测定费、住房公积金
		社会保障费(养老、失业、医疗保险费)
		危险作业意外伤害保险费
	管理费	管理人员工资、办公费、差旅交通费、工会经费
		固定资产使用费、工具用具使用费、劳动保险费
		职工教育经费、财产保险费、财务费
		税金(房产税、车船使用税、土地使用税、印花税)

8.1.3.1　施工项目成本预测

施工项目成本预测是根据一定的成本信息结合施工项目的具体情况,采取一定的方法对施工项目成本可能发生或发展的趋势做出的判断和推测。成本决策则是在预测的基础上确定出降低成本的方案,并从可选的方案中选择最佳的成本方案。

成本预测的方法有定性预测法和定量预测法。

1. 定性预测法

定性预测法是指具有一定经验的人员或有关专家依据自己的经验和能力水平对成本未来发展的态势或性质做出分析和判断。该方法受人为因素影响很大,并且不能量化。具体包括:专家会议法、专家调查法(特尔菲法)、主管概率预测法。

2. 定量预测法

定量预测法是指根据收集的比较完备的历史数据,运用一定的方法计算分析,以此来判断成本变化的情况。此法受历史数据的影响较大,可以量化。具体包括:移动平均法、指数滑移法、回归预测法。

例:某项目部的固定成本为 150 万元,单位建筑面积的变动成本为 380 元/m²,单位销售价格为 480 元/m²,试预测保本承包规模和保本承包收入。

解:保本承包规模 = 固定成本 ÷ (单位售价 - 单位变动成本)
　　　　　　　　 = 1 500 000 ÷ (480 - 380) = 15 000(m²)

保本承包收入 = 单位售价 × 固定成本 ÷ (单位售价 - 单位变动成本)
　　　　　　　 = 480 × 1 500 000 ÷ (480 - 380) = 7 200 000(元)

8.1.3.2　施工项目成本计划

计划管理是一切管理活动的首要环节,施工项目成本计划是在预测和决策的基础上对成本的实施做出计划性的安排和布置,是施工项目降低成本的指导性文件。

制订施工项目成本计划的原则如下:

(1)从实际出发。根据国家的方针政策,从企业的实际情况出发,充分挖掘企业内部潜力,使降低成本指标切实可行。

(2)与其他目标计划相结合。制订工程项目成本计划必须与其他各项计划如施工方案、生产进度、财务计划等密切结合。一方面,工程项目成本计划要根据项目的生产、技术组织措施、劳动工资、材料供应等计划来编制;另一方面,工程项目成本计划又影响着其他各种计划指标适应降低成本指标的要求。

(3)采用先进的经济技术定额的原则。根据施工的具体特点有针对地采取切实可行的技术组织措施来保证。

(4)统一领导、分级管理。在项目经理的领导下,以财务和计划部门为中心,发动全体职工共同总结降低成本的经验,找出降低成本的正确途径。

(5)弹性原则。应留有充分的余地,保持目标成本的一定弹性,在制定期内,项目经理部内外技术经济状况和供销条件会发生一些不可预料的变化,尤其是供应材料,市场价格千变万化,给目标的制定带来了一定的困难,因而在制定目标时应充分考虑这些情况,使成本计划保持一定的适应能力。

8.1.3.3　施工项目成本控制

成本控制包括事前控制、事中控制和事后控制。成本计划属于事前控制;此处所讲的控制是指项目在施工过程中,通过一定的方法和技术措施,加强对各种影响成本的因素进行管理,将施工中所发生的各种消耗和支出尽量控制在成本计划内,属于事中控制。

1.工程前期的成本控制(事前控制)

成本的事前控制是通过成本的预测和决策,落实降低成本措施,编制目标成本计划而层层展开的,其中分为工程投标阶段和施工准备阶段。

2.实施期间成本控制(事中控制)

实施期间成本控制的任务是建立成本管理体系;项目经理部应将各项费用指标进行分解,以确定各个部门的成本指标;加强成本的控制。事中控制要以合同造价为依据,从预算成本和实际成本两方面控制项目成本。实际成本控制应包括对主要工料的数量和单价、分包成本和各项费用等影响成本的主要因素进行控制。其中主要是加强施工任务单和限额领料单的管理;将施工任务单和限额领料单的结算资料与施工预算进行核对,计算分部分项工程的成本差异,分析差异原因,采取相应的纠偏措施;做好月度成本原始资料的收集和整理核算;在月度成本核算的基础上,实行责任成本核算。经常检查对外经济合同履行情况;定期检查各责任部门和责任者的成本控制情况,检查责、权、利的落实情况。

3.竣工验收阶段的成本控制(事后控制)

事后控制主要是重视竣工验收工作,对照合同价的变化,将实际成本与目标成本之间的差距加以分析,进一步挖掘降低成本的潜力。其中主要是安排时间,完成工程竣工扫尾工程,把时间降到最低;重视竣工验收工作,顺利交付使用;及时办理工程结算;在工程保修期间,应有项目经理指定保修工作者,并责成保修工作者提交保修计划;将实际成本与计划成本进行比较,计算成本差异,明确是节约还是浪费;分析成本节约或超支的原因和责任归属。

8.1.3.4　施工项目成本核算

施工项目成本核算是指对项目产生过程所发生的各种费用进行核算。它包括两个基本的环节:一是归集费用,计算成本实际发生额;二是采取一定的方法,计算施工项目的总成本和单位成本。

1. 施工项目成本核算的对象

(1)一个单位工程由几个施工单位共同施工,各单位都应以同一单位工程作为成本核算对象。

(2)规模大、工期长的单位工程可以划分为若干部位,以分部工程作为成本的核算对象。

(3)同一建设项目,由同一施工单位施工,并在同一施工地点,属于同一结构类型,开、竣工时间相近的若干单位工程可以合并作为一个成本核算对象。

(4)改、扩建的零星工程可以将开、竣工时间相近属于同一个建设项目的各单位工程合并成一个成本核算对象。

(5)土方工程、打桩工程可以根据实际情况,以一个单位工程为成本核算对象。

2. 工程项目成本核算的基本框架

工程项目成本核算的框架见表8-2。

表8-2　工程项目成本核算的基本框架

人工费核算	内包人工费
	外包人工费
材料费核算	编制材料消耗汇总表
周转材料费核算	实行内部租赁制
	项目经理部与出租方按月结算租赁费
	周转材料进出时,加强计量验收制度
	租用周转材料的进退场费,按照实际发生数,由调入方负担
	对U形卡、脚手架等零件,在竣工验收时进行清点,按实际情况计入成本
	实行租赁制周转材料不再分配负担周转材料差价
结构件费核算	按照单位工程使用对象编制结构耗用月报表
	结构单价以项目经理部与外加工单位签订合同为准
	结构件耗用的品种和数量应与施工产值相对应
	结构件的高进、高出价差核算同材料费的高进、高出价差核算一致
	如发生结构件的一般价差,可计入当月项目成本
	部位分项分包,按照企业通常采用的类似结构件管理核算方法
	在结构件外加工和部位分项分包施工过程中,尽量获取转嫁压价让利风险所产生的利益

续表 8-2

机械使用 费核算	机械设备实行内部租赁制
	租赁费根据机械使用台班、停用台班和内部租赁价计算,计入项目成本
	机械进出场费,按规定由承租项目承担
	各类大中小型机械,其租赁费全额计入项目机械成本
	结算原始凭证由项目指定人签证开班和停班数,据以结算费用
	向外单位租赁机械,按当月租赁费用金额计入项目机械成本
其他直接 费核算	材料二次搬运费
	临时设施摊销费
	生产工具用具使用费
	除上述外其他直接费均按实际发生的有效结算凭证计入项目成本
施工间接 费核算	要求以项目经理部为单位编制工资单和奖金单列支工作人员薪金
	劳务公司所提供的炊事人员、服务、警卫人员提供承包服务费计入施工间接费
	内部银行的存贷利息,计入"内部利息"
	施工间接费,现在项目"施工间接费"总账归集,再按一定分配标准计收益成本入核算对象"工程施工—间接成本"
分包工程 成本核算	包清工工程,纳入"人工费—外包人工费"内核算
	部分分项分包工程,纳入结构件费内核算
	双包工程
	机械作业分包工程
	项目经理部应增设"分建成本"项目,核算双包工程、机械作业分包工程成本状况

8.1.3.5　施工项目成本分析

施工项目成本分析就是在成本核算的基础上采取一定的方法,对所发生的成本进行比较分析,检查成本发生的合理性,找出成本的变动规律,寻求降低成本的途径。主要有比较法、连环替代法、差额计算法和挣值法。

1. 比较法

比较法是通过实际完成成本与计划成本或承包成本进行对比,找出差异,分析原因以便改进。这种方法简单易行,但注意比较指标的内容要保持一致。

2. 连环替代法

连环替代法可用来分析各种因素对成本形成的影响。例如,某工程的材料成本资料如表 8-3 所示。分析的顺序是:先绝对量指标,后相对量指标;先实物量指标,后货币量指标分析如表 8-4 所示。

表8-3　材料成本情况表

项目	单位	计划	实际	差异	差异率
工程量	m³	100	110	+10	+10.0
单位材料消耗量	kg	320	310	-10	-3.1
材料单价	元/kg	40	42	+2.0	+5.0
材料成本	元	1 280 000	1 432 200	+152 200	+12.0

表8-4　材料成本影响因素分析法

计算顺序	替换因素	影响成本的变动因素			成本（元）	与前一次差异（元）	差异原因
		工程量（m³）	单位材料消耗量（kg）	单价（元）			
换基数		100	320	40	1 280 000		
一次替换	工程量(m³)	110	320	40	1 408 000	1 280 000	工程量增加
二次替换	单耗量(kg)	110	310	40	1 363 000	-44 000	单位耗量节约
三次替换	单价(元)	110	310	42	1 432 200	68 200	单价提高
合计						15 200	

3. 差额计算法

差额计算法是因素分析法的简化，仍按上例计算。

由于工程量增加使成本增加：

$$(110-100)\times320\times40=128\ 000(元)$$

由于单位耗量节约使成本降低：

$$(310-320)\times110\times40=-44\ 000(元)$$

由于单价提高使成本增加：

$$(42-40)\times110\times310=68\ 200(元)$$

4. 挣值法

挣值法主要用来分析成本目标实施与期望之间的差异，是一种偏差分析方法，其分析过程如下。

(1)明确三个关键变量。项目计划完成工作的预算成本($BCWS$=计划工作量×预算定额)；项目已完成工作的实际成本($ACWP$)；项目已完成的预算成本($BCWP$=已完成工作量×该工作量的预算定额)。

(2)两种偏差的计算。

项目成本偏差 $CV=BCWP-ACWP$。

当 CV 大于零时，表明项目实施处于节支状态；当 CV 小于零时，表明项目处于超支状态。

项目进度偏差 $SV=BCWP-BCWS$。

当 SV 大于零时，表明项目实施超过进度计划；当 SV 小于零时，表明项目实施落后于计划进度。

（3）两个指数变量。

计划完工指数 $SCI = BCWP/BCWS$。

当 SCI 大于 1 时，表明项目实际完成的工作量超过计划工作量；当 SCI 小于 1 时，表明项目实际完成的工作量少于计划工作量。

成本绩效指数 $CPI = ACWP/BCWP$。

当 CPI 大于 1 时，表明实际成本多于计划成本，资金使用率较低；当 CPI 小于 1 时，表明实际成本少于计划成本，资金使用率较高。

8.1.3.6　成本考核

成本考核就是在施工项目竣工后，对项目成本的负责人，考核其成本完成情况，以做到有奖有罚，避免"吃大锅饭"，以提高职工的劳动积极性。

（1）施工项目成本考核的目的是通过衡量项目成本降低的实际成果，对成本指标完成情况进行总结和评价。

（2）施工项目成本考核应分层进行，企业对项目经理部进行成本管理考核，项目经理部对项目部内部各作业队进行成本管理考核。

（3）施工项目成本考核的内容是：既要对计划目标成本的完成情况进行考核，又要对成本管理工作业绩进行考核。

（4）施工项目成本考核的要求：①企业对项目经理部考核的时候，以责任目标成本为依据；②项目经理部以控制过程为考核重点；③成本考核要与进度、质量、安全指标的完成情况相联系；④应形成考核文件，为对责任人进行奖罚提供依据。

8.2　施工成本控制的基本方法

施工项目成本控制过程中，因为一些因素的影响，会发生一定的偏差，所以应采取相应的措施、方法进行纠偏。

8.2.1　施工项目成本控制的原则

（1）以收定支的原则；

（2）全面控制的原则；

（3）动态性原则；

（4）目标管理原则；

（5）例外性原则；

（6）责、权、利、效相结合的原则。

8.2.2　施工项目成本控制的依据

（1）工程承包合同；

（2）施工进度计划；

（3）施工项目成本计划；

（4）各种变更资料。

8.2.3　施工项目成本控制步骤

（1）比较施工项目成本计划与实际的差值，确定是节约还是超支；

（2）分析节约还是超支的原因；

（3）预测整个项目的施工成本，为决策提供依据；

（4）施工项目成本计划在执行的过程中出现偏差，采取相应的措施加以纠正；

（5）检查成本完成情况，为今后的工作积累经验。

8.2.4　施工项目成本控制的手段

8.2.4.1　计划控制

计划控制是用计划的手段对施工项目成本进行控制。施工项目成本预测和决策为成本计划的编制提供依据。编制成本计划首先要设计降低成本技术组织措施，然后编制降低成本计划，将承包成本额降低而形成计划成本，成为施工过程中成本控制的标准。成本计划编制方法如下。

1．常用方法

成本降低额＝两算对比差额＋技术措施节约额。

2．计划成本法

施工预算法：计划成本＝施工预算成本－技术措施节约额。

技术措施法：计划成本＝施工图预算成本－技术措施节约额。

成本习性法：计划成本＝施工项目变动成本＋施工项目固定成本。

按实计算法：施工项目部以该项目的施工图预算的各种消耗量为依据，结合成本计划降低目标，由各职能部门结合本部门的实际情况，分别计算各部门的计划成本，最后汇总项目的总计划成本。

8.2.4.2　预算控制

预算控制是在施工前根据一定的标准（如定额）或者要求（如利润）计算的买卖（交易）价格，在市场经济中也可以叫做估算或承包价格。它作为一种收入的最高限额，减去与预期利润，便是工程预算成本数额，也可以用来作为成本控制的标准。用预算控制成本可分为两种类型：一是包干预算，即一次性包死预算总额，不论中间有何变化，成本总额不予调整；二是弹性预算，即先确定包干总额，但是可根据工程的变化进行商洽，做出相应的变动，我国目前大部分是弹性预算控制。

8.2.4.3　会计控制

会计控制是指以会计方法为手段，以记录实际发生的经济业务及证明经济业务的合法凭证为依据，对成本的支出进行核算与监督，从而发挥成本控制作用。会计控制方法系统性强、严格、具体、计算准确、政策性强，是理想的也是必须的成本控制方法。

8.2.4.4　制度控制

制度是对例行活动应遵行的方法、程序、要求及标准做出的规定。成本的控制制度就是通过制定成本管理的制度，对成本控制做出具体的规定，作为行动的准则，约束管理人员和工人，达到控制成本的目的。如成本管理责任制度、技术组织措施制度、成本管理制度、定额管理制度、材料管理制度、劳动工资管理制度、固定资产管理制度等，都与成本控制关系非常密切。

　　在施工项目成本管理中,上述手段是同时进行、综合使用的,不应孤立地使用某一种成本控制手段。

8.2.5　施工项目成本的常用控制方法

8.2.5.1　偏差分析法

　　施工项目成本偏差 = 已完工程实际成本 - 已完工程计划成本

　　分析:结果为正数,表示施工项目成本超支,否则为节约。

　　该方法为事后控制的一种方法,也可以说是成本分析的一种方法。

8.2.5.2　以施工图预算控制成本

　　施工过程中的各种消耗量,包括人工工日、材料消耗、机械台班消耗量的控制依据,以施工图预算所确定的消耗量为标准,人工单价、材料价格、机械台班单价按照承包合同所确定的单价位控制标准。用此法,要认真分析企业实际的管理水平与定额水平之间的差异,否则达不到成本控制的目的。

　　(1)人工费的控制。项目经理与施工作业队签订劳动合同时,应该将人工费单价定得低一些,其余的部分可以用于定额外人工费和关键工序的奖励费。这样,人工费就不会超支,而且还留有余地,以备关键工序之需。

　　(2)材料费的控制。按“量价分离”方法计算工程造价的条件下,水泥、钢材、木材的价格以市场价格而定,实行高进高出,地方材料的预算价格为:基准价×(1 + 材差系数)。由于材料价格随市场价格变动频繁,所以项目材料管理人员必须经常关注材料市场价格的变动,并累及详细的市场信息。

　　(3)周转设备使用费的控制。施工图预算中的周转设备使用费等于耗用数乘以市场价格,而实际发生的周转设备使用费等于企业内部的租赁价格,或摊销率,由于两者的计算方法不同,只能以周转设备预算费用的总量来控制实际发生的周转设备使用费的总量。

　　(4)施工机械使用费的控制。施工图预算中的机械使用费等于工程量乘以定额台班单价。由于施工项目的特殊性,实际的机械使用率不可能达到预算定额的取定水平;加上机械的折旧率又有较大的滞后性,往往使施工图预算的施工机械使用费小于实际发生的机械使用费。在这种情况下,就可以以施工图预算的机械使用费和增加的机械费补贴来控制机械费的支出。

　　(5)构件加工费和分包工程费的控制。在市场经济条件下,混凝土构件、金属构件、木制品和成型钢筋的加工,以及相关的打桩、吊装、安装、装饰和其他专项工程的分包,都要以经济合同来明确双方的权利和义务。签订这些合同的时候绝不允许合同金额超过施工图预算。

8.2.5.3　以施工预算控制成本消耗

　　施工过程中的各种消耗量,包括人工工日、材料消耗、机械台班消耗量的控制依据,施工图预算所确定的消耗量为标准,人工单价、材料价格、机械台班单价按照承包合同所确定的单价为控制标准。该方法由于所选的定额是企业定额,它反映企业的实际情况、控制标准,相对能够结合企业的实际,比较切实可行。

　　(1)项目开工以前,编制整个工程项目的施工预算,作为指导和管理施工的依据;

（2）生产班组的任务安排，必须签发施工任务单和限额领料单，并向生产班组进行技术交底；

（3）任务单和限额领料单在执行过程中，要求生产班组根据实际完成的工程量和实耗人工、实耗材料做好原始记录，作为施工任务单和限额领料单结算的依据；

（4）根据回收的施工任务单和限额领料单进行结算，并按照结算内容支付报酬。

8.3　施工成本降低的措施

降低施工项目成本的途径，应该是既开源又节流，只开源不节流或者说只节流不开源，都不可能达到降低成本的目的。其主要是控制各种消耗和单价的，另一方面是增加收入。

8.3.1　加强图纸会审，减少设计浪费

施工单位应该在满足用户的要求和保证工程质量的前提下，联系项目施工的主、客观条件，对设计图纸进行认真的会审，并提出积极的修改意见，在取得用户和设计单位的同意后，修改设计图纸，同时办理增减账。

8.3.2　加强合同预算管理，增加工程预算收入

深入研究招标文件、合同文件、正确编写施工图预算；把合同规定的"开口"项目作为增加预算收入的重要方面；根据工程变更资料及时办理增、减账。因此，项目承包方应就工程变更对既定施工方法、机械设备使用、材料供应、劳动力调配和工期目标影响程度，以及实施变更内容所需要的各种资料进行合理估价，及时办理增、减账手续，并通过工程结算从建设单位取得补偿。

8.3.3　制订先进合理的施工方案，减少不必要的窝工等损失

施工方案的不同、工期就不同，所需的机械就不同，因而发生的费用也不同。因此，制订施工方案要以合同工期和上级要求为依据，联系项目规模、性质、复杂程度、现场条件、装备情况、人员素质等因素综合考虑。

8.3.4　落实技术措施，组织均衡施工，保证施工质量，加快施工进度

（1）根据施工具体实际情况，合理规划施工现场的平面布置（包括机械布置、材料、构件的放置场地，车辆进出施工现场的运输道路，临时设施搭建数量和标准等），为文明施工、减少浪费创造条件。

（2）严格执行技术规范和预防为主的方针，确保工程质量，减少零星工程的修补，消灭质量事故，不断降低质量成本。

（3）根据工程的设计特点和要求，运用自身的技术优势，采取有效的技术组织措施，实行经济与技术相结合的方式。

（4）严格执行安全施工操作规程，减少一般安全事故，确保安全生产，将事故损失降到最低。

8.3.5　降低材料因为量差和价差所产生的材料成本

（1）材料采购和构件加工，要求质优、价廉、运距短的供应单位。对到场的材料、构件要正确计量、认真验收，如遇到不合格产品或用量不足要进行索赔。切实做到降低材料、构件的采购成本，减少采购加工过程中的管理损耗。

（2）根据项目施工的进度计划，及时组织材料、构件的供应，保证项目施工顺利进行，防止因停工造成的损失。在构件生产过程中，要按照施工顺序组织配套供应，以免因规格不齐造成施工间隙，浪费时间与人力。

（3）在施工过程中，严格按照限额领料制度，控制材料消耗，同时，还要做好余料回收和利用，为考核材料的实际消耗水平提供正确的数据。

（4）根据施工需要，合理安排材料储备，减少资金占用率，提高资金利用效率。

8.3.6　提高机械的利用效果

（1）根据工程特点和施工方案，合理选择机械的型号、规格和数量。

（2）根据施工需要，合理安排机械施工，充分发挥机械的效能，减少机械使用成本。

（3）严格执行机械维修和养护制度，加强平时的机械维修保养，保证机械完好和在施工过程中运转良好。

8.3.7　重视人的因素，加强激励职能的利用，调动职工的积极性

（1）对关键工序施工的关键班组要实行重奖。

（2）对材料操作损耗特别大的工序，可由生产班组直接承包。

（3）实行钢模零件和脚手架螺栓有偿回收。

（4）实行班组"落手清"承包。

8.4　工程价款结算与索赔

8.4.1　工程价款的结算

8.4.1.1　预付工程款

预付工程款是指施工合同签订后工程开工前，发包方预先支付给承包方的工程价款（该款项一般用于准备材料，又称工程备料款）。预付工程款不得超过合同金额的30%。

8.4.1.2　工程进度款

工程进度款是指在施工过程中，根据合同约定按照工程形象进度，划分不同阶段支付的工程款。

8.4.1.3　竣工结算

竣工结算是指工程竣工后，根据施工合同、招投标文件、竣工资料、现场签证等，编制的工程结算总造价文件。根据竣工结算文件，承包方与发包方办理竣工总结算。

8.4.1.4　工程尾款

工程尾款是指工程竣工结算时，保留的工程质量保证（保修）金，待工会交付使用质保

期满后清算的款项。

8.4.2　结算办法

根据中华人民共和国财政部、建设部 2004 年颁布的《建设工程价款结算暂行办法》(财建〔2004〕369 号)规定,工程结算办法如下。

8.4.2.1　预付工程款

(1)包工包料工程的预付款按合同约定拨付,原则上预付比例不低于合同金额的 10%,不高于合同金额的 30%,对重大工程项目,按年度工程计划逐年预付。

(2)在具备施工条件的前提下,发包人应在双方签订合同后的一个月内或不迟于约定的开工日期前的 7 d 内预付工程款,发包人不按约定支付,承包人应在预付时间到期后 10 d 内向发包人发出要求预付的通知,发包人收到通知后仍不按要求预付,承包人发出通知 14 d 后停止施工,发包人应从约定应付之日起向承包人支付应付款利息,并承担违约责任。

(3)预付的工程款必须在合同中预定抵扣方式,并在工程进度款中进行抵扣。

(4)凡是没有签订合同或是不具备施工条件的工程,发包人不得预付工程款,不得以预付款的名义转移资金。

8.4.2.2　工程进度款

(1)按月结算与支付。即实行按月支付进度款,竣工后清算的方法。合同工期在两年以上的工程,在年终进行工程盘点,办理年度结算。

(2)分段结算与支付。即当年开工、当年不能竣工的工程按照工程进度、形象进度,划分不同的阶段支付工程进度款。具体划分在合同中明确。

8.4.2.3　工程进度款支付

(1)根据工程计量结果,承包人向发包人提出支付工程进度款申请,14 d 内发包人应按不低于工程价款的 60%,不高于工程价款的 90% 向承包人支付工程进度款。按约定的时间发包人应扣回的预付款,与工程进度款同期结算抵扣。

一般情况下,预付工程款是在剩余工程款中的材料费等于预付工程款时开始抵扣,即"起扣点"。

(2)发包人超过约定的支付时间不支付工程进度款,承包人应及时向发包人发出要求付款的通知,发包人收到承包人通知后仍不能按照要求付款,可与承包人协商签订延期付款的协议,经承包人统一后可延期付款,协议应明确延期支付的时间和从工程计量结果确认后第 15 天起计算应付款的利息。

(3)发包人不按合同约定支付工程进度款,双方又未达成延期付款的协议,导致施工无法进行,承包人可停止施工,由发包人承担违约责任。

8.4.3　竣工结算

工程竣工后,双方应按照合同价款、合同价款的调整内容及索赔事项,进行工程竣工结算。

8.4.3.1　工程竣工结算的方式

工程竣工结算分为单位工程竣工结算、单项工程竣工结算和建设项目竣工总结算。

8.4.3.2　工程竣工结算的审编

单位工程竣工结算由承包人编制,发包人审查;若实行总承包的工程,由具体承包人编制,在总承包人审查的基础上,发包人审查。

单项工程竣工结算或建设项目竣工总结算由总承包人编制,发包人可直接进行审查,也可以委托具有相关资质的工程造价机构进行审查。政府投资项目,由同级财政部门审查。单项工程竣工结算或建设项目竣工总结算经发承包人签字盖章后有效。

8.4.3.3　工程竣工结算审查期限

单项工程竣工后,承包人应在提交竣工验收报告的同时,向发包人递交竣工结算报告及完整的结算资料,发包人按以下规定时限进行核对并提交审查意见。500 万元以下,从接到竣工结算报告和完整的竣工结算资料之日起 20 d;500 万~2 000 万元,从接到竣工结算报告和完整的竣工结算资料之日起 30 d;2 000 万~5 000 万元,从接到竣工结算报告和完整的竣工结算资料之日起 45 d;5 000 万元以上,从接到竣工结算报告和完整的竣工结算资料之日起 60 d。

建设项目竣工总结在最后一个单项工程竣工结算审查确认后 15 d 内汇总,送发包人后 30 d 内审查完毕。

8.4.3.4　合同外零星项目工程价款结算

发包人要求承包人完成合同以外零星项目,承包人应在接受发包人要求的 7 d 内就用工数量和单价、机械台班数量和单价、使用材料金额等向发包人提出施工签证,发包人签证后施工,如发包人未签证,承包人施工后发生争议的,责任由承包人自负。

8.4.3.5　工程尾款

发包人根据确认的竣工结算报告向承包人支付竣工结算款,保留 5% 左右的质量保证金,待工程交付使用一年质保期到期后清算,质保期内如有返修,发生费用应在质量保证金中扣除。

8.4.4　工程索赔

8.4.4.1　索赔的原因

1. 业主违约

业主违约常表现为业主或其委托人未能按合同约定为承包商提供施工的必要条件,或未能在约定的时间内支付工程款,有时也可能是监理工程师的不适当决定和苛刻的检查等。

2. 合同缺陷

合同文件规定不严谨甚至矛盾、有遗漏或错误等。由合同缺陷对于合同双方来说是不应该的,除非某一方存在恶意而另一方又太马虎。

3. 施工条件变化

施工条件的变化对工程造价和工期影响较大。

4. 工程变更

施工中发现设计问题、改变质量等级或施工顺序、指令增加新的工作、变更建筑材料、暂停或加快施工等常常是工程变更。

5. 工期拖延

施工中由于天气、水文地质等因素的影响常常出现工期拖延。

6. 监理工程师的指令

监理工程师的指令可能造成工程成本增加或工期延长。

7. 国家政策及法律、法规变更

对直接影响工程造价的政策及法律法规的变更,合同双方应约定办法处理。

8.4.4.2　索赔的程序

（1）索赔意向通知书；

（2）递交索赔报告；

（3）监理工程师审查索赔报告；

（4）监理工程师与承包商协商补偿；

（5）监理工程师索赔处理决定；

（6）业主审查索赔处理；

（7）承包商对最终索赔处理态度。

8.4.4.3　索赔价款结算

发包人未能按合同约定履行自己的各项义务或发生错误,给另一方造成经济损失的,由受损方按合同约定条款提出索赔,索赔金额按合同约定支付。

第9章　水利工程施工进度管理

进度控制的目标与投资控制和质量控制的目标是对立而统一的关系,在一般情况下,进度快就要增加投资,但工程如提前使用就可能提高投资效益;进度过快有可能影响质量,而质量控制很严格,则有可能影响进度;由于质量的严格控制而不致返工,又会加快进度。安全管理合理,确保安全是质量、进度的前提条件,发生安全事故则影响工期、质量、费用(造价),所以四个目标是辩证统一的,相互制约,相互影响。监理工程师的中心任务是使工程顺利实现合同规定的工期、质量及造价目标并在施工过程中避免发生重大安全事故。

9.1　工程进度控制的目标与原则

进度控制的目的是在保证项目按合同工期竣工、工程质量符合质量控制目标前提下,达到资源配备合理、投资符合控制目标等要求的工程进度整体最优化,进而获得最佳经济效益。因此,进度控制是监理工作的重要一环。

9.1.1　工程进度控制的目标

进度控制是目标控制,进度控制是指在限定的工期内,以事先拟定的合理且经济的工程进度计划为依据,对整个建设过程进行监督、检查、指导和纠正的行为过程。工期是由从开始到竣工的一系列施工活动所需的时间构成的。

工期目标包括:

(1)总进度计划实现的总工期目标。

(2)各分进度计划(采购、设计、施工等)或子项进度计划实现的工期目标。

(3)各阶段进度计划实现的里程碑目标。

通过计划进度目标与实际进度完成目标值的比较,找出偏差及其原因,采取措施调整纠正,从而实现对项目进度的控制。进度控制是反复循环的过程,体现运用进度控制系统控制工程建设进展的动态过程。进度控制在某一界限范围内对(最低费用相对应的最优工期)加快施工进度能达到使费用降低的目的。而超越这一界限,施工进度的加快反而将会导致投入费用的增大。因此,对建设项目进行三大目标(质量、投资、进度)控制的实施过程中应互相兼顾,单纯地追求某一目标的实现,均会适得其反。因而对建设项目进度计划目标实施的全面控制,是投资目标和质量目标实施的根本保证,也是履行工程承包合同的重要工作内容。

9.1.2　工程进度控制的原则

为确保实现工期目标,承包方中标后应采取以下原则对工程进度实施控制。

9.1.2.1　合同原则

工程进度控制的依据是建设工程施工合同所约定的工期目标。

9.1.2.2　质量、安全原则

在确保工程质量和安全的前提下,控制进度。

9.1.2.3　业主经济利益最优化原则

工程进度控制必须符合业主经济利益最优化要求。

9.1.2.4　目标、责任分解原则

工程进度控制必须制订详细的进度控制目标或对总进度计划目标进行必要的分解,确保进度控制责任落实到各参建单位、各职能部门。

9.1.2.5　动态控制原则

采用动态的控制方法,通过随时检查工程进度情况,及时掌握工程进度信息,并进行统计分析,对工程进度进行动态控制。

9.1.2.6　主动控制原则

通过监督施工单位按时提供进度计划,并严格审批,体现监理单位对工程进度的预先控制和主动控制。

9.1.2.7　反索赔原则

监理要通过对合同的理解和对工程进度的认识,尽量避免工程延期或使工程延期可能造成的损失降低到最小。

9.1.2.8　进度控制应实行全过程控制原则

工程项目进度计划的实施中,控制循环过程包括:

(1)执行计划的事前进度控制,体现对计划、规划和执行进行预测的作用。

(2)执行计划的过程进度控制,体现对进度计划执行的控制作用,以及在执行中及时采取措施纠正偏差的能力。

(3)执行计划的事后进度控制,体现对进度控制每一循环过程总结整理的作用和调整计划的能力。

9.2　工程进度控制的内容、途径、流程

9.2.1　工程进度控制的内容

9.2.1.1　事前控制

(1)分析进度滞后的风险所在,尽早提出相应的预防措施。

根据经验,造成进度滞后的风险主要有以下几个方面:设计单位出图速度慢;设计变更不能及时确认;装修方案和装修材料久议不决;设备订货到货晚;分包商与总包方的配合不力导致扯皮现象发生;承包单位人力不足;进场材料不合格造成退货;施工质量不合格造成返工等。

将上述因素分类后,有针对性地向业主、承包单位、分包单位、设备供应单位等提出"预警"信息和建议,使各方意识到造成进度滞后的潜在风险,采取相应的防范性对策。

(2)认真审核承包单位提交的工程施工总进度计划。

(3)分析所报送的进度计划的合理性和可行性,提出审核意见,由总监理工程师批准执行。监理工程师应结合本项目的工程条件,即规模、质量目标,工艺的繁简程度,现场条件,

施工设备配置情况,管理体系和作业层的素质水平,全面分析其承包商编制的施工进度计划的合理性和可行性。

重点审查以下几个方面:

(1)进度计划安排是否符合工程项目建设总工期的要求,是否符合施工承包合同中开、竣工日期的规定。

(2)月、周(旬)进度计划是否与总进度计划中总目标的要求相一致。

(3)施工顺序的安排是否符合合理工序的要求。

(4)劳动力、材料、构配件、工器具、设备的供应计划和配置能否满足进度计划的实现和保证均衡连续生产,需求高峰期能否有足够资源实现供应计划。

(5)施工进度安排与设计图纸供应相一致。

(6)业主提供的条件(如场地、市政等)及由其供应或加工订货的原材料和设备,特别是进口设备的到货期与进度计划能否相衔接。

(7)总、分包单位分别编制的分部(段)分项工程进度计划之间是否协调,专业分工和计划衔接是否能满足合理工序搭接的要求。

(8)进度计划是否会造成业主违约而导致索赔的可能性存在。

(9)监理工程师审查中如发现施工进度计划存在问题,应及时向总承包商提出书面修改意见或发监理通知令其修改,其中的重大问题应及时向业主汇报。

(10)编制和实施施工进度计划是承包商的责任,监理工程师对施工进度计划的审查和批准,并不解除总承包商对施工进度计划应负的任何责任和义务。

9.2.1.2　事中控制

(1)认真审核承包单位编制的周、月(季)进度计划。

(2)每周监理例会检查进度情况,将实际进度与计划进度进行比较,及时发现问题。对滞后的工作,分析原因,找出对策,并调整可以超前的工序进行弥补,尽量保证总工期不受影响。

(3)积极协调各有关方面的工作,减少工程中的内耗,提高工作效率。

(4)监理工程师积极配合承包单位的工作,及时到工地检查和签认,无特殊原因,不能因个人工作的延误影响施工的正常进行。

9.2.1.3　事后控制

(1)根据工程进展的实际情况,适时调整局部的进度计划,使其更加合理和有可操作性。

(2)当发现实际进度滞后于计划进度时,立即签发监理工程师通知单指令承包单位采取调整措施。对承包单位因人为原因造成的进度滞后,应督促其采取措施纠偏,若此延误无法消除,则其后的周及月进度计划均需相应做出调整。

(3)对由于资金、材料设备、人员组织不到位导致的工期滞后,在监理例会上进行协调,并由责任单位采取措施解决。

(4)如承包单位发生非自身原因的延误,监理工程师应对进度计划进行优化调整,如确属无法消除的延误,总监理工程师应在与业主协商后,审核批准工程延期,并相应调整其他事项的时间与安排,避免引起工程使用单位的索赔。

9.2.1.4　物资设备采购的计划管理

（1）按照工程进度,协助业主制订详尽的物资设备采购计划。在工程进行过程中,提醒业主及时安排各项物资设备的采购。

（2）物资设备采购的周期应充分考虑加工周期及可能发生的运输延误,避免因物资迟到现场而导致施工进度拖延。

（3）在考察过程中,对当地市场有特殊要求的行业及产品,监理对厂家提供的材料要仔细审核,避免物资进场后,因质量保证资料不齐而无法验收安装,导致工期延误及相应的索赔。

（4）必要时,监理机构征得业主同意,对生产加工的进度进行跟踪检查,督促其内部保证体系有效发挥作用,确保物资按质、按量、按时到达施工现场,以保证工期目标的顺利实现。

9.2.2　工程进度控制的途径

在工程项目进展的过程中,不同时间、不同施工阶段形成不同形式的工程量的过程,也有不同的进度失控原因和条件。因此,进度控制途径包括以下几方面。

9.2.2.1　突出关键线路

坚持抓关键线路作为最基本的工作方法,作为组织管理的基本点,并以此作为牵制各项工作的重心。工程分解为土方及地基加固、钢筋混凝土结构、设备安装工程及装修工程等。

9.2.2.2　加强配置生产要素管理

配置生产要素包括:劳动力、资金、材料、设备等,并对其进行存量、流量、流向分部的调查、汇总、分析、预测和控制。合理地配置生产要素是提高施工效率、增加管理效能的有效途径,也是网络节点动态控制的核心和关键。在动态控制中,必须高度重视整个工程建设系统内部条件、外部条件的变化,及时跟踪现场主观、客观条件的发展变化,坚持每天用大量时间来熟悉、研究人、材、机械、工程的进展状况,不断分析预测各工序资源需要量与资源总量及实际机械、工程的进展状况,不断分析预测各工序资源需要量与资源总量及实际投入量之间的矛盾,规范投入方向,采取调整措施,确保工期目标的实现。

9.2.2.3　严格工序控制

掌握现场施工实际情况,记录各工序的开始日期、工作进程和结束日期,其作用是为计划实施的检查、分析、调整、总结提供原始资料。因此,严格工序控制有三个基本要求:一是要跟踪记录;二是要如实记录;三是要借助图表形成记录文件。

9.3　工程进度控制的任务、程序和措施

9.3.1　进度控制的主要任务

施工阶段进度控制的主要任务是:

（1）编制施工总进度计划并控制其执行,按期完成整个施工项目的施工任务。

（2）编制单位工程施工进度计划并控制其执行,按期完成单位工程的施工任务。

（3）编制分部分项工程施工进度计划,并控制其执行,按期完成分部分项工程的施工

任务。

（4）编制季度、月（旬）进度计划，并控制其执行，完成规定的目标等。

9.3.2　进度控制的程序

项目监理机构应按下列程序进行工程进度控制：

（1）总监理工程师审批承包单位报送的施工总进度计划。

（2）总监理工程师审批承包单位编制的年、季、月度施工进度计划。

（3）专业监理工程师对进度计划实施情况检查、分析。

（4）当实际进度符合计划进度时，应要求承包单位编制下一期进度计划；当实际进度滞后于计划进度时，专业监理工程师应书面通知承包单位采取纠编措施并监督实施。

9.3.3　进度控制的措施

建设工程进度控制的措施包括组织措施、技术措施、经济措施、合同措施和信息管理措施等。

9.3.3.1　进度控制的组织措施

（1）落实项目监理机构中进度控制部门的人员，具体控制任务和管理职责分工。

（2）进行项目分解，如按项目结构分、按项目进展阶段分、按合同结构分，并建立编码体系。

（3）确定进度协调工作制度，包括协调会议举行的时间，协调会议的参加人员等。

（4）对影响进度目标实现的干扰和风险因素进行分析。风险分析要有依据，主要是根据许多统计资料的积累，对各种因素影响进度的概率及进度拖延的损失值进行计算和预测，并应考虑有关项目审批部门对进度的影响等。

9.3.3.2　进度控制的技术措施

（1）审查承包商提交的进度计划，使承包商能在合理的状态下施工。

（2）编制进度控制工作细则，指导监理人员实施进度控制。

（3）采用网络计划技术及其他科学适用的计划方法，并结合计算机的应用，对建设工程进度实施动态控制。

9.3.3.3　进度控制的经济措施

（1）及时办理工程预付款及工程进度款支付手续。

（2）对应急赶工给予优厚的赶工费用。

（3）对工期提前给予奖励。

（4）对工程延误收取误期损失赔偿金。

9.3.3.4　进度控制的合同措施

（1）加强合同管理，协调合同工期与进度计划之间的关系，保证合同中进度目标的实现。

（2）严格控制合同变更，对各方提出的工程变更和设计变更，监理工程师应严格审查后再补入合同文件之中。

（3）加强风险管理，在合同中应充分考虑风险因素及其对进度的影响，以及相应的处理方法。

（4）加强索赔管理,公正地处理索赔。

9.3.3.5　信息管理措施

主要是通过计划进度与实际进度的动态比较,定期地向建设单位提供比较报告等。

9.4　工程进度控制措施的落实方式

9.4.1　进度控制的主要方法

进度控制的主要方法包括进度控制的行政方法、经济方法和管理技术方法。

9.4.1.1　进度控制的行政方法

用行政方法控制进度,是指上级单位及上级领导、本单位的领导,利用其行政地位和权力,通过发布进度指令,进行指导、协调、考核。利用激励手段(奖罚、表扬、批评),监督、督促等方式进行进度控制。

使用行政方法进行进度控制,优点是直接、迅速、有效,但要提倡科学性、防止主观、武断、片面的瞎指挥。

行政方法控制进度的重点应当是进度控制目标的决策和指导,在实施中应由实施者自己进行控制,尽量减少行政干预。

9.4.1.2　进度控制的经济方法

进度控制的经济方法,是指有关部门和单位用经济类手段,对进度控制进行影响和制约,主要有以下几种:在承包合同中写进有关工期和进度的条款;建设单位通过招标的进度优惠条件鼓励承包单位加快进度;建设单位通过工期提前奖励和延期罚款实施进度控制,通过物资的供应进行控制等。

9.4.1.3　进度控制的管理技术方法

进度控制的管理技术方法主要是规划、控制和协调。规划是指确定工程项目的总进度控制目标和分进度控制目标,并编制其进度计划;控制是指在项目实施的全过程中,进行实际进度与计划进度的比较,出现偏差就及时采取措施进行调整;协调是指协调参加单位之间的进度关系。

9.4.2　进度控制的方式

进度控制的措施主要有组织措施、技术措施、经济措施、合同措施等。具体到实践中,四种措施总结出如下几种方式:口头通知方式,书面通知方式,现场专题会议方式,上层高级会议方式,变更组织机构方式,经济支付方式等多种。控制的力度,监理的服务质量也能够较好地达到业主的满意。

9.4.2.1　口头通知方式

口头通知方式与监理的现场巡视相对应,口头通知运用于现场监理巡视将是很好的方法。特别适用于现场的一般提示和预见性控制。这应属于监理对于进度控制的风险性分析内容,作为监理工程师,除按规范要求进行风险分析制定防范性对策外,从监理本身工作的内容来讲应对进度风险所涉及的关于承包商的内容以口头形式告知承包商。而从实际的工作中来看,这种口头方式对承包商进度控制的作用不可低估,承包商认为这是对其工作的一种帮助和支持,从而可得到承包商的认可。我们的监理还必须落在监帮结合的平台上,监而不帮,从大的方面也不利于实现监理的最终进度目标。因此对于进度的控制,应该从两个方面来做,一方面要"监",用监理的尺子去靠、去量;另一方面也要发挥监理的高素质、高水平,用监理工程师的多年经验和专长,对承包商可能发生的制约进度的因素预先加以控制,从工程监理的实践上来看,效果是良好的。此种方式的使用方法,可以是现场对承包商管理层的交流与洽谈、对专业工程师不当错误行为的指正和批评,并要求其对错误工作进行改正和指出对错误工作的认识及今后如何防止类似错误的承诺。从日常的监理工作来看,口头的通知将适用于监理工程师对现场进度控制的日常性的预控工作。

9.4.2.2　书面通知方式

按照监理规范的规定,当发现实际进度滞后于计划进度时应签发监理工程师通知单指令承包商采取调整措施。监理通知是进度控制的书面文件,发出时应有一个时限范围:第一次发现现场进度失控或较长时间没有失控而近期又有失控时应及时采用书面通知比较合适。也即进度的偏离是由于一时的不正常引起的,是由于暂时的不规律导致的,而非由于规律性的长期因素造成。例如:现场近期人员减少造成了进度的滞后,可以书面形式通知承包商这一问题已造成的后果(如进度延误一周)和这一问题得不到处理还会造成的后果(如不采取措施将会使本月计划全部落空)。作为监理采用书面的通知,一方面是提高了监理指令的严肃性,监理的书面通知将会作为不可忽视的对承包商一种正规指令性文件,是对承包商建设行为的一种评价和要求。承包商有义务接受并实施;另一方面,书面的通知还会成为监理作为公正的一方对承包商进行延期确认、索赔确认的可追索资料。在书面文件中应该对承包商的现状进行评价,指出其与进度计划的不相符内容。这样承包商一旦接收下来,便是一种压力。当然作为这样功能的监理文件应该是有正规的发文记录,并以监理通知送达签收时起生效。

9.4.2.3　现场专题会议方式

当监理的书面通知方式效果不佳,监理通知却没有收到应有的效果,没有引起承包商的高度重视时,这时监理应组织一个进度控制的专题会议进行专门的解决是最为适当的措施之一。在会议之前监理应当收集相关的进度控制资料,例如,承包商的人员投入情况、机械投入情况、材料进场和验收情况、现场操作方法和施工措施环境情况,这些都将是监理组织进度专题会议的基础资料之一。通过这些事实,监理才能对承包商的施工进度有一个真切的结论,除指出承包商进度落后这一结论和要求承包商进行改正的监理意思外,监理还能建设性地对如何改正提出自己的看法,对承包商将要采取的措施得力与否进行科学的评价。不准备全面的一手资料,承包商是不会轻易地认可监理的看法的,也就不会达到以理服人的效果,监理也不会对承包商采取的措施是否会达到预期的效果有一个正确的认识。现场专题会议一般是由现场的项目经理、副经理、业主代表和业主的相关管理人员、监理工程师参加。由项目总监理工程师主持。会议要有记录,会后要编制会议纪要。

9.4.2.4　上层高级会议方式

口头通知、书面通知、现场组织的专题会议对现场的进度不见其效,这个时候组织一个上层高级会议是监理有效的方式。目前,在现场的一般都是项目经理,项目经理的上面还有上层领导,监理将提请业主一起预先约定一个时间,把该项目的上层领导请来,就这些进度问题和业主一起与承包商的高层领导进行洽商。当然这时也应让承包商的项目经理在场,对项目经理的工作进行评价,特别是对进度上存在的问题进行客观的指正,并将进度达不到计划要求的后果明确指出,引起承包商的上级主管人员的高度重视。现场工作的好坏是承包商现场项目经理的工作成绩之一,也会是其工作考核内容之一,因此如果承包商的现场项目经理工作能力或者其后方支持不力,采用这样的会议方式对解决这样的问题将是很有成效的。这样一来,如果其原因是上级对其支持不力,则这种方式便是监理和业主对现场项目经理的一种正面的有力支持,而如果是现场经理本身管理问题的话,这种会议方式则是对其本身工作的一种督促和激励。要开好这样的会议,监理更是要掌握全部的进度控制方面的基础资料,用事实来说话,用资料来评价。施工方上级部门领导参会,一起从其公司的角度来讨论解决方案。进度滞后情况严重的情况可要求承包商的上级主管一个月甚至半个月必须到一次现场进行督阵,将收到较好的效果。

9.4.2.5　变更组织机构方式

变更组织机构方式是对承包商的项目经理进行调整,也是对进度控制的一个方法。作为监理,对不称职的项目经理有权建议更换。这时监理应该与业主取得沟通,得到业主的一致认可后,对于拒不执行监理指令、对业主及监理的工作置之不理、置若罔闻和对业主监理进行无理取闹的项目经理,监理将果断建议业主对其进行撤换。这时的书面形式可以采用信函方式也可以是传真和电子邮件方式,还可以是和业主一起直接到其总部进行要求的方式。但是采用这一方式处理时一定要相对稳妥,因为一个项目经理的撤换可能会导致对工期的影响。但是只要是对项目的总体进度有利,就可以采用这一方式进行进度的控制。一般进度对业主和承包商的经济有很大的影响,进度的有效控制是双方共同的意愿。

9.4.2.6　经济支付方式

进度控制体现在多方面,其中合同措施也是一个比较关键的措施。监理应该认真分析合同内容,特别是在支付手段上,对进度达不到计划规定要求比例的,有不少的合同规定将减付工程款,给承包商一定的压力来促进进度达到计划要求。监理在控制过程中,可以对承包商进行多方面、多层次的交流,经济支付也将是不可缺少的方式之一。在进度控制过程中,从对进度有利的前提出发,监理也可以促使甲乙双方对合同的约定进行合理的变更,但在没有达成一致之前监理仍将执行原来的合同,并将原合同的内容一直执行到底。

进度控制方式必须对症下药、有的放矢,针对项目不同的情况采取不同的方法对项目进度实施控制。但是无论采用哪一种方法,进度的控制也不会是独立的控制,对进度的控制仍会涉及其他多个方面的内容,作为监理综合运用这些因素得到最好的控制效果,全面实现最终的监理目标,才是最好的控制方法。

9.5　基于 BIM 技术的工程进度控制手段

自 BIM(building information modeling,BIM)概念出现以来,多机构试图对 BIM 给出定义,美国麦格劳·希尔公司将 BIM 定义为:创建并利用数字模型对项目进行设计、建造及运营的过程。维基百科把 BIM 解释为:在建筑生命周期中产生和管理建筑数据的过程。中国建筑科学研究院黄强副院长把 BIM 归纳为"聚合信息,为我所用"。这些定义都体现出 BIM 是一个过程,是个动词,是通过创新的信息技术来收集、聚集建设工程不同阶段的项目相关信息,运用这些有用的信息减少建设项目的各种浪费和损耗,从而提高建设项目的管理效率。

传统工程施工进度管理存在的问题,本质上是由于工程项目施工进度管理主体信息获取不足和处理效率低下所导致的。据 Autodesk 公司调查,利用 BIM 技术可以缩短50%～70%的信息请求时间,缩短20%～25%的各专业协调时间,缩短5%～10%的施工工期。因此,BIM 技术在进度管理中的应用价值可概括为以下几点:

(1)基于 BIM 模型,项目管理人员可以在三维视图中进行施工现场布置,并能快速、直观地发现平面、空间、时间上存在的问题和冲突,从而提高施工管理效率。

(2)BIM 技术为项目的进度管理提供信息集成平台,项目管理人员通过 BIM 模型进行创建、查询、修改项目进度信息,减少沟通障碍和信息丢失,减少各参与方之间的沟通和协调时间,从而提高进度管理效率。

(3)提供工程量信息的实时查询,根据施工进度计划,精确统计待施工工程量,进行施工资源的储备和订购,避免施工材料过剩,储藏成本增加。

(4)基于 BIM 模型和 P6/Micosoft Project 进度计划,实现土石坝施工过程的动态模拟,分析土石坝施工技术方案的可行性,通过分析比选选出最优方案。

自20世纪以来,项目进度管理的技术和方法发展可分为传统方法和现代方法两个阶段,两阶段的进度管理方法及其发展过程如图9-1、图9-2 所示。

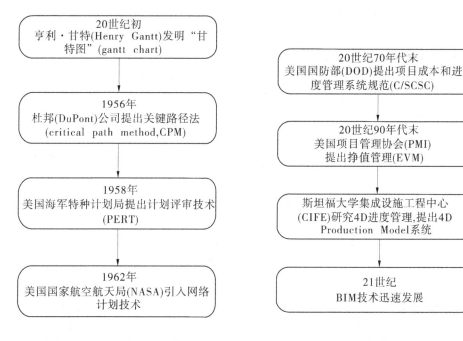

图9-1　传统进度管理技术　　　　图9-2　现代进度管理技术

随着信息技术的发展,BIM 技术应运而生,BIM 技术可以支持工程项目信息在规划、设计、建造和运营维护全过程无损传递和充分共享;可以支持项目所有参建方在工程的全生命周期内以同一基准点进行协同工作,包括工程项目施工进度计划编制与控制。BIM 技术的应用拓宽了施工进度管理思路,可以有效地解决传统施工进度管理方式中的一些问题和弊病。

BIM 技术的应用涉及项目的整个生命周期,而在施工进度管理中的应用主要通过建模软件建立项目的三维信息模型,然后依据项目工期目标和资源情况编制项目进度计划,最后将三维信息模型与进度计划关联,形成项目的 4D 模型,实现项目的进度模拟。项目管理人员可以基于该 4D 模型,进行项目实际进度的跟踪记录、分析及纠偏,优化进度计划,从而实现项目施工进度的动态管理。

BIM 技术在项目施工管理中的应用主要包括进度模拟、施工方案优化、三维技术交底、碰撞检查与施工安全四个方面。以下为具体介绍:

(1)施工进度模拟。

基于 BIM 的进度模拟是将 BIM 模型与施工进度计划相链接,把模型信息和时间信息整合在一个可视的 4D 模型中,这样就可以直观、精确地反映整个项目的施工过程,还能够实时跟踪、监控当前的进度状态,协调各专业,筹备资源,制订应对措施,以实现动态化的进度管理。

通过 BIM 4D 施工进度模拟,可对工程重要分项工程、重要部位进行分析,制订切实可行的应对策略;依据 BIM 模型,制订施工方案,制订施工计划,合理划分施工流水段;施工模拟过程中将实际进度与计划进度进行对比,实现进度偏差的分析。

(2)BIM 施工方案优化。

基于 4D 模型,通过对关键工序的模拟计算,掌握工期、人员、材料、机械、场地等资源的占用情况,对工期、资源配置、场地布置进行优化,实现多方案的比选。

(3)基于 BIM 的三维技术交底。

目前,我国建设项目多采用总承包、专业承包、劳务分包的承、发包模式,现场实施人员多为专业分包或劳务分包单位职员,实施人员普遍文化水平不高、专业技能有限,对复杂的二维图纸、进度横道图、技术方案等理解不完善,甚至无法理解。在技术交底中,BIM 技术的应用可以借助三维模型技术呈现直观、易懂的建筑物,可以更加有效地传递技术方案,使现场实施的技术人员更易理解项目的施工重点、难点,提前预见可能出现的问题及现场注意事项,从而确保施工质量和安全。

(4)基于 BIM 的碰撞检查与施工安全。

基于 4D 模型,进行施工过程模拟,对构件与管线、设施与结构进行动态碰撞检查和分析;通过 BIM 模型,由 4D 施工模型生成结构分析模型,对施工过程中时变结构与支撑体系进行动态的力学分析和安全评估。

(5)移动终端的应用。

BIM 模型可采用移动终端、Web 及 RFID 等技术,可实现施工管理人员采用便携设备,例如手机、平板电脑等设备,在施工现场对施工进度进行检查,对施工质量进行检查。

9.6　影响工程进度因素的控制对策

按工程承包合同签订的总工期和里程碑工期为进度控制目标,督促检查承包单位按批准的进度计划施工,确保工程按期竣工。对影响施工进度的因素应采取的控制对策,见表 9-1。

表 9-1　对影响施工进度的因素应采取的控制对策

影响施工进度的因素		控制对策
业主	资金投资不足,并不能及时到位	应及时汇报,研究对策使资金及时到位
	图纸未及时到位	协助业主及时与设计单位联系,把设计图纸按时交于承包单位,向业主汇报情况
	甲方提供的工程材料未及时到施工现场	协助业主做好提前采购订货的计划,并督促实施
承包单位	人力、技术力量不足	增加施工人员,增强技术力量,开展技术培训
	施工方案欠佳	进行必要的技术论证,提出整改意见
	出现施工质量问题	狠抓工程质量,杜绝工程返工
	所采用的工程材料、产品质量差	加强质量检查,采购好的优质产品
	工程材料不足	随进度逐月核定材料供应计划做到数量准确,供应及时
	资金调用失控	资金应专款专用
设计单位	未及时向业主提交设计文件	督促设计单位及时出图
	现场施工与设计图纸有矛盾	设计单位派驻现场设计代表
	现场发现配套专业设计与土建设计有矛盾	通过设计代表加强设计各专业质检的相互协调
	变更设计较多	及时提供设计变更通知

9.7　工程工期控制点的设置

9.7.1　设置工期控制点

以业主已批准的总进度计划网络为依据,详细编制各分部工程计划网络和月、季进度计划,在计划中确定各分项工程进度目标及分部工程竣工计划工期,分阶段予以控制,以保证总进度计划的实施。工期控制总参考如下:

(1)开工日期;

(2)土方开挖完成及地基处理完成时间;

(3)各个单位工程 ±0.000 以下基础工程完成时间;

(4)各个单位工程结构封顶时间;

(5)各个单位工程二次结构和初装修工程开、竣工时间;

(6)各个单位工程外装修、电梯及建筑水、暖、电气完成时间;

(7)各个单位工程设备安装、系统综合调试完成时间;

(8)各个单位工程竣工时间。

9.7.2　进度计划的划分

工程进度计划,可根据项目实施的不同阶段,分别编制总体进度计划及年、月进度计划;对于起控制作用的重点工程项目单独编制单位(单项)工程进度计划。

9.7.2.1　总体进度计划的内容

(1)工程项目的总工期,即合同工期或指令工期。

(2)完成各单位工程及各施工阶段所需要的工期、最早开始及最迟结束的时间。

(3)各单位工程及各施工阶段需要完成的工程量及现金流动估计。

(4)各单位工程及各施工阶段所需要配备的人力和设备数量。

(5)各单位或分部工程的施工方案和施工方法(施工组织设计)等。

9.7.2.2　年度进度计划的内容

(1)本年计划完成的单位工程及施工阶段的工程项目内容、工程数量及投资指标。

(2)施工队伍和主要施工设备的转移顺序。

(3)不同季节及气温条件下各项工程的时间安排。

(4)在总体进度计划下对各单项工程进行局部调整或修改的详细说明等。

9.7.2.3　月(季)进度计划的内容

(1)本月(季)计划完成的分项工程内容及顺序安排。

(2)完成本月(季)及各分项工程的工程数量及资料。

(3)在年度计划下对各单位工程或分项工程进行局部调整或修改的详细说明等。

9.7.2.4　单项工程进度计划的内容

(1)本项目的具体施工方案和施工方法。

(2)本项目的总体进度计划及各道工序的控制日期。

(3)本项目的现金流动计划。

(4)本项目的施工准备及结束清场的时间安排。

(5)对总体进度计划及其他相关工程的控制、依赖关系和说明等。

9.7.3　严格管理进度计划的审批

在中标通知书发出后,在合同规定的时间内,专业监理工程师要求承包单位书面提交以下文件:

(1)一份细节和格式符合要求的工程总体进度计划及必要的各项特殊工程或重点工程的进度计划。

(2)一份有关全部支付的年度现金估算及流动计划。

(3)一份有关施工方案和施工方法的总说明(施工组织设计)。

9.7.4　现场进度控制的具体表现

在将要开工以前或在开工以后合理的时间内,监理工程师要求承包单位提交以下文件:

(1)年度进度计划及现金流动估算。

(2)月(季)度进度计划及现金流动估算。

(3)分项(或分部)工程的进度计划。

9.7.5　进度计划的审查步骤

对承包单位提交的各项进度计划进行审查,并在合同规定或满足施工需要的合理时间内审查完毕,审查工作按以下程序进行:

(1)阅读文件、列出问题,进行调查了解。

(2)提交问题与承包单位进行讨论或澄清。

(3)对有问题的部分进行分析,向承包单位提出修改意见。

(4)审查承包单位修改后的进度计划直到满意并批准。

9.7.6　进度计划审查内容

(1)施工总工期的安排应符合合同工期。

(2)各施工阶段或单项工程的施工顺序和时间安排与材料和设备的进场计划相协调。

(3)对节假日及天气影响的时间,应有适当地扣除并留有足够的时间余量。

9.7.7　对进度计划检查记录

应制订每日进度检查记录,按单位工程、分项工程或工序点对实际进度进行记录,并定期(日、周、月、旬)汇总报告,作为对工程进度进行掌握和决策的依据。每日进度检查记录主要记录并报告以下事项:

(1)当日实际完成及累计完成的工程量。

(2)当日实际参加施工的人力、机械数量及生产效率。

(3)当日施工停滞的人力、机械数量及其原因。

(4)当日承包单位的主管及技术人员到达现场的情况。

(5)当日发生的影响工程进度的特殊事件或原因。

(6)当日的天气情况等。

(7)每周、每月工程进度报告。

监理工程师应根据现场监理员提供的每日施工进度记录,及时进行统计和标记,并通过分析和整理,每月向公司和业主提交一份月工程进度报告,应包括以下主要内容:

(1)概括或总说明。应以记事方式对计划进度执行情况提出分析。

(2)工程进度。应以工程数量清单所列项目为单位,编制出工程进度累计曲线和完成投资额的进度累计曲线。

(3)工程图片。应显示关键线路上一些主要工程的施工活动及进展情况。

(4)财务状况。应主要反映业主的资金储备、承包人的现金流动、工程支付及财务支出情况。

(5)其他特殊事项。应主要记述影响工程进度或造成延误的因素及解决措施。

(6)制作进度管理图表。

监理工程师应编制和建立各种用于记录、统计、标记、反映实际工程进度与计划工程进度差距的进度监理图及进度统计表,以便随时对工程进度进行分析和评价,并作为要求承包单位加快工程进度、调整进度计划或采取其他合同措施的依据。

9.7.8　严格控制进度计划的调整

9.7.8.1　进度符合计划

在工程实施期间,如果实际进度(尤其是关键线路上的实际进度)与计划进度基本相符,监理工程师不应干预承包单位对进度计划的执行,应提供和创造各种外部条件,及时调查处理影响工程进展的不利因素,促进工程按计划进行。

9.7.8.2　进度计划的调整

专业监理工程师发现工程现场的组织安排、施工程序或人力和设备与进度计划上的方案有较大不一致或原有的工、料、机、运、管和施工环境不适应进度计划要求时,应要求承包单位对原工程进度计划及现金流动计划予以调整,调整后的工程进度计划应符合工程现场实际情况,并应保证在合同工期内完成。

调整工期进度计划,主要是调解关键线路上的施工安排,对于非关键线路,如果实际进度与计划进度的差距并不对关键线路上的实际进度产生不利影响,监理工程师不必要求承包单位对整个工程进度计划进行调整。

9.7.8.3　加快工程进度

承包单位在无任何理由取得合理延期的情况下,监理工程师认为实际工程进度过慢,将不能按照进度计划预定的竣工期完成工程时,应要求承包单位采取加快进度的措施,以赶上工程进度计划中的阶段目标或总目标,承包单位提出和采取的加快工程进度的措施必须经过监理工程师批准,批准时应注意以下事项:

(1)只要承包单位提出的加快工程进度的措施符合施工程序并能确保工程质量,监理工程师应予以批准。

(2)因采取加快工程进度措施而增加的施工费用应由承包单位自负。

(3)因增加夜间施工或当地公认的休息日施工而涉及业主的附加监督管理费用,应由承包单位负担。

第 10 章　水利工程施工合同管理

10.1　工程施工合同管理概述

10.1.1　工程承包合同管理的概念

工程承包合同管理指工程承包合同双方当事人在合同实施过程中自觉地、认真严格地遵守所签订合同的各项规定和要求,按照各自的权力、履行各自的义务、维护各自的权利,发扬协作精神,处理好"伙伴关系",做好各项管理工作,使项目目标得到完整的体现。

虽然工程承包合同是业主和承包商双方的一个协议,包括若干合同文件,但合同管理的深层含义,应该引伸到合同协议签订之前。从下面三个方面来理解合同管理,才能做好合同管理工作。

10.1.1.1　做好合同签订前的各项准备工作

虽然合同尚未签订,但合同签订前各方的准备工作对做好合同管理至关重要。

业主一方的准备工作包括合同文件草案的准备、各项招标工作的准备,做好评标工作,特别是要做好合同签订前的谈判和合同文稿的最终定稿。

合同中既要体现出在商务上和技术上的要求,有严谨明确的项目实施程序,又要明确合同双方的义务和权利。对风险的管理要按照合理分担的精神体现到合同条件中去。

业主方的另一个重要准备工作即是选择好监理工程师(或业主代表、CM 经理等)。最好能提前选定监理单位,以使监理工程师能够参与合同的制订(包括谈判、签约等)过程,依据他们的经验,提出合理化建议,使合同的各项规定更为完善。

承包商一方在合同签订前的准备工作主要是制定投标战略,做好市场调研,在买到招标文件之后,要认真细心地分析研究招标文件,以便比较好地理解业主方的招标要求。在此基础上,一方面可以对招标文件中不完善以及错误之处向业主方提出建议;另一方面也必须做好风险分析,对招标文件中不合理的规定提出自己的建议,并力争在合同谈判中对这些规定进行适当的修改。

10.1.1.2　加强合同实施阶段的合同管理

这一阶段是实现合同内容的重要阶段,也是一个相当长的时期。在这个阶段中合同管理的具体内容十分丰富,而合同管理的好坏直接影响到合同双方的经济利益。

10.1.1.3　提倡协作精神

合同实施过程中应该提倡项目中各方的协作精神,共同实现合同的既定目标。在合同条件中,合同双方的权利和义务有时表现为相互间存在矛盾,相互制约的关系,但实际上,实现合同标的必然是一个相互协作解决矛盾的过程,在这个过程中,工程师起着十分重要的协调作用。一个成功的项目,必定是业主、承包商以及工程师按照一种项目伙伴关系,以协作的团队精神来共同努力完成项目。

10.1.2　工程承包合同各方的合同管理

10.1.2.1　业主对合同的管理

业主对合同的管理主要体现在施工合同的前期策划和合同签订后的监督方面。业主要为承包商的合同实施提供必要的条件;向工地派驻具备相应资质的代表,或者聘请监理单位及具备相应资质的人员负责监督承包商履行合同。

10.1.2.2　承包商的合同管理

承包商的工程承包合同管理是最细致、最复杂,也是最困难的合同管理工作,主要以承包商作为论述对象。

在市场经济中,承包商的总体目标是通过工程承包获得盈利。这个目标必须通过两步来实现:

(1)通过投标竞争,战胜竞争对手,承接工程,并签订一个有利的合同。

(2)在合同规定的工期和预算成本范围内完成合同规定的工程施工和保修责任,全面地、正确地履行自己的合同义务,争取盈利。同时,通过双方圆满的合作,工程得以顺利实施,承包商赢得了信誉,为将来在新的项目上的合作和扩展业务奠定基础。

这要求承包商在合同生命期的每个阶段都必须有详细的计划和有力的控制,以减少失误,减少双方的争执,减少延误和不可预见费用支出。这一切都必须通过合同管理来实现。

承包合同是承包商在工程中的最高行为准则。承包商在工程施工过程中的一切活动都是为了履行合同责任。所以,广义地说,承包工程项目的实施和管理全部工作都可以纳入合同管理的范围。合同管理贯穿于工程实施的全过程和工程实施的各个方面。在市场经济环境中,施工企业管理和工程项目管理必须以合同管理为核心。这是提高管理水平和经济效益的关键。

但从管理的角度出发,合同管理仅被看作项目管理的一个职能,它主要包括项目管理中所有涉及合同的服务性工作。其目的是保证承包商全面地、正确地、有秩序地完成合同规定的责任和任务,它是承包工程项目管理的核心和灵魂。

10.1.2.3　监理工程师的合同管理

业主和承包商是合同的双方,监理单位受业主雇用为其监理工程,进行合同管理,负责进行工程的进度控制、质量控制、投资控制以及做好协调工作。他是业主和承包商合同之外的第三方,是独立的法人单位。

监理工程师对合同的监督管理与承包商在实施工程时的管理方法和要求都不一样。承包商是工程的具体实施者,他需要制订详细的施工进度和施工方法,研究人力、机械的配合和调度,安排各个部位施工的先后次序以及按照合同要求进行质量管理,以保证高速优质地完成工程。监理工程师不具体地安排施工和研究如何保证质量的具体措施,而是在宏观上控制施工进度,按承包商在开工时提交的施工进度计划以及月计划、周计划进行检查督促,对施工质量则是按照合同中技术规范,图纸内的要求进行检查验收。监理工程师可以向承包商提出建议,但并不对如何保证质量负责,监理工程师提出的建议是否采纳,由承包商自己决定,因为他要对工程质量和进度负责。对于成本问题,承包商要精心研究如何去降低成本,提高利润率。而监理工程师主要是按照合同规定,特别是工程量表的规定,严格为业主把住支付这一关,并且防止承包商的不合理的索赔要求。监理工程师的具体职责是在合同条件中规定的,如果业主要对监理工程师的某些职权做出限制,他应在合同专用条件中做出明确规定。

10.1.3　合同管理与企业管理的关系

对于企业来说,企业管理都是以盈利为目的的。而盈利来自于所实施的各个项目,各个项目的利润来自于每一个合同的履行过程,而在合同的履行过程中能否获利,又取决于合同管理的好坏。因此说,合同管理是企业管理的一部分,并且其主线应围绕着合同管理,否则就会与企业的盈利目标不一致。

10.1.4　合同管理的任务和主要工作

工程施工过程是承包合同的实施过程。要使合同顺利实施,合同双方必须共同完成各自的合同责任。在这一阶段承包商的根本任务要由项目部来完成,即项目部要按合同圆满地施工。

而国外有经验的承包商十分注重工程实施中的合同管理,通过合同实施管理不仅可以圆满地完成合同责任,而且可以挽回合同签订中的损失,改变自己的不利地位,通过索赔等手段增加工程利润。

10.1.4.1　工程施工中合同管理的任务

项目经理和企业法定代表人签订"项目管理目标责任书"后,项目经理部合同管理机构人员(如合同工程师、合同管理员)向各工程小组负责人和分包商学习和分析合同,进行合同交底工作。项目经理部着手进行施工准备工作。现场的施工准备一经开始,合同管理的工作重点就转移到施工现场,直到工程全部结束。

在工程施工阶段,合同管理的基本目标是,全面地完成合同责任,按合同规定的工期、质量、价格(成本)要求完成工程。在整个工程施工过程中,合同管理的主要任务如下:

(1)签订好分包合同、各类物资的供应合同及劳务分包合同,保证项目顺利实施。

(2)给项目经理和项目管理职能人员、各工程小组、所属的分包商在合同关系上以帮助,进行工作上的指导,如经常性地解释合同,对来往信件、会谈纪要等进行合同法律审查。

(3)对工程实施进行有力的合同控制,保证项目部正确履行合同,保证整个工程按合同、按计划、有步骤、有秩序地施工,防止工程中的失控现象。

(4)及时预见和防止合同问题,以及由此引起的各种责任,防止合同争执和避免合同争执造成的损失。对因干扰事件造成的损失进行索赔,同时又应使承包商免于对干扰事件和合同争执的责任,处于不能被索赔的地位(反索赔)。

(5)向各级管理人员和业主提供工程合同实施的情况报告,提供用于决策的资料、建议和意见。

在施工阶段,需要进行管理的合同包括工程承包合同、施工分包合同、物资采购合同、租赁合同、保险合同、技术合同和货物运输合同等。因此,合同管理的内容比较广泛,但重点应放在承包商与业主签订的工程承包合同,它是合同管理的核心。

10.1.4.2　合同管理的主要工作

合同管理人员在这一阶段的主要工作如下:

(1)建立合同实施的保证体系,以保证合同实施过程中的一切日常事务性工作有秩序地进行,使工程项目的全部合同事件处于控制中,保证合同目标的实现。

(2)监督工程小组和分包商按合同施工,并做好各分包合同的协调和管理工作。以积极合作的态度完成自己的合同责任,努力做好自我监督。

同时也应督促和协助业主和工程师完成他们的合同责任,以保证工程顺利进行。许多工程实践证明,合同所规定的权力,只有靠自己努力争取才能保证其行使,防止被侵犯。如果承包商自己放弃这个努力,虽然合同有规定,但也不能避免损失。例如,承包商合同权益受到侵犯,按合同规定业主应该赔偿,但如果承包商不提出要求(如不会索赔,不敢索赔,超过索赔有效期,没有书面证据等),则承包商权力得不到保护,索赔无效。

(3)对合同实施情况进行跟踪;收集合同实施的信息,收集各种工程资料,并做出相应的信息处理;将合同实施情况与合同分析资料进行对比分析,找出其中的偏离,对合同履行情况做出诊断;向项目经理提出合同实施方面的意见、建议,甚至警告。

(4)进行合同变更管理。这里主要包括参与变更谈判,对合同变更进行事务性处理,落实变更措施,修改变更相关的资料,检查变更措施的落实情况。

(5)日常的索赔和反索赔。这里包括两个方面:①与业主之间的索赔和反索赔;②与分包商及其他方面之间的索赔和反索赔。

在工程实施中,承包商与业主、总(分)包商、材料供应商、银行等之间都可能有索赔或反索赔。合同管理人员承担着主要的索赔(反索赔)任务,负责日常的索赔(反索赔)处理事务。主要有:

①对收到的对方的索赔报告进行审查分析,收集反驳理由和证据,复核索赔值,起草并提出反索赔报告。

②对由于干扰事件引起的损失,向责任者(业主或分包商等)提出索赔要求;收集索赔证据和理由,分析干扰事件的影响,计算索赔值,起草并提出索赔报告。

③参加索赔谈判,对索赔(反索赔)中涉及的问题进行处理。

索赔和反索赔是合同管理人员的主要任务之一,所以,他们必须精通索赔(反索赔)业务。

10.2　工程承包企业合同管理

10.2.1　工程承包企业合同管理的层次与内容

依据我国《建设工程项目管理规范》(GB/T 50326—2017)(简称《规范》),施工项目管理的含义为:企业运用系统的观点、理论和科学技术对施工项目进行的计划、协调、组织、监督、控制、协调等全过程管理。《规范》规定,企业在进行施工项目管理时,应实行项目经理责任制。项目经理责任制确立了企业的层次及其相互关系。企业分为企业管理层、项目管理层和劳务作业层。企业管理层首先应制定和健全施工项目管理制度,规范项目管理;其次应加强计划管理,保证资源的合理分布和有序流动,并为项目生产要素的优化配置和动态管理服务;再次,应对项目管理层的工作进行全过程的指导、监督和检查。项目管理层对资源优化配置和动态管理,执行和服从企业管理层对项目管理工作的监督、检查和宏观调控。企业管理层与劳务作业层应签订劳务分包合同。项目管理层与劳务作业层应建立共同履行劳务分包合同的关系。

　　因此,承包企业的合同管理和实施模式,一般分为公司和项目经理部两级管理方法,重点突出具体施工工程的项目经理部的管理作用。

10.2.1.1　企业层次的合同管理

　　承包公司为获取盈利,促使企业不断发展,其合同管理的重点工作是了解各地工程信息,组织参加各工程项目的投标工作。对于中标的工程项目,做好合同谈判工作,合同签订后,在合同的实施阶段,承包商的中心任务就是按照合同的要求,认真负责地、保质保量地按规定的工期完成工程并负责维修。

　　因此,在合同签订后承包商的首要任务是选定工程的项目经理,负责组织工程项目的经理部及所需人员的调配、管理工作,协调各正在实施工程的各项目之间的人力、物力、财力的安排和使用,重点工程材料和机械设备的采购供应工作。进行合同的履行分析,向项目经理与项目管理小组和其他成员、承包商的各工程小组、所属的分包商进行合同交底,给予在合同关系上的帮助和进行工作上的指导,如经常性的解释合同,对来往信件、会谈纪要等进行合同法律审查;对合同实施进行有力的合同控制,保证承包商正确履行合同,保证整个工程按合同、按计划、有步骤、有秩序地施工,防止工程中的失控现象,以获得盈利,实现企业的经营目标等。另外,还有工程中的重大问题与业主的协商解决等。

10.2.1.2　项目层次的合同管理

　　项目经理部是工程承包公司派往工地现场实施工程的一个专门组织和权力机构,负责施工现场的全面工作。由他们全面负责工程施工过程中的合同管理工作,以成本控制为中心,防止合同争执和避免合同争执造成的损失,对因干扰事件造成的损失进行索赔,同时应使承包商免于干扰事件和合同争执的责任,而处于不能被索赔的地位;向各级管理人员和向业主提供工程合同实施的情况报告,提供用于决策的资料、建议和意见。承包公司应合理地建立施工现场的组织机构并授予相应的职权,明确各部门的任务,使项目经理部的全体成员齐心协力地实现项目的总目标并为公司获得可观的工程利润。

　　工作承包企业合同管理工作流程如图 10-1 所示。

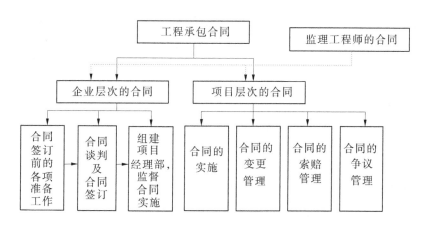

图 10-1　工作承包企业合同管理

10.2.2　工程承包合同管理的一般特点

10.2.2.1　承包合同管理期限长

由于工程承包活动是一个渐进的过程，工程施工工期长，这使得承包合同生命期长。它不仅包括施工期，而且包括招标投标和合同谈判以及保修期，所以一般至少两年，长的可达五年或更长的时间。合同管理必须在从领取标书直到合同完成并失效这么长的时间内连续地、不间断地进行。

10.2.2.2　合同管理的效益性

由于工程价值量大，合同价格高，使合同管理的经济效益显著。合同管理对工程经济效益影响很大。合同管理得好，可使承包商避免亏本，盈得利润；否则，承包商要蒙受较大的经济损失。这已为许多工程实践所证明。

10.2.2.3　合同管理的动态性

由于工程过程中内外的干扰事件多，合同变更频繁，常常一个稍大的工程，合同实施中的变更能有几百项。合同实施必须按变化了的情况不断地调整，因此在合同实施过程中，合同控制和合同变更管理显得极为重要，这要求合同管理必须是动态的。

10.2.2.4　合同管理的复杂性

合同管理工作极为复杂、烦琐，是高度准确和精细的管理。其原因是：

（1）现代工程体积庞大，结构复杂，技术标准、质量标准高，要求相应的合同实施的技术水平和管理水平高。

（2）现代工程合同条件越来越复杂，这不仅表现在合同条款多，所属的合同文件多，而且与主合同相关的其他合同多。例如，在工程承包合同范围内可能有许多分包、供应、劳务、租赁、保险等合同。它们之间存在极为复杂的关系，形成一个严密的合同网络。

（3）工程的参加单位和协作单位多，即使一个简单的工程就涉及业主、总包商、分包商、材料供应商、设备供应商、设计单位、监理单位、运输单位、保险公司、银行等十几家甚至几十家单位。各方面责任界限的划分，在时间上和空间上的衔接和协调极为重要，同时又极为复杂和困难。

（4）合同实施过程复杂，从购买标书到合同结束必须经历许多过程。签约前要完成许多手续和工作；签约后进行工程实施，有许多次落实任务，检查工作，会办，验收。要完整地履行一个承包合同，必须完成几百个甚至几千个相关的合同事件，从局部完成到全部完成。在整个过程中，稍有疏忽就会导致前功尽弃，造成经济损失，所以必须保证合同在工程的全过程和每一个环节上都顺利实施。

（5）在工程施工过程中，合同相关文件，各种工程资料汗牛充栋。在合同管理中必须取得、处理、使用、保存这些文件和资料。

10.2.2.5　合同管理的风险性

一是由于工程实施时间长，涉及面广，受外界环境的影响大，如经济条件、社会条件、法律和自然条件的变化等。这些因素承包商难以预测，不能控制，但都会妨碍合同的正常实施，造成经济损失。

二是合同本身常常隐藏着许多难以预测的风险。由于建筑市场竞争激烈，不仅导致报价降低，而且业主常常提出一些苛刻的合同条款，如单方面约束性条款和责权利不平衡条款,甚至有的发包商包藏祸心,在合同中用不正常手段坑人。承包商对此必须有高度的重视,并有对策,否则必然会导致工程失败。

10.2.2.6　合同管理的特殊性

合同管理作为工程项目管理的一项管理职能,有它自己的职责和任务,但又有其特殊性:

（1）由于合同管理对项目的进度控制、质量管理、成本管理有总控制和总协调作用,所以它又是综合性的、全面的、高层次的管理工作。

（2）合同管理要处理与业主,与其他方面的经济关系,所以它又必须服从企业经营管理,服从企业战略,特别在投标报价、合同谈判、合同执行战略的制定和处理索赔问题时,更要注意这个问题。

10.2.3　合同管理组织机构的设置

合同管理的任务必须由一定的组织机构和人员来完成。要提高合同管理水平,必须使合同管理工作专门化和专业化,在承包企业和工程项目组织中设立专门的机构和人员负责合同管理工作。

对不同的企业组织和工程项目组织形式,合同管理组织的形式不一样,通常有如下几种情况。

10.2.3.1　工程承包企业设置合同管理部门

由合同管理部门专门负责企业所有工程合同的总体管理工作。主要包括:

（1）收集市场和工程信息。

（2）参与投标报价,对招标、合同草案进行审查和分析。

（3）对工程合同进行总体策划。

（4）参与合同谈判与合同的签订。

（5）向工程项目派遣合同管理人员。

（6）对工程项目的合同履行情况进行汇总、分析,对工程项目的进度、成本和质量进行总体计划和控制。

（7）协调各个项目的合同实施。

（8）处理与业主,与其他方面重大的合同关系。

（9）具体地组织重大索赔工作。

（10）对合同实施进行总的指导,分析和诊断。

10.2.3.2　设立专门的项目合同管理小组

对于大型的工程项目,设立项目的合同管理小组,专门负责与该项目有关的合同管理工作。

如在美国凯撒公司的项目管理组织结构中,将合同管理小组纳入施工组织系统中。在工程项目组织中设立合同部,设有合同经理、合同工程师和合同管理员。

10.2.3.3　设合同管理员

对于一般的项目,较小的工程,可设合同管理员。他在项目经理领导下进行施工现场的合同管理工作。

而对于处于分包地位,且承担的工作量不大,工程不复杂的承包商,工地上可不设专门的合同管理人员,而将合同管理的任务分解下达给其他职能人员,由项目经理做总的协调工作。

10.2.3.4　聘请合同管理专家

对一些特大型的,合同关系复杂、风险大、争执多的项目,如在国际工程中,有些承包商聘请合同管理专家或将整个工程的合同管理工作委托给咨询公司或管理公司。这样会大大提高工程合同管理水平和工程经济效益,但花费也比较高。

10.2.4　建筑企业工程承包合同管理的主要工作

10.2.4.1　合同签订前的准备阶段的合同管理

1.概述

1)承包商合同管理的基本目标

合同签订前的准备阶段,承包商的主要任务就是参加投标竞争并争取中标。招标投标是工程承包合同的形成过程。在承包工程中,合同是影响利润最主要的因素,因此每个承包商都十分重视招标投标阶段的每一个环节。

在招标投标过程中,承包商的主要目标有:

(1)提出有竞争力的有利报价。

投标报价是承包商对业主要约邀请(招标文件)做出的一种要约行为。它在投标截止期后即具有法律效力。报价是能否取得承包工程资格,取得合同的关键。报价必须符合两个基本要求:

①报价有利。承包商都期望通过工程承包获得利润,所以报价应包含承包商为完成合同规定的义务的全部费用支出和期望获得的利润。

②报价有竞争力。由于通过资格预审,参加投标竞争的许多承包商都在争夺承包工程资格。他们之间主要通过报价进行竞争。承包商不仅要争取在开标时被业主选中,有资格和业主进行议价谈判,而且必须在议价谈判中击败竞争对手,中标。所以,承包商的报价又应是低而合理的。一般地说,报价越高,竞争力越小。

(2)签订合理有利的合同。

签订一份完备的、周密的、含义清晰的同时又是责权利关系平衡的有利合同,以减少合同执行中的漏洞、争执和不确定性。

对承包商来说,有利的合同,可以从如下几个方面定性地评价:合同条款比较优惠或有利;合同价格较高或适中;合同风险较小;合同双方责权利关系比较平衡;没有苛刻的、单方面的约束性条款等。

2)承包商的主要工作

在这一阶段承包商的主要工作如下。

a.投标决策

承包商通过承包市场调查,大量收集招标工程信息。在许多可选择的招标工程中,综合考虑工程特点、自己的实力、业主状况、承包市场状况和竞争者状况等,选择自己的投标方向。这是承包商的一次重要决策。

承包商在决定参加投标后,首先通过业主的资格预审,获得招标文件。这是合同双方的第一次互相选择:承包商有兴趣参加该工程的投标竞争,并证明自己能够很好地完成该工程的施工任务;业主觉得承包商符合招标工程的基本要求,是一个可靠的、有履约能力的公司。只有通过资格预审,承包商才能有资格购买招标文件,参与投标竞争。

按照诚实信用原则,业主应提出完备的招标文件,尽可能详细地、如实地、具体地说明拟建工程情况,合同条件,出具准确及全面的规范、图纸、工程地质和水文资料,为承包商的合同分析和工程报价提供方便。所以,承包商一经取得招标文件,合同管理工作即宣告开始。

b.承包商编标和投标

为了达到既能中标取得工程,又能在实施后获得利润的目的,承包商必须做好如下几方面工作:

(1)全面分析和正确理解招标文件。

招标文件是业主向承包商的要约邀请,几乎包括了全部合同文件。它确定的招标条件和方式、合同条件、工程范围和工程的各种技术文件是承包商报价的依据,也是双方商谈的基础。承包商必须按照招标文件的各项要求进行报价、投标和施工。所以,承包商必须全面分析和正确理解招标文件,弄清楚业主的意图和要求,能够较正确地估算完成合同所需的费用。

承包商一经提出报价,做出承诺(投标,业主授予合同),则它即具有法律约束力。一般合同都规定,承包商对招标文件的理解自行负责,即由于对招标文件理解错误造成的报价失误由承包商承担,业主不负责任。因此,招标文件的分析应准确、清楚,达到一定的深度。

承包商在招标文件分析中发现的问题,包括矛盾、错误、二义性,自己不理解的地方,应在标前会议上公开向业主(工程师)提出,或以书面的形式提出。按照招标规则和诚实信用原则,业主(工程师)应做出公开的明确的书面答复。这些答复作为这些问题的解释,有法律约束力。承包商切不可随意理解合同,导致盲目投标。

(2)全面的环境调查。

承包合同是在一定的环境条件下实施的。工程环境对工程实施方案、合同工期和费用有直接的影响。工程环境又是工程风险的主要根源。承包商必须收集、整理、保存一切可能对实施方案、工期和费用有影响的工程环境资料。这不仅是工程预算和报价的需要,而且是做施工方案、施工组织、合同控制、索赔(反索赔)的需要。

工程环境包括工程项目所在地,以及工程的具体环境。环境调查有极其广泛的内容,它包括:

①与工程项目相关的主要法律及其基本精神,如合同法、工程招投标法、环保法等,工程所在地法规、规章或管理办法等。

②调查市场和价格,例如,建筑工程、建材、劳动力、运输等的市场供应情况和价格水平,生活费用价格,通信、能源等的价格,设备购置和租赁条件和价格等。

③业主的经济状况、资信、建设资金的落实情况,业主和工程师能否公平合理地对待承包商等。

④自然条件方面的包括:气候,如气温、温度、降雨量、雨季分布及天数;可以利用的建筑材料资源,如砂、石、土壤等;工程的水文情况、地质情况、施工现场地形、平面布置、道路、给水排水、交通工具及价格、能源供应、通信等;各种不可预见的自然灾害的情况,如地震、洪水、暴雨、风暴等。

⑤参加投标的竞争对手情况,如他们的能力、业绩、优势、目前所实施工程的情况、可能

的报价水平等。

⑥过去同类工程的情况,包括价格水平、工期、合同及合同的执行情况、经验教训等。

⑦其他方面,例如,当地有关部门的办事效率和所需各种费用,当地的风俗习惯、生活条件和方便程度,当地人的商业习惯,当地人的文化程度、技术水平等。

环境调查工作第一要保证真实可靠,反映实际。第二是要具有全面性,应包括对实施方案的编制、编标报价、合同实施有重大影响的各种信息,不能有任何遗漏。国外许多大的承包公司制定标准格式,固定调查内容(栏目)的调查表,并由专人负责处理这方面的事务。这样不仅不会遗漏应该调查的内容,而且使整个调查工作规范化、条理化。第三是工程环境的调查不仅要了解过去和目前情况,还需预测其趋势和将来情况。第四是所调查的资料应系统化,建立文档保存。因为许多资料不仅是报价的依据,而且是施工过程中索赔的依据。

(3)确定实施方案。

首先,实施方案是工程预算的依据,不同的实施方案则有不同的工程预算成本,则有不同的报价。其次,实施方案是业主选择承包商的重要决定因素。在投标书中承包商必须向业主说明拟采用的实施方案和工程总的进度安排。业主以此评价承包商投标的科学性、安全性、合理性和可靠性。

承包商的实施方案是按照自己的实际情况(如技术装备水平、管理水平、资源配置能力、资金等),在工程具体环境中完成合同所规定的义务(工程规模、业主总工期要求、技术标准)的措施和手段。

(4)工程预算。

工程预算是核算承包商为全面地完成招标文件所规定的义务所必需的费用支出。它是承包商的保本点,是工程报价的基础。而报价一经被确认,即成合同价格,则承包商必须按这个价格完成合同所规定的工程施工,并修补其任何缺陷。所以,承包商必须按实际情况做工程预算。工程预算的计算基础包括:

①招标文件确定的承包商的合同责任、工程范围和详细的工作量。复核业主所给工程量表中的工程量。

②工程环境,特别是劳动力、材料、机械、分包工程以及其他费用项目的价格水平。

③具体的实施方案,以及在这种工程环境中,按这种实施方案施工的生产效率和资源消耗水平。

(5)制定报价策略并做出报价。

在预算成本的基础上承包商确定工程的投标报价。这里必须注意报价策略,承包商的报价策略是经营策略的重要组成部分。报价策略必须综合考虑承包商的经营总战略。

(6)编制投标文件,递送标书。

按照招标文件的要求填写投标文件,并准备相应的附件,在投标截止期前送达业主。投标文件作为合同的一部分,它是承包商提交的最重要的文件。

c.向业主澄清投标书中的有关问题

按照通常的招标投标规则,开标后,业主选3~5家投标有效且报价低而合理的投标商做详细评标。评标是业主(工程师)对投标文件进行全面分析,在分析中发现的问题、矛盾、错误、不清楚的地方,业主(工程师)一般要求承包商在澄清会议上做出答复、解释,也包括对不合理的实施方案、组织措施或工期做出修改。

澄清会议是承包商与业主的又一次重要的正式接触,入围的几家承包商进行更为激烈的竞争,任何人都不可以掉以轻心。虽然在招标文件中都规定定标前不允许调整合同价格,承包商提出的优惠条件也不作为评标依据,但许多的承包商常常提出优惠的条件吸引业主,提高自己报价的竞争力。

d. 合同谈判(中标后谈判)

经过多方接触、商讨,业主对投标文件做最终评定,确定中标人,并发出中标通知书,则双方应协商签订承包合同协议书。

在这过程中,承包商应利用机会进行认真的合同谈判。尽管按照招标文件要求,承包商在投标书中已明确表示对招标文件中的投标条件、合同条件的认可(完全响应和承诺),并受它的约束,但合同双方通常都希望进一步商谈。这对双方都有利,双方可以进一步讨价还价,业主希望得到更优惠的服务和价格,承包商希望得到一个合理的价格,或改善合同条件。议价谈判和修改合同条件是合同谈判的主要内容。因为,一方面,价格是合同的主要条款之一。另一方面,价格的调整常常伴随着合同条款的修改;反之,合同条款的修改也常常伴随着价格的调整。

对招标文件分析中发现的合同问题和风险,如不利的、单方面约束性的、风险型的条款,可以在这个阶段争取修改。承包商可以通过向业主提出更为优惠的条件,以换取对合同条件的修改,如进一步降低报价;缩短工期;延长保修期;提出更好的、更先进的实施方案和技术措施;提出新的服务项目,扩大服务范围等。

但中标后谈判的最终主动权在业主。如果虽经谈判,但双方未能达成一致,则还按原投标书和中标通知书内容确定合同。

3)承包商合同管理的基本任务

通过招标投标形成合同是工程承包合同的特点,又是承包商的业务承接方式。需完成好下列的合同管理工作:

(1)投标决策工作,例如投标方向的选择,投标策略的制定。

(2)招标文件及合同条件的审查分析工作。这通常由合同管理者承担。合同管理在承包合同形成过程中,即在报价和合同谈判中起着重要作用。它从如下几个方面积极配合承包商制订报价策略,配合主谈人的谈判:

①进行招标文件分析和合同文本审查。

②进行工程合同的策划。

③进行合同风险分析。

④为工程预算、报价、合同谈判和合同签订提供决策的信息、建议、意见,甚至警告,对合同修改进行法律方面的审查。

2. 承包商的合同总体策划

1)合同总体策划基本概念

在建筑工程项目的开始阶段,必须对工程相关的合同进行总体策划,首先确定带根本性和方向性的,对整个工程、对整个合同的实施有重大影响的问题。合同总体策划的目标是通过合同保证项目目标的实现。它必须反映建筑工程项目战略和企业战略,反映企业的经营指导方针。它主要确定如下一些重大问题:

(1)如何将项目分解成几个独立的合同? 每个合同有多大的工程范围?

（2）采用什么样的委托方式和承包方式？采用什么样的合同形式及条件？

（3）合同中一些重要条款的确定。

（4）合同签订和实施过程中一些重大问题的决策。

（5）相关各个合同在内容上、时间上、组织上、技术上的协调等。

正确的合同总体策划能够保证圆满地履行各个合同，促使各合同达到完善的协调，顺利地实现工程项目的整体目标。

2）合同总体策划的依据

合同双方有不同的立场和角度，但他们有相同或相似的策划研究内容。合同策划的依据主要有：

（1）业主方面：业主的资信、管理水平和能力，业主的目标和动机，期望对工程管理的介入深度，业主对承包商的信任程度，业主对工程的质量和工期要求等。

（2）承包商方面：承包商的能力、资信、企业规模、管理风格和水平、目标与动机、目前经营状况、过去同类工程经验、企业经营战略等。

（3）工程方面：工程的类型、规模、特点、技术复杂程度、工程技术设计准确程度、计划程度、招标时间和工期的限制、项目的盈利性、工程风险程度、工程资源（如资金等）供应及限制条件等。

（4）环境方面：建筑市场竞争激烈程度，物价的稳定性，地质、气候、自然、现场条件的确定性等。

以上诸方面是考虑和确定合同问题的基本点。

3）合同总体策划过程

通过合同总体策划，确定工程合同的一些重大问题。它对工程项目的顺利实施，对项目总目标的实现有决定性作用。上层管理者对它应有足够的重视。合同总体策划过程如下：

（1）研究企业战略和项目战略，确定企业和项目对合同的要求。合同必须体现和服从企业和项目战略。

（2）确定合同的总体原则和目标。

（3）分层次、分对象对合同的一些重大问题进行研究，列出可能的各种选择，按照上述策划的依据，综合分析各种选择的利弊得失。

（4）对合同的各个重大问题做出决策和安排，提出合同措施。

在合同策划中有时要采用各种预测、决策方法，风险分析方法，技术经济分析方法，如专家咨询法、头脑风暴法、因素分析法、决策树、价值工程等。由于它不仅对一个具体的合同产生影响，而对整个工程也产生影响，所以上层管理者对它要有足够的重视。

4）承包商的合同总体策划

在建筑工程市场中，业主处于主导地位。业主的合同决策，承包商常常必须执行或服从（如招标文件、合同条件）。但承包商有自己的合同策划问题，它服从于承包商的基本目标（取得利润）和企业经营战略。

a. 投标方向的选择

承包商通过市场调查获得许多工程招标信息。他必须就投标方向做出战略决策，他的战略依据是：

（1）承包市场情况，竞争的形势，如市场处于发展阶段或处于不景气阶段。

（2）该工程竞争者的数量以及竞争对手状况，以预估自己投标的竞争力和中标的可能性。

（3）工程及业主状况。

①工程的特点：技术难度，时间紧迫程度，是否为重大的有影响的工程。

②业主的规定和要求，如承包方式、合同种类、招标方式、合同的主要条款。

③业主的资信，如业主是否为资信好的企业家或政府。业主的建设资金准备情况和企业的运行状况。

（4）承包商自身的情况，包括本公司的优势和劣势，如技术水平、施工力量、资金状况、同类工程经验、现有的在手工程数量等。

投标方向的确定要能最大限度地发挥自己的优势，符合承包商的经营总战略，如正准备发展，力图打开局面，则应积极投标。

通过上述情况分析，可以预测中标的可能性，选择中标可能性大的工程投标。投标方向的选择不是一次性的，在投标过程中都有可能改变。

这几方面同样是承包商制定报价策略和合同谈判策略的基础。

b. 合作方式的选择

在承包合同（主合同）投标前，承包商必须就如何完成合同范围的工程做出决定。因为任何承包商都有可能不能自己独立完成全部工程（即使是最大的公司），一方面可能没有这个能力，另一方面也可能不经济。他须与其他承包商（分包商）合作，就合作方式做出选择。无论是分包还是合伙或成立联合公司，都是为了合作，为了充分发挥各自的技术、管理、财力的优势，以共同承担风险，但不同合作形式其风险分担程度不一样，承包商要根据具体情况，权衡利弊以选择合适的合作形式。

c. 在投标报价和合同谈判中一些重要问题的确定

（1）承包商所属各分包（包括劳务、租赁、运输等）合同之间的协调。

（2）分包合同的范围、委托方式、定价方式和主要合同条款的确定。

（3）承包合同投标报价策略的制定。

（4）合同谈判策略的制定等。

d. 确定合同执行战略

合同执行战略是承包商按企业和工程具体情况确定的执行合同的基本方针，例如：

（1）企业必须考虑该工程在企业同期许多工程中的地位、重要性，确定优先等级。对重要的有重大影响的工程必须全力保证，在人力、物力、财力上优先考虑，如对企业信誉有重大影响的创牌子工程，大型、特大型工程，对企业准备发展业务的地区的工程等。

（2）承包商必须以积极合作的态度和热情圆满地履行合同。在工程中，特别在遇到重大问题时积极与业主合作，以赢得业主的信赖，赢得信誉。例如在中东，有些合同在签订后，或在执行中遇到不可抗力事件（如战争、革命），按规定可以撕毁合同，但有些承包商理解业主的困难，暂停施工，同时采取措施，保护现场，降低业主损失，待干扰事件结束后，继续履行合同，这样不仅保住了合同，取得了利润而且赢得了信誉。

（3）对明显导致亏损的工程，特别是企业难以承受的亏损，或业主资信不好，难以继续合作，有时不惜以撕毁合同来解决问题。

（4）对有些合理的索赔要求解决不了，承包商在合同执行上可以通过控制进度，通过间接表达履约热情和积极性向业主施加压力和影响以求得合理的解决。

5) 工程合同体系中各个合同之间的协调

业主为了实现工程总目标,可能会签订许多主合同;承包商为了完成他的承包合同责任也可能会订立许多分合同。这些合同从宏观上构成项目的合同体系,从微观上它们定义并安排了一些工程活动,共同构成项目的实施过程。在这个合同体系中,相关的同级合同之间,以及主合同和分合同之间存在着复杂的关系,必须对此做出周密的计划和安排。在实际工作中,由于这几方面的不协调而造成的工程失误是很多的。合同之间关系的安排及协调不仅是合同策划问题,而且是合同的具体管理问题。

承包商的各个分合同与拟由自己完成的工程(或工作)一起应能涵盖总承包合同责任。在工作内容上不应有缺陷或遗漏。要系统地进行项目的结构分解,在详细的项目结构分解的基础上列出各个合同的工程量表。要进行项目任务(各个合同或各个承包单位,或项目单元)之间的界面分析,确定各个界面上的工作责任、成本、工期、质量的定义。

分合同必须按照主合同的条件订立,全面反映主合同相关内容。主合同风险要反映在分合同中,由相关的分包商承担。为了保证主合同不折不扣地完成,分合同一般比主合同条款更为严格、周密和具体,对分包单位提出更为严格的要求,所以对分包商的风险更大。各合同所定义的专业工程之间应有明确的界面和合理的搭接。

一般在主合同估价前,就应向各分包商(供应商)询价,或进行洽商,在分包报价的基础上考虑到管理费等因素,作为总包报价,所以分包报价水平常常又直接影响总包报价水平和竞争力。

作为总承包商,周围最好要有一批长期合作的分包商和供应商,作为忠实的伙伴。这是有战略意义的。可以确定一些合作原则和价格水准,这样可以保证分包价格的稳定性。

由各个合同所确定的工程活动不仅要与项目计划(或主合同)的时间要求一致,而且它们之间时间上要协调,即各种工程活动形成一个有序的、有计划的主合同实施活动,例如,设计图纸供应与施工,设备、材料供应与运输,土建和安装施工,工程交付与运行等之间应合理搭接。每一个合同都定义了许多工程活动,形成各自的子网络。它们又一起形成一个项目的总网络。

3. 招标文件的分析

对一般常见的公开招标工程,由业主委托咨询工程师起草招标文件。它是承包商制订方案、工程估价、投标、合同谈判的基础。承包商取得(购得)招标文件后,通常首先进行总体检查,包括文件的完备性,工程招标的法律条件,然后分三部分进行全面分析:第一,招标条件分析。分析的对象是投标人须知,通过分析不仅掌握招标过程和各项要求,对投标报价工作做出具体安排,而且了解投标风险。第二,工程技术文件分析。即进行图纸会审,工程量复核,图纸和规范中的问题分析。在此基础上进行材料、设备的分析,做实施方案,进行询价。第三,合同文本分析。分析的对象是合同协议书和合同条件。这是合同管理的主要任务。

1) 合同文本的基本要求

合同文本通常指合同协议书和合同条件等文件,是合同的核心。它确定了当事人双方在工程中的义务和权益。合同一经签订,它即成为合同双方在工程过程中的最高法律。它的每项条款都与双方的利益相关,影响到双方的成本、费用和收入。所以,人们常说,合同学字千金。

由于建筑工程、建筑生产活动的特点和工程承包合同的作用,对工程承包合同文本有如下基本要求:

(1)内容齐全,条款完整,不能漏项。合同虽在工程实施前起草和签订,但应对工程实施过程中的各种情况都要做出预测、说明和规定,以防止"扯皮"和争执。

(2)定义清楚、准确,双方工程责任的界限明确,不能含混不清。合同条款应是肯定型的、可执行的。对具体问题,各方该做什么,不该做什么,谁负责,谁承担费用,应十分明确。

(3)内容具体、详细,不能笼统,不怕条文多。双方对合同条款应有统一的解释。在合同签订前,双方应就合同解释进行广泛接触。只有在谈判中麻烦多、纠缠多,才会使执行中争执少、损失少。

(4)合同应体现双方平等互利,即责任和权益,工程(工作)和报酬之间应平衡,合理分配风险,公平地分担工作和责任。但这仅是一般原则,它的具体体现还必须靠签约人努力争取,而且它难以具体地、明确地定界和责难,没有衡量的标准。

2)进行合同文本分析的原因

在工程实施过程中,常有如下情况发生:

(1)合同签订后才发现,合同中缺少某些重要的、必不可少的条款,但双方已签字,难以或不可能再做修改或补充。

(2)在合同实施中发现,合同规定含糊,难以分清双方的责任和权益;不同的合同条款,不同的合同文件之间规定和要求不一致。

(3)合同条款本身缺陷和漏洞太多,对许多可能发生的情况未做估计和具体规定。有些合同条款都是一些原则性的、抽象的规定,可执行性太差,可操作性不强。合同中出现错误、矛盾和二义性。

(4)合同双方对同一合同条款的理解大相径庭。双方在签约前未就合同条款的理解进行沟通。在合同实施过程中,出现激烈的争执。

(5)合同一方在合同实施中才发现,合同的某些条款对自己极为不利,隐藏着极大的风险,或过于苛刻,甚至中了对方圈套。

(6)有些承包合同合法性不足,例如,合同的签订不符合法定程序;合同中的一些条款,合同实施过程中的有些经济活动与法律相抵触,结果导致整个合同,或合同的部分条款无效。

这在实际工程中都屡见不鲜,即使在一些大的国际工程中也时常发生这些情况。这将导致激烈的合同争执,工程不能顺利实施,合同一方或双方蒙受损失。因此,在取得招标文件之后,必须进行仔细分析,以便能及早解决或采取预防措施。

3)合同文本分析的内容

合同文本分析是一项综合性的、复杂的、技术性很强的工作。它要求合同管理者必须熟悉合同相关的法律、法规;精通合同条款;对工程环境有全面的了解;有承包合同管理的实际工作经验和经历。

通常,承包合同文本分析主要有如下几个方面。

a.承包合同的合法性分析

承包合同必须在法律基础的范围内签订和实施,否则会导致承包合同全部或部分无效。

这是一个最严重的,影响最大的问题。承包合同的合法性分析通常包括如下内容:

(1)当事人(发包人)的资格审查。发包人具有发包工程、签订合同的资质和权能,例如法人,或合法的代理人,且工程发包在他的代理业务范围内。

(2)工程项目已具备招标投标、签订和实施合同的一切条件,包括:

①完成相应的报建手续,具有各种工程建设的批准文件。

②各种工程建设的许可证,建设规划文件,城建部门的批准文件。

③招标投标过程符合法定的程序。

(3)工程承包合同的内容(条款)和所指的行为符合经济合同法和其他各种法律的要求,例如税赋和免税的规定、外汇额度条款、劳务进出口、劳动保护、环境保护等条款要符合相应的法律规定。

(4)有些合同需要公证,或由官方批准才能生效。这应在招标文件中做出特别说明。在国际工程中,有些国家项目、政府工程,在合同签订后,或业主向承包商发出授标意向书(甚至通知书)后,还得经政府批准,合同才能正式生效。这应特别予以注意。

在不同的国家,对不同的工程项目,合同合法性的具体内容可能不同。这方面的审查分析,通常由律师完成。这是对承包合同有效性的控制。

b. 承包合同的完整性分析

一个工程承包合同是要完成一个确定范围的工程施工,则该承包合同所应包含的合同事件(或工程活动),工程本身各种问题的说明,工程过程中所涉及、可能出现的各种问题的处理,以及双方责任和权益等,应有一定的范围。所以,合同的内容应有一定的范围。广义地说,承包合同的完整性包括相关的合同文件的完备性和合同条款的完备性。

(1)承包合同文件的完备性是指属于该合同的各种文件(特别是工程技术、环境、水文地质等方面的说明文件和技术设计文件等)齐全。在获取招标文件后应做这方面的检查。如果发现不足,则应要求业主(工程师)补充提供。

(2)合同条款的完备性是指合同条款齐全,对各种问题都有规定,不漏项。这是合同完整性分析的重点。通常它与使用什么样的合同文本有关:

①如果采用标准的合同文本,如在国际工程中使用 FIDIC 条件,则一般该合同完整性问题不太大。因为标准文本条款齐全,内容完整,如果又是一般的工程项目,则可以不做合同的完整性分析。但对特殊的工程,双方有一些特殊的要求,有时需要增加内容,即使 FIDIC 合同也须做一些补充。

②如果未使用标准文本,但存在该类合同的标准文件,则可以以标准文本为样板,将所签订的合同与标准文本的对应条款一一对照,则可以发现该合同缺少哪些必需条款。例如,签订一个国际土木工程施工合同,而合同文本是由业主自己起草的,则可以将它与 FIDIC 条件相比,以检查所签订的合同条款的完整性。

③对无标准文本的合同类型(如分包合同、劳务合同),则起草者必须进行该类合同的结构分析,确定该类合同的范围和标准结构形式;再将被分析的合同按标准结构拆分开。这样很快即可分析出该合同是否缺少,或缺少哪些必需条款。

合同条件的不完备会造成合同双方对权益和责任理解的错误,会引起承包商和业主计划和组织的失误,最终造成工程不能顺利实施,增加双方合同争执。所以,合同双方都应努力签订一个完备的合同。

c. 合同双方责任和权益及其关系分析

合同应公平合理地分配双方的责任和权益,使它们达到总体平衡。首先按合同条款列出双方各自的责任和权益,在此基础上进行它们的关系分析。

在合同中,合同双方的责任和权益是互为前提条件的。业主有一项合同权益,则必是承包商一项合同责任;反之,承包商的一项权益,又必是业主的一项合同责任。而且合同事件之间有一定的连续关系(逻辑关系),构成合同事件网络。则通过这几方面的分析可以确定合同双方责权利是否平衡,合同有无逻辑问题(执行上的矛盾)。

在承包合同中要注意合同双方责任和权力的制约关系。

(1)如果合同规定业主有一项权力,则要分析该项权力的行使对承包商的影响;该项权力是否需要制约,业主有无滥用这个权力的可能。这样可以提出对这项权力的反制约。如果没有这个制约,则业主的权力不平衡。

例如,业主和工程师对承包商的工程和工作的检查权、认可权、满意权、指令权的限制。FIDIC 规定,工程师有权要求对承包商的材料、设备、工艺进行合同中未指明或规定的检查,承包商必须执行,甚至包括破坏性检查。但如果检查结果表明材料、工程设备和工艺符合合同规定,则业主应承担相应的损失(包括工期和费用赔偿)。这就是对业主和工程师检查权的限制,防止滥用检查权。

(2)如果合同规定承包商有一项责任,则应分析,完成这项合同责任有什么前提条件。如果这些前提条件由业主提供或完成,则应作为业主的一项责任,在合同中做明确规定,进行反制约。如果缺少这些反制约,则合同双方责权利关系不平衡。

例如,承包合同规定,承包商必须按规定的日期开工,则同时应规定,业主必须按合同规定及时提供场地、图纸、道路、接通水电,及时划拨预付工程款,办理工程各种许可证,包括劳动力入境、居住、劳动许可证等。这是按时开工的前提条件,必须提出作为对业主的反制约。

(3)业主和承包商的责任和权益应尽可能具体、详细,并注意其范围的限定。作为承包商特别应注意合同中对自己权益的保护条款,例如工期延误罚款的最高限额的规定、索赔条件、仲裁条款,在业主严重违约的情况下中止合同的权力及索赔权力等。

例如,某合同中地质资料说明地下为普通地质砂土。合同条件规定,"如果出现岩石地质,则应根据商定的价格调整合同价"。

这里只有"岩石地质"才能索赔,索赔范围太小,承包商的权益受到限制。因为在普通砂土地质和岩石地质之间还有许多种其他地质情况,也会造成承包商费用的增加和工期的延长。所以,如果将"岩石地质"换成"与标书规定的普通地质不符合的情况",则索赔范围就扩大了。

又如某施工合同中,工期索赔条款规定:"只要业主查明拖期是由于意外暴力造成的,则可以免去承包商的拖期责任。"

这里"意外暴力"不具体,比较含糊,而且所指范围太狭窄。最好将"意外暴力"改为"非承包商责任的原因",这样扩大了承包商的索赔权力范围。

d. 合同条款之间的联系分析

通常,合同分析首先针对具体的合同条款(或合同结构中的子项)。根据它的表达方式,分析它的执行将会带来什么问题和后果。在此基础上还应注意合同条款之间的内在联系。同样一种表达方式,在不同的合同环境中,有不同的上下文,则可能有不同的风险。

由于合同条款所定义的合同事件和合同问题具有一定的逻辑关系(如实施顺序关系,空间上和技术上的互相依赖关系,责任和权力的平衡和制约关系,完整性要求等),使得合同条款之间有一定的内在联系,共同构成一个有机的整体,即一份完整的合同。例如:

有关合同价格方面的问题涉及:合同计价方法、进度款结算和支付、保留金、预付款、外汇比例、竣工结算和最终结算、合同价格的调整条件、程序、方法等。

工程变更问题涉及:工程范围,变更的权力和程序,有关价格的确定,索赔条件、程序、有效期等。

它们之间互相联系,构成一个有机的整体;通过内在联系分析可以看出合同中条款之间的缺陷、矛盾、不足之处和逻辑上的问题等。

e. 合同实施的后果分析

在合同签订前必须充分考虑到合同签订并付诸实施后会有什么样的后果,例如:

(1)在合同实施中会有哪些意想不到的情况?

(2)这些情况发生应如何处理?

(3)自己如果完不成合同责任应承担什么样的法律责任?

(4)对方如果完不成合同责任应承担什么样的法律责任?

4. 合同风险分析

在任何经济活动中,要取得盈利,必然要承担相应的风险。这里的风险是指经济活动中的不确定性。它如果发生,就会导致经济损失。一般风险应与盈利机会同时存在,并成正比,即经济活动的风险越大,盈利机会(或盈利率)就应越大。这个体现在工程承包合同中,合同条款应公平合理;合同双方责权利关系应平衡;合同中如果包含的风险较大,则承包商应提高合同价格,加大不可预见风险费。

由于承包工程的特点和建筑市场的激烈竞争,承包工程风险很大,范围很广,是造成承包商失败的主要原因。现在,风险管理已成为衡量承包商管理水平的主要标志之一。

1)承包商风险管理的任务

承包商风险管理的任务主要有如下几方面:

(1)在合同签订前对风险做全面分析和预测。主要考虑如下问题:

①工程实施中可能出现的风险的类型、种类。

②风险发生的规律,如发生的可能性,发生的时间及分布规律。

③风险的影响,即风险如果发生,对承包商的施工过程,对工期和成本(费用)有哪些影响;承包商要承担哪些经济的和法律的责任等。

④各风险之间的内在联系,如一起发生或伴随发生的可能。

(2)对风险进行有效的对策和计划,即考虑如果风险发生应采取什么措施予以防止,或降低它的不利影响,为风险做组织、技术、资金等方面的准备。

(3)在合同实施中对可能发生,或已经发生的风险进行有效的控制:

①采取措施防止或避免风险的发生。

②有效地转移风险,争取让其他方面承担风险造成的损失。

③降低风险的不利影响,减少自己的损失。

④在风险发生的情况下进行有效的决策,对工程施工进行有效的控制,保证工程项目的顺利实施。

2) 承包工程的风险

承包工程中常见的风险有如下四类:

(1) 工程的技术、经济、法律等方面的风险。

①现代工程规模大,功能要求高,需要新技术,特殊的工艺,特殊的施工设备,工期紧迫。

②现场条件复杂,干扰因素多;施工技术难度大,特殊的自然环境,如场地狭小,地质条件复杂,气候条件恶劣;水电供应、建材供应不能保证等。

③承包商的技术力量、施工力量、装备水平、工程管理水平不足,在投标报价和工程实施过程中会有这样或那样的失误,例如:技术设计、施工方案、施工计划和组织措施存在缺陷和漏洞,计划不周,报价失误。

④承包商资金供应不足,周转困难。

⑤在国际工程中还常常出现对当地法律、语言不熟悉,对技术文件、工程说明和规范理解不正确或出错的现象。

在国际工程中,以工程所在国的法律作为合同的法律基础,这本身就隐藏着很大的风险。而许多承包商对此常常不够重视,最终导致经济损失。另外,我国许多建筑企业初涉国际承包市场,不了解情况,不熟悉国际工程惯例和国际承包业务,这里也包含很大的风险。

(2) 业主资信风险。

业主是工程的所有者,是承包商最重要的合作者。业主资信情况对承包商的工程施工和工程经济效益有决定性影响。属于业主资信风险的有如下几方面:

①业主的经济情况变化,如经济状况恶化,濒于倒闭,无力继续实施工程,无力支付工程款,工程被迫中止。

②业主的信誉差,不诚实,有意拖欠工程款。

③业主为了达到不支付,或少支付工程款的目的,在工程中苛刻刁难承包商,滥用权力,施行罚款或扣款。

④业主经常改变主意,如改变设计方案、实施方案,打乱工程施工秩序,但又不愿意给承包商以补偿等。

这些情况无论在国际和国内工程中,都是经常发生的。在国内的许多地方,长期拖欠工程款已成为妨碍施工企业正常生产经营的主要原因之一。在国际工程中,也常有工程结束数年,而工程款仍未完全收回的实例。

(3) 外界环境的风险。

①在国际工程中,工程所在国政治环境的变化,如发生战争、禁运、罢工、社会动乱等造成工程中断或终止。

②经济环境的变化,如通货膨胀、汇率调整、工资和物价上涨。物价和货币风险在承包工程中经常出现,而且影响非常大。

③合同所依据的法律的变化,如新的法律颁布,国家调整税率或增加新税种,新的外汇管理政策等。

④自然环境的变化,如百年未遇的洪水、地震、台风等,以及工程水文、地质条件的不确定性。

(4) 合同风险。

上述列举的几类风险,反映在合同中,通过合同定义和分配,则成为合同风险。工程承包合同中一般都有风险条款和一些明显的或隐含着的对承包商不利的条款。它们常造成承包商的损失,是进行合同风险分析的重点。

3)承包合同中的风险分析

a.承包合同风险的特性

合同风险是指合同中的不确定性。它有两个特性:

(1)合同风险事件,可能发生,也可能不发生;但一经发生就会给承包商带来损失。风险的对立面是机会,它会带来收益。

但在一个具体的环境中,双方签订一个确定内容的合同,实施一个确定规模和技术要求的工程,则工程风险有一定的范围,它的发生和影响有一定的规律性。

(2)合同风险是相对的,通过合同条文定义风险及其承担者。在工程中,如果风险成为现实,则由承担者主要负责风险控制,并承担相应损失责任。所以,对风险的定义属于双方责任划分问题,不同的表达,则有不同的风险,则有不同的风险承担者。如在某合同中规定:

"……乙方无权以任何理由要求增加合同价格,如……国家调整海关税……"。

"……乙方所用进口材料,机械设备的海关税和相关的其他费用都由乙方负责缴纳……"。

则国家对海关的调整完全是承包商的风险,如果国家提高海关税率,则承包商要蒙受损失。

而如果在该条中规定,进口材料和机械设备的海关税由业主缴纳,乙方报价中不包括海关税,则这对承包商便不再是风险,海关税风险已被转嫁给业主。

而如果按国家规定,该工程进口材料和机械设备免收海关税,则不存在海关税风险。

作为一份完备的合同,不仅应对风险有全面地预测和定义,而且应全面地落实风险责任,在合同双方之间公平合理地分配风险。

b.承包合同风险的种类

具体地说,承包合同中的风险可能有如下几种:

(1)合同中明确规定的承包商应承担的风险。

一般工程承包合同中都有明确规定承包商应承担的风险条款,常见的有:

①工程变更的补偿范围和补偿条件。例如某合同规定,工程变更在15%的合同金额内,承包商得不到任何补偿,则在这个范围内的工程量可能的增加是承包商的风险。

②合同价格的调整条件。如对通货膨胀、汇率变化、税收增加等,合同规定不予调整,则承包商必须承担全部风险;如果在一定范围内可以调整,则承包商承担部分风险。

③业主和工程师对设计、施工、材料供应的认可权和各种检查权。在工程中,合同和合同条件常赋予业主和工程师对承包商工程和工作的认可权和各种检查权。但这必须有一定的限制和条件,应防止写有"严格遵守工程师对本工程任何事项(不论本合同是否提出)所作的指示和指导"。如果有这一条,业主可能使用这个"认可权"或"满意权"提高工程的设计、施工、材料标准,而不对承包商补偿,则承包商必须承担这方面变更风险。

在工程过程中,业主和工程师有时提出对已完工程、隐蔽工程、材料、设备等的附加检查和试验要求。就会造成承包商材料、设备或已完工程的损坏和检查试验费用的增加。对此,合同中如果没有相应的限制和补偿条款,极容易造成承包商的损失。所以,在合同中应明确规定,如果承包商的工程或工作符合合同规定的质量标准,则业主应承担相应的检查费用和工期延误的责任。

④其他形式的风险型条款,如索赔有效期限制等。

(2)合同条文不全面、不完整,没有将合同双方的责权利关系全面表达清楚,没有预计到合同实施过程中可能发生的各种情况。这样导致合同过程中的激烈争执,最终导致承包商的损失。例如:缺少工期拖延罚款的最高限额的条款,缺少工期提前的奖励条款,缺少业主拖欠工程款的处罚条款。

对工程量变更、通货膨胀、汇率变化等引起的合同价格的调整没有具体规定调整方法、计算公式、计算基础等,如对材料价差的调整没有具体说明是否对所有的材料,是否对所有相关费用(包括基价、运输费、税收、采购保管费等)做调整,以及价差支付时间。

合同中缺少对承包商权益的保护条款,如在工程受到外界干扰情况下的工期和费用的索赔权等。

在某国际工程施工合同中遗漏工程价款的外汇额度条款。

由于没有具体规定,如果发生这些情况,业主完全可以以“合同中没有明确规定”为理由,推卸自己的合同责任,使承包商受到损失。

(3)合同条文不清楚,不细致,不严密。承包商不能清楚地理解合同内容,造成失误。这里有招标文件的语言表达方式,表达能力,承包商的外语水平,专业理解能力或工作不细致等问题。

例如,在某些工程承包合同中有如下条款:“承包商为施工方便而设置的任何设施,均由他自己付款”。这种提法对承包商很不利,在工程过程中业主可能对某些永久性设施以“施工方便”为借口而拒绝支付。

又如合同中对一些问题不做具体规定,仅用“另行协商解决”等字眼。

对业主供应的材料和生产设备,合同中未明确规定详细的送达地点,没有“必须送达施工和安装现场”。这样很容易对场内运输,甚至场外运输责任引起争执。

(4)发包商为了转嫁风险提出单方面约束性的、过于苛刻的、责权利不平衡的合同条款。

明显属于这类条款的是,对业主责任的开脱条款。这在合同中经常表达为:“业主对……不负任何责任”。例如:

①业主对任何潜在的问题,如工期拖延、施工缺陷、付款不及时等所引起的损失不负责;

②业主对招标文件中所提供的地质资料、试验数据、工程环境资料的准确性不负责;

③业主对工程实施中发生的不可预见风险不负责;

④业主对由于第三方干扰造成的工程拖延不负责等。

这样将许多属于业主责任的风险推给承包商。与这一类条款相似的是,在承包合同有这样的表达形式:“在……情况下,不得调整合同价格”,或“在……情况下,一切损失由承包商负责”。例如,某合同规定:“乙方无权以任何理由要求增加合同价格,如市场物价上涨,货币价格浮动,生活费用提高,工资的基限提高,调整税法,关税,国家增加新的赋税等”。

这类风险型条款在分包合同中也特别明显。例如,某分包合同规定:“由总包公司通知分包公司的有关业主的任何决定,将被认为是总包公司的决定而对本合同有效”。则分包商承担了总包合同的所有相关的风险。

又如,分包合同规定:“总承包商同意在分包商完成工程,经监理工程师签发证书并在业主支付总承包商该项工程款后若干天内,向分包商付款"。这样,如果总承包商其他方面工程出现问题,业主拒绝付款,则分包商尽管按分包合同完成工程,但仍得不到工程款。

例如,某分包合同规定,对总承包商因管理失误造成的违约责任,仅当这种违约造成分包商人员和物品的损害时,总承包商才给分包商以赔偿,而其他情况不予赔偿。这样,总承包商管理失误造成分包商成本和费用的增加不在赔偿之内。

有时有些特殊的规定应注意,例如有一承包合同规定,合同变更的补偿仅对重大的变更,且仅按单个建筑物和设施地平以上体积变化量计算补偿。这实质上排除了工程变更索赔的可能,在这种情况下承包商的风险很大。

c. 合同风险分析的影响因素

合同风险管理完全依赖风险分析的准确程度、详细程度和全面性。合同风险分析主要依靠如下几方面因素:

(1)承包商对环境状况的了解程度。要精确地分析风险必须做详细的环境调查,大量占有第一手资料。

(2)对招标文件分析的全面程度、详细程度和正确性,当然同时又依赖于招标文件的完备程度。

(3)对业主和工程师资信和意图了解的深度和准确性。

(4)对引起风险的各种因素的合理预测及预测的准确性。

(5)做标期的长短。

4)合同风险的防范对策

对于承包商,在任何一份工程承包合同中,问题和风险总是存在的,没有不承担风险,绝对完美和双方责权利关系绝对平衡的合同(除了成本加酬金合同)。对分析出来的合同风险必须认真地进行对策研究。对合同风险有对策和无对策,有准备和无准备是大不一样的。这常常关系到一个工程的成败,任何承包商都不能忽视这个问题。

在合同签订前,风险分析全面、充分,风险对策周密、科学,在合同实施中如果风险成为现实,则可以从容应付,立即采取补救措施。这样可以极大地降低风险的影响,减少损失。

反之,如果没有准备,没有预见风险,没有对策措施,风险一经发生,管理人员手足无措,不能及时地、有效地采取补救措施。这样会扩大风险的影响,增加损失。

对合同风险一般有如下几种对策。

a. 在报价中考虑

(1)提高报价中的不可预见风险费。

对风险大的合同,承包商可以提高报价中的风险附加费,为风险做资金准备。风险附加费的数量一般依据风险发生的概率和风险一经发生承包商将要受到的费用损失量确定。所以风险越大,风险附加费应越高,但这受到很大限制。风险附加费太高对合同双方都不利:业主必须支付较高的合同价格;承包商的报价太高,失去竞争力,难以中标。

(2)采取一些报价策略。

采取一些报价策略,以降低、避免或转移风险,例如开口升级报价法、多方案报价法等。在报价单中,建议将一些花费大、风险大的分项工程按成本加酬金的方式结算。

但由于业主和监理工程师管理水平的提高,招标程序的规范化和招标规定的健全,这些策略的应用余地和作用已经很小,弄得不好承包商会丧失承包工程资格或造成报价失误。

（3）在法律和招标文件允许的条件下，在投标书中使用保留条件、附加或补充说明。

b. 通过谈判，完善合同条文，双方合理分担风险

合同双方都希望签订一个有利的、风险较少的合同。但在工程过程中许多风险是客观存在的，问题是由谁来承担。减少或避免风险，是承包合同谈判的重点。合同双方都希望推卸和转嫁风险，所以在合同谈判中常常几经磋商，有许多讨价还价。

通过合同谈判，完善合同条文，使合同能体现双方责权利关系的平衡和公平合理。这是在实际工作中使用最广泛，也是最有效的对策。

（1）充分考虑合同实施过程中可能发生的各种情况，在合同中予以详细地、具体地规定，防止意外风险。所以，合同谈判的目标，首先是对合同条文拾遗补缺，使之完整。

（2）使风险型条款合理化，力争对责权利不平衡条款、单方面约束性条款做修改或限定，防止独立承担风险。例如：

合同规定，业主和工程师可以随时检查工程质量。同时又应规定，如由此造成已完工程损失，影响工程施工，而承包商的工程和工作又符合合同要求，业主应予以赔偿损失。

合同规定，承包商应按合同工期交付工程，否则，必须支付相应的违约罚款。合同同时应规定，业主应及时交付图纸，交付施工场地、行驶道路，支付已完工程款等，否则工期应予以顺延。

对不符合工程惯例的单方面约束性条款，在谈判中可列举工程惯例，劝说业主取消。

（3）将一些风险较大的合同责任推给业主，以减少风险。当然，常常也相应地减少收益机会。例如，让业主负责提供价格变动大，供应渠道难保证的材料；由业主支付海关税，并完成材料、机械设备的入关手续；让业主承担业主的工程管理人员的现场办公设施、办公用品、交通工具、食宿等方面的费用。

（4）通过合同谈判争取在合同条款中增加对承包商权益的保护性条款。

c. 保险公司投保

工程保险是业主和承包商转移风险的一种重要手段。当出现保险范围内的风险，造成财务损失时，承包商可以向保险公司索赔，以获得一定数量的赔偿。一般在招标文件中，业主都已指定承包商投保的种类，并在工程开工后就承包商的保险做出审查和批准。通常承包工程保险有：工程一切险，施工设备保险，第三方责任险，人身伤亡保险等。

承包商应充分了解这些保险所保的风险范围、保险金计算、赔偿方法、程序、赔偿额等详细情况。

d. 采取技术的、经济的和管理的措施

在承包合同的实施过程中，采取技术的、经济的和管理的措施，以提高应变能力和对风险的抵抗能力。例如：

（1）对风险大的工程派遣最得力的项目经理、技术人员、合同管理人员等，组成精干的项目管理小组；

（2）施工企业对风险大的工程，在技术力量、机械装备、材料供应、资金供应、劳务安排等方面予以特殊对待，全力保证合同实施；

（3）对风险大的工程，应做更周密的计划，采取有效的检查、监督和控制手段；

（4）风险大的工程应该作为施工企业的各职能部门管理工作的重点，从各个方面予以保证。

e. 在工程过程中加强索赔管理

用索赔和反索赔来弥补或减少损失,这是一个很好的,也是被广泛采用的对策。通过索赔可以提高合同价格,增加工程收益,补偿由风险造成的损失。

许多有经验的承包商在分析招标文件时就考虑其中的漏洞、矛盾和不完善的地方,考虑到可能的索赔,甚至在报价和合同谈判中为将来的索赔留下伏笔。但这本身常常又会有很大的风险。

f. 其他对策

(1)将一些风险大的分项工程分包出去,向分包商转嫁风险。

(2)与其他承包商合伙承包,或建立联合体,共同承担风险等。

5. 合同审查表

1)合同审查表的作用

将上述分析和研究的结果可以用合同审查表进行归纳整理。用合同审查表可以系统地进行合同文本中的问题和风险分析,提出相应的对策。合同审查表的主要作用有:

(1)将合同文本"解剖"开来,使它"透明"和易于理解,使承包商和合同主谈人对合同有一个全面的了解。

这个工作非常重要,因为合同条文常常不易读懂,连惯性差,对某一问题可能会在几个文件或条款中予以定义或说明。所以,首先必须将它归纳整理,进行结构分析。

(2)检查合同内容上的完整性。用标准的合同结构对照该合同文本,即可发现它缺少哪些必需条款。

(3)分析评价每一合同条文执行的法律后果,将给承包商带来的问题和风险,为报价策略的制定提供资料,为合同谈判和签订提供决策依据。

(4)通过审查还可以发现:

①合同条款之间的矛盾性,即不同条款对同一具体问题规定或要求不一致;

②对承包商不利,甚至有害的条款,如过于苛刻、责权利不平衡、单方面约束性条款;

③隐含着较大风险的条款;

④内容含糊,概念不清,或自己未能完全理解的条款。

所有这些均应向业主提出,要求解释和澄清。

对于一些重大的工程或合同关系和合同文本很复杂的工程,合同审查的结果应经律师或合同法律专家核对评价,或在他们的直接指导下进行审查。这会减少合同中的风险,减少合同谈判和签订中的失误。国外的一些管理公司在做合同审查后,还常常委托法律专家对审查结果做鉴定。

2)合同审查表

a. 合同审查表的格式

要达到合同审查目的,审查表至少应具备如下功能:

(1)完整的审查项目和审查内容。通过审查表可以直接检查合同条文的完整性。

(2)被审查合同在对应审查项目上的具体条款和内容。

(3)对合同内容的分析评价,即合同中有什么样的问题和风险。

(4)针对分析出来的问题提出建议或对策。

如表 10-1 所示为某承包商合同审查表的格式,按不同的要求,其栏目还可以增减。

表 10-1　合同审查表

审查项目编号	审查项目	合同条款	内容	说明	建议或对策
⋮	⋮	⋮	⋮	⋮	⋮
J020200	工程范围	合同第13条	包括在工程量清单中所列出的供应和工程,以及没列出的,但为工程经济地和安全地运行必不可少的供应和工程	工程范围不清楚,甲方可以随便扩大工程范围,增加新项目	1. 限定工程范围仅为工程量清单所列; 2. 增加对新的附加工程重新商定价格的条款
⋮	⋮	⋮	⋮	⋮	⋮
S060201	海关手续	合同第40条	乙方负责缴纳海关税,办理材料和设备的入关手续	该国海关效率太低,经常拖延海关手续,故最好由甲方负责入关手续,这样风险较小	建议加上"在接到到货通知后×天内,甲方完成海关放行的一切手续"
S080812	维修期	合同第54条	自甲方初步验收之日起,维修保证期为1年。在这期间发现缺点和不足,那么乙方应在收到甲方通知之日一周内进行维修,费用由乙方承担	这里未定义"缺点"和"不足"的责任,即由谁引起的	在"缺点和不足"前加上"由于乙方施工和材料质量原因引起的"
⋮	⋮	⋮	⋮	⋮	⋮

b. 审查项目

审查项目的建立和合同结构标准化是审查的关键。在实际工程中,某一类合同如国际土木工程施工合同,它的条款内容、性质和说明的对象常常有一致性,则可以将这类合同的结构(注意,不是合同文本形式)固定下来,作为该类合同的标准结构。合同审查可以以合同标准结构中的项目和子项目作为对象。它们即为审查项目。

合同审查工作可以用计算机来完成。先将合同标准结构存入计算机中,审查只需将被审查的合同按标准结构逐条拆分,输入计算机中,再按规定的程序进行审查分析。

c. 编码

这是为了计算机数据处理的需要而设计的,以方便调用、对比、查询和储存。应设置统一的合同结构编码系统。

编码应能反映所审查项目的如下特征:

审查项目的类别:例如表 10-1,"J"为技术方面的规定。

项目:如"02"为工程范围;

子项目:如"03"为工程变更条件。

则,"J0203"可表示:"技术方面的规定,工程范围,工程变更条件"。

对复杂的合同还可细分。

d. 合同条文

合同条文即对应审查项目上被审查合同的对应条款号。

e. 内容

内容即被审查合同相应条款的内容。这是合同风险分析的对象。在表上可直接摘录(复印)原合同文本内容,即将合同文本按检查项目拆分开来。

f. 说明

这是对该合同条款存在的问题和风险的分析。这里要具体地评价该条款执行的法律后果,将给承包商带来风险。分析的依据有:

(1)合同审查者的合同和合同管理方面的知识、经验和能力。

(2)将每一审查项目不同风险程度的表达方式存入计算机中,如风险很大、风险较大、没有风险、较为有利、很为有利的表达。审查时可以将它们调出与被审查合同的对应条款内容相对比,以分析该条款的风险程度。

这需要分析许多承包合同的构成和表达形式,分析这些合同实施的利弊得失。国外的一些承包公司和项目管理公司十分注重经验的积累。合同结束后,合同管理人员进行分析研究,总结经验,对照合同条款和合同执行的情况和结果,做合同后评价。这样,合同理解水平、合同谈判和合同管理水平将会不断提高。

g. 建议或对策

针对审查分析得出的合同中存在的问题和风险,应采取相应的措施。这是合同管理者对报价和合同谈判提出的建议。

合同审查后,将合同审查结果以最简洁的形式表达出来,交给承包商和合同谈判主谈人。合同谈判主谈人在谈判中可以针对审查出来的问题和风险与对手谈判,同时在谈判中落实审查表中的建议或对策,做到有的放矢。

6. 投标文件检查分析

投标文件是承包商的报价文件,是对业主招标文件的响应。它作为一份要约,一般从投标截止期之后,承包商即对它承担法律责任。

1)投标书中可能存在的问题

由于投标的准备期短,投标人对环境不熟悉,又不可能花许多时间和精力编标,使得投标书中会有这样或那样的问题,使得标书无效,或是中标后没有盈利、亏损甚至是项目失败。例如:

(1)报价错误。包括运算错误、打印错误等。

(2)实施方案不科学、不安全、不完备、过于简略。

(3)未按招标文件的要求编制,缺少一些业主要求的内容。

(4)对业主的招标文件理解错误。

(5)不适当地使用了一些报价策略。例如有附加说明、严重的不平衡报价等。

因此,投标文件在递交前还要进行全面的检查分析。

2）投标文件审查分析

（1）投标书的有效性分析,如印章、授权委托书是否符合要求。

（2）投标文件的完整性,即投标文件中是否包括招标文件规定应提交的全部文件,特别是授权委托书、投标保函和各种业主要求提交的文件。

（3）投标文件与招标文件一致性的审查。一般招标文件都要求投标人完全按招标文件的要求投标报价,完全响应招标要求。这里必须分析是否完全响应,有无修改或附带条件。

（4）报价分析。对报价本身的正确性、完整性、合理性进行分析。

①检查工程量表,是否所有要求报价的项目都已经报价。

②检查是否有明显的数字运算错误,单价、数量与合价之间是否一致,合同总价累计是否正确等。

③进一步分析报价策略的合理性。

报价分析可以分为如下几个层次:

一是总报价分析。与以往同类工程总报价进行对比分析。

二是各单位工程报价分析。与以往同类工程各单位工程报价进行对比分析。

三是各分部工程报价分析。与以往同类工程各分部工程报价对比分析。

四是各分项工程报价分析。与以往同类工程各分项工程报价对比分析。

五是各专项费用(如间接费率)分析。与以往同类工程各专项费用(如间接费率)对比分析。

六是不可预见费的分析。不可预见费是否打足? 是否考虑了全部风险?

报价分析应特别注意工程量大、价格高、对总报价影响大的分项。在此基础上,考虑竞争因素等,分析报价及报价策略的合理性。

（5）进一步检查分析施工规划的可行性、合理性和全面性,确保中标后的项目顺利实施。

①检查分析对该工程的性质、工程范围、难度、自己对工程责任的理解的正确性。评价施工方案、作业计划、施工进度计划的科学性和可行性,能保证合同目标的实现。

②工程按期完成的可能性。

③施工的安全、劳动保护、质量保证措施、现场布置的科学性。

④投标人用于该工程的人力、设备、材料计划的准确性,各供应方案的可行性。

⑤项目班子分析。主要是项目经理、主要工程技术人员的工作经历、经验。

通过对投标文件进行分析,可以检查对招标文件和业主意图理解的正确程度。如果投标文件出现大的偏差,如报价太低、施工方案不安全合理、工程范围与合同要求不一致,则必然会导致合同实施中的矛盾、失误、争执。

10.2.4.2　合同签订过程中的合同管理

开标之后,如果投标人列上了第一标或排在前几标,则说明投标人已具有进一步谈判和取得项目的可能性。从招标的程序上说,就进入了评标和决标阶段。对承包商来讲,这个阶段是通过谈判手段力争拿到项目的阶段。本阶段的主要任务是:

（1）合同谈判战略的确定。

（2）做好合同谈判工作。承包商应选择最熟悉合同,最有合同管理和合同谈判方面知识、经验和能力的人作为主谈者进行合同谈判。

按照常规，业主和承包商之间的合同谈判一般分两步走。即评标和决标阶段谈判和商签合同阶段的谈判。前一阶段中，业主与通过评审委员会初步评审出的最有可能被接受的几个投标人进行商谈。商谈的主要问题主要是技术答辩，也包括价格问题和合同条件等问题。通过商谈，双方讨价还价，反复磋商逐步达成一致，最终选定中标人。当业主已最终选定一家承包商作为唯一的中标者，并只和这家承包商进一步商谈时，就进入了商签合同阶段。一般先由业主发出中标通知函，然后约见和谈判，即将过去双方通过谈判达成的一致意见具体化，形成完整的合同文件，进一步协商和确认，并最终签订合同。有时由于规定的评标阶段长，业主也往往采用先选定中标者，进行商谈后再发中标通知函，同时发出合同协议书，进一步商谈并最终签订合同协议书。本阶段的谈判特点是，谈判局面已有所改变，承包商已由过去的时刻处于被人裁定的卖方的地位转变为可以与业主及其咨询人员（未来的项目监理工程师）同桌商谈的项目合伙人的地位。因此，承包商可以充分利用这一有利地位，对合同文件中的关键性条款，尤其是一些不够合理的条款，进一步展开有理、有利、有节的谈判，说服业主做出让步，力争合同条款公平合理。必要时还需要加入个别的保护承包商自身合法权益的条款。当然，这决不能对以前已经达成的一致意见进行翻案、言而无信，而是从合作搞好项目出发，进一步提出建设性意见。另外，也要看到在双方未签署合同协议书以前，买方仍然有权改变卖方，买方可以约见第二位卖方另行商谈。一般来说，买方不会轻易这样做，因为买方与第二位卖方的会谈将会更困难，第二位卖方的身价必然要升高，买方的有利地位将削弱。因此，形成的合同文件中如果确有不合理的条款，由于合同未签约，尚未缴纳履约担保，承包商不受合同的约束也不致蒙受巨大损失，在一些强加的不合理条款得不到公平合理的解决时，承包商往往宁可冒损失投标保证金的风险而退出谈判。然而，对承包商来说，毕竟还是要力争拿到项目的，并且还要考虑，一旦合同签约，这种有法律约束力的合同关系将会保持和延续很长时间，如果在本阶段的谈判中留有较强的阴影，必将在整个履行合同过程中导致一定程度的不良反映和报复。本阶段的谈判必须要坚持运用建设型谈判方式，谋求双方的共同利益，建立新的合作伙伴关系，使双方能在履行合同过程中创立最佳的合作意愿和气氛，保证项目的顺利实施和建设成功。本阶段的谈判重点一般都放在合同文件的组成、顺序、合同条款的内容和条件以及合同价款的确认上。

在谈判阶段，不但要做好谈判的各项准备工作，选用恰当的谈判技巧和策略，而且要注意下列问题。

1. 符合承包商的基本目标

承包商的基本目标是取得工程利润，所以"合于利而动，不合于利而止"（孙子兵法，火攻篇）。这个"利"可能是该工程的盈利，也可能为承包商的长远利益。合同谈判和签订应服从企业的整体经营战略。"不合于利"，即使丧失工程承包资格，失去合同，也不能接受责权利不平衡，明显导致亏损的合同，这应作为基本方针。

承包商在签订承包合同中常常会犯这样的错误：

（1）由于长期承接不到工程而急于求战，急于使工程成交，而盲目签订合同。

（2）初到一个地方，急于打开局面，承接工程，而草率签订合同。

（3）由于竞争激烈，怕丧失承包资格而接受条件苛刻的合同。

上述这些情况很少有不失败的。

所以，作为承包商应牢固地确立：宁可不承接工程，也不能签订不利的、明显导致亏损的合同。"利益原则"不仅是合同谈判和签订的基本原则,而且是整个合同管理和工程项目管理的基本原则。

2. 积极地争取自己的正当权益

合同法和其他经济法规赋予合同双方以平等的法律地位和权力。按公平原则,合同当事人双方应享有对等的权力和应尽的义务,任何一方得到的利益应与支付给对方的代价之间平衡。但在实际经济活动中,这个地位和权力还要靠承包商自己争取。而且在合同中,这个"平等"常常难以具体地衡量。如果合同一方自己放弃这个权力,盲目地、草率地签订合同,致使自己处于不利地位,受到损失,法律对他也难以提供帮助和保护。所以,在合同签订过程中放弃自己的正当权益,草率地签订合同是"自杀"行为。

承包商在合同谈判中应积极地争取自己的正当权益,争取主动。如有可能,应争取合同文本的拟稿权。对业主提出的合同文本,应进行全面地分析研究。在合同谈判中,双方应对每个条款做具体的商讨,争取修改对自己不利的、苛刻的条款,增加承包商权益的保护条款。对重大问题不能客气和让步,要针锋相对。承包商切不可在观念上把自己放在被动地位上,有处处"依附于人"的感觉。

当然,谈判策略和技巧是极为重要的。通常,在决标前,即承包商尚要与几个对手竞争时,必须慎重,处于守势,尽量少提出对合同文本做大的修改。在中标后,即业主已选定承包商作为中标人,应积极争取修改风险型条款和过于苛刻的条款,对原则问题不能退让和客气。

3. 重视合同的法律性质

分析国际和国内承包工程的许多案例可以看出,许多承包合同失误是承包商不了解或忽视合同的法律性质,没有合同意识造成的。

合同一经签订,即成为合同双方的最高法律,它不是道德规范。合同中的每一条都与双方利害相关。签订合同是个法律行为,所以在合同谈判和签订中,既不能用道德观念和标准要求和指望对方,也不能用它们来束缚自己。这里要注意如下几点:

(1)一切问题,必须"先小人,后君子""丑话说在前"。对各种可能发生的情况和各个细节问题都要考虑到,并做出明确的规定,不能有侥幸心理。

尽管从取得招标文件到投标截止时间很短,承包商也应将招标文件内容,包括投标人须知、合同条件、图纸、规范等弄清楚,并详细地了解合同签订前的环境,切不可期望到合同签订后再做这些工作。这方面的失误承包商自己负责,对此也不能有侥幸心理,不能为将来合同实施留下麻烦和"后遗症"。

(2)一切都应明确地、具体地、详细地规定。对方已"原则上同意""双方有这个意向"常常是不算数的。在合同文件中一般只有确定性、肯定性语言才有法律约束力,而商讨性、意向性用语很难具有约束力。通常意向书不属于确认文件,它不产生合同,实际用途较小。

在国际工程中,有些国家工程、政府项目,合同授予前须经政府批准或认可。对此,通常业主先给已选定的承包商一份意向书。这一意向书不产生合同。如果在合同正式授予前,承包商为工程做前期准备工作(如调遣队伍、订购材料和设备,甚至做现场准备等),而由于各种原因合同最终没有签订,承包商很难获得业主的费用补偿。因为意向书对业主一般没有约束力,除非在意向书中业主指令承包商在中标函发出前进行某些准备工作(一般为了节省工期),而且明确表示对这些工作付款,否则,承包商的风险很大。

对此比较好的处理办法是,如果在中标函发出前业主要求承包商着手某些工作,则双方应签订一项单独施工准备合同。如果本工程承包合同不能签订,则业主对承包商进行费用补偿。如果工程承包合同签订,则该施工准备合同无效(已包括在主合同中)。

(3)在合同的签订和实施过程中,不要轻易地相信任何口头承诺和保证,少说多写。双方商讨的结果,做出的决定,或对方的承诺,只有写入合同,或双方文字签署才算确定;相信"一字千金",不相信"一诺千金"。

(4)对在标前会议上和合同签订前的澄清会议上的说明、允诺、解释和一些合同外要求,都应以书面的形式确认,如签署附加协议、会谈纪要、备忘录等,或直接修改合同文件,写入合同中。这些书面文件也作为合同的一部分,具有法律效力,常常可以作为索赔的理由。

但是在合同签订前,双方需要对合同条件、中标函、投标书中的部分内容做修改,或取消这些内容,则必须直接修改上述文件,通常不能以附加协议、信件、会谈纪要等修改或确认。因为合同签订前的这些确认文件、协议等法律优先地位较低。当它们与合同协议书、合同条件、中标函、投标书等内容不一致或相矛盾时,后者优先。同样,在工作量表、规范中也不能有违反合同条件的规定。

4.重视合同的审查和风险分析

不计后果地签订合同是危险的,也很少有不失败的。在合同签订前,承包商应认真地、全面地进行合同审查和风险分析,弄清楚自己的权益和责任,完不成合同责任的法律后果。对每一条款的利弊得失都应清楚了解。承包商应委派有丰富合同工作经验和经历的专家承担这项工作。

合同风险分析和对策一定要在报价和合同谈判前进行,以作为投标报价和合同谈判的依据。在合同谈判中,双方应对各合同条款和分析出来的风险进行认真商讨。

在谈判结束,合同签约前,还必须对合同做再一次的全面分析和审查。其重点为:

(1)前面合同审查所发现的问题是否都有了落实,得到解决,或都已处理过;不利的、苛刻的、风险型条款,是否都已做了修改。

(2)新确定的,经过修改或补充的合同条文还可能带来新的问题和风险,与原来合同条款之间可能有矛盾或不一致,仍可能存在漏洞和不确定性。在合同谈判中,投标书及合同条件的任何修改,签署任何新的附加协议、补充协议,都必须经过合同审查,并备案。

(3)对仍然存在的问题和风险是否都已分析出来,承包商是否都十分明了或已认可,已有精神准备或有相应的对策。

(4)合同双方是否对合同条款的理解有完全的一致性。业主是否认可承包商对合同的分析和解释。对合同中仍存在着的不清楚、未理解的条款,应请业主做书面说明和解释。

最终将合同检查的结果以简洁的形式(如表和图)和精练的语言表达出来,交承包商,由他对合同的签约做最后决策。

在合同谈判中,合同主谈人是关键。他的合同管理和合同谈判知识、能力和经验对合同的签订至关重要。但他的谈判必须依赖于合同管理人员和其他职能人员的支持:对复杂的合同,只有充分地审查,分析风险,合同谈判才能有的放矢,才能在合同谈判中争取主动。

5.尽可能使用标准的合同文本

现在,无论在国际工程中或在国内工程中都有通用的、标准的合同文本。由于标准的合同文本内容完整,条款齐全;双方责权利关系明确,而且比较平衡;风险较小,而且易于分析;

承包商能得到一个合理的合同条件。这样可以减少招标文件的编制和审核时间,减少漏洞,双方理解一致,极大地方便合同的签订和合同的实施控制,对双方都有利。作为承包商,如果有条件(如有这样的标准合同文本)则应建议采用标准合同文本。

6. 加强沟通和了解

在招标投标阶段,双方本着真诚合作的精神多沟通,达到互相了解和理解。实践证明,双方理解越正确、越全面、越深刻,合同执行中对抗越少,合作越顺利,项目越容易成功。国际工程专家曾指出:"虽然工程项目的范围、规模、复杂性各不相同,但一个被业主、工程师、承包商都认为成功的项目,其最主要的原因之一是,业主、工程师、承包商能就项目目标达成共识,并将项目目标建立在各种完备的书面合同上……它们应是平等的,并能明确工程的施工范围……"。

作为承包商,应抓住如下几个环节:

(1)正确理解招标文件,吃透业主的意图和要求。

(2)有问题可以利用标前会议,或通过通信手段向业主提出。一定要多问,不可自以为是地解释合同。

(3)在澄清会议上将自己的投标意图和依据向业主说明,同时又可以进一步地了解业主的要求。

(4)在合同谈判中进一步沟通,详细地交换意见。

10.2.4.3　工程承包合同履行过程中的合同管理

合同签订后,作为企业层次的合同管理工作主要是进行合同履行分析、协助企业建立合适的项目经理部及履行过程中的合同控制。

1. 概述

1) 承包合同履行分析的必要性

承包商在合同实施过程中的基本任务是使自己圆满地完成合同责任。整个合同责任的完成是靠在一段段时间内完成一项项工程和一个个工程活动实现的,所以合同目标和责任必须贯彻落实在合同实施的具体问题上和各工程小组以及各分包商的具体工程活动中。承包商的各职能人员和各工程小组都必须熟练地掌握合同,用合同指导工程实施和工作,以合同作为行为准则。国外的承包商都强调必须"天天念合同经"。

但在实际工作中,承包商的各职能人员和各工程小组不能都手执一份合同,遇到具体问题都由各人查阅合同,因为合同本身有如下不足之处:

(1)合同条文往往不直观明了,一些法律语言不容易理解。在合同实施前进行合同分析,将合同规定用最简单易懂的语言和形式表达出来,使人一目了然,这样才能方便日常管理工作。承包商、项目经理、各职能人员和各工程小组也不必经常为合同文本和合同式的语言所累。

工程各参加者,包括业主、监理工程师和承包商、承包商的各工程小组、职能人员和分包商,对合同条文的解释必须有统一性和同一性。在业主与承包商之间,合同解释权归监理工程师。而在承包商的施工组织中,合同解释权必须归合同管理人员。如果在合同实施前,不对合同做分析和统一的解释,而让各人在执行中翻阅合同文本,极容易造成解释不统一,而导致工程实施的混乱。特别对复杂的合同,各方面关系比较复杂的工程,这个工作极为重要。

(2)合同内容没有条理,有时某一个问题可能在许多条款,甚至在许多合同文件中规定,在实际工作中使用极不方便。例如,对一分项工程,工程量和单价在工程量清单中,质量要求包含在工程图纸和规范中,工期按网络计划,而合同双方的责任、价格结算等又在合同文本的不同条款中。这容易导致执行中的混乱。

(3)合同事件和工程活动的具体要求(如工期、质量、技术、费用等),合同各方的责任关系,事件和活动之间的逻辑关系极为复杂。要使工程按计划、有条理地进行,必须在工程开始前将它们落实下来,从工期、质量、成本、相互关系等各方面定义合同事件和工程活动。

(4)许多工程小组,项目管理职能人员所涉及的活动和问题不是全部合同文件,而仅为合同的部分内容。他们没有必要在工程实施中死抱着合同文件。

(5)在合同中依然存在问题和风险,这是必然的。它们包括两个方面:合同审查时已经发现的风险和还可能隐藏着的尚未发现的风险。合同中还必然存在用词含糊,规定不具体、不全面,甚至矛盾的条款。在合同实施前有必要做进一步的全面分析,对风险进行确认和定界,具体落实对策和措施。风险控制,在合同控制中占有十分重要的地位。如果不能透彻地分析出风险,就不可能对风险有充分的准备,则在实施中很难进行有效的控制。

(6)合同履行分析是对合同执行的计划,在分析过程中应具体落实合同执行战略。

(7)在合同实施过程中,合同双方会有许多争执。合同争执常常起因于合同双方对合同条款理解的不一致。要解决这些争执,首先必须做合同分析,按合同条文的表达分析它的意思,以判定争执的性质。要解决争执,双方必须就合同条文的理解达成一致。

在索赔中,索赔要求必须符合合同规定,通过合同分析可以提供索赔理由和根据。

合同履行分析,与前述招标文件的分析内容和侧重点略有不同。合同履行分析是解决"如何做"的问题,是从执行的角度解释合同。它是将合同目标和合同规定落实到合同实施的具体问题上和具体事件上,用以指导具体工作,使合同能符合日常工程管理的需要,使工程按合同施工。合同分析应作为承包商项目管理的起点。

2)合同分析的基本要求

a. 准确性和客观性

合同分析的结果应准确、全面地反映合同内容。如果分析中出现误差,它必然反映在执行中,导致合同实施出现更大的失误。所以,不能透彻、准确地分析合同,就不能有效、全面地执行合同。许多工程失误和争执都起源于不能准确地理解合同。

客观性,即合同分析不能自以为是和"想当然"。对合同的风险分析,合同双方责任和权益的划分,都必须实事求是地按照合同条文,按合同精神进行,而不能以当事人的主观意愿解释合同,否则必然导致实施过程中的合同争执,导致承包商的损失。

b. 简易性

合同分析的结果必须采用使不同层次的管理人员、工作人员能够接受的表达方式,如图表形式。对不同层次的管理人员提供不同要求、不同内容的合同分析资料。

c. 合同双方的一致性

合同双方,承包商的所有工程小组、分包商等对合同理解应有一致性。合同分析实质上是承包商单方面对合同的详细解释。分析中要落实各方面的责任界面,这极容易引起争执。所以合同分析结果应能为对方认可。如有不一致,应在合同实施前,最好在合同签订前解决,以避免合同执行中的争执和损失,这对双方都有利。合同争执的最终解决不是以单方面对合同理解为依据的。

d. 全面性

（1）合同分析应是全面的，对全部的合同文件作解释。对合同中的每一条款、每句话，甚至每个词都应认真推敲，细心琢磨，全面落实。合同分析不能只观其大略，不能错过一些细节问题，这是一项非常细致的工作。在实际工作中，常常一个词，甚至一个标点都能关系到争执的性质、一项索赔的成败、工程的盈亏。

（2）全面地、整体地理解，而不能断章取义，特别当不同文件、不同合同条款之间规定不一致，有矛盾时，更要注意这一点。

3）合同履行分析的内容和过程

按合同分析的性质、对象和内容，它可以分为：

（1）合同总体分析。

（2）合同详细分析。

（3）特殊问题的合同扩展分析。

2. 合同总体分析

合同总体分析的主要对象是合同协议书和合同条件等。通过合同总体分析，将合同条款和合同规定落实到一些带全局性的具体问题上。总体分析通常在如下两种情况下进行：

（1）在合同签订后实施前，承包商首先必须确定合同规定的主要工程目标，划定各方面的义务和权利界限，分析各种活动的法律后果。合同总体分析的结果是工程施工总的指导性文件，此时分析的重点是：

①承包商的主要合同责任，工程范围；

②业主（包括工程师）的主要责任；

③合同价格、计价方法和价格补偿条件；

④工期要求和补偿条件；

⑤工程受干扰的法律后果；

⑥合同双方的违约责任；

⑦合同变更方式、程序和工程验收方法等；

⑧争执的解决等。

在分析中应对合同中的风险，执行中应注意的问题做出特别的说明和提示。

合同总体分析后，应将分析的结果以最简单的形式和最简洁的语言表达出来，交项目经理、各职能部门和各职能人员，以作为日常工程活动的指导。

（2）在重大的争执处理过程中，例如在重大的或一揽子索赔处理中，首先必须做合同总体分析。

这里总体分析的重点是合同文本中与索赔有关的条款。对不同的干扰事件，则有不同的分析对象和重点。它对整个索赔工作起如下作用：

①提供索赔（反索赔）的理由和根据；

②合同总体分析的结果直接作为索赔报告的一部分；

③作为索赔事件责任分析的依据；

④提供索赔值计算方式和计算基础的规定；

⑤索赔谈判中的主要攻守武器。

合同总体分析的内容和详细程度与如下因素有关：

第一，分析目的。如果在合同履行前做总体分析，一般比较详细、全面；而在处理重大索赔和合同争执时做总体分析，一般仅需分析与索赔和争执相关的内容。

第二，承包商的职能人员、分包商和工程小组对合同文本的熟悉程度。如果是一个熟悉的，以前经常采用的文本（例如国际工程中使用 FIDIC 文本），则分析可简略，重点分析特殊条款和应重视的地方。

第三，工程和合同文本的特殊性。如果工程规模大，结构复杂，使用特殊的合同文本（如业主自己起草的非标准文本），合同条款复杂，合同风险大，变更多，工程的合同关系复杂，相关的合同多，则应详细分析。

3. 合同详细分析

承包合同的实施由许多具体的工程活动和合同双方的其他经济活动构成。这些活动也都是为了实现合同目标，履行合同责任，也必须受合同的制约和控制，所以它们又可以被称为合同事件。对一个确定的承包合同，承包商的工程范围，合同责任是一定的，则相关的合同事件也应是一定的。通常在一个工程中，这样的事件可能有几百件，甚至几千件。在工程中，合同事件之间存在一定的技术的、时间上的和空间上的逻辑关系，形成网络，所以在国外又被称为合同事件网络。

为了使工程有计划、有秩序、按合同实施，必须将承包合同目标、要求和合同双方的责权利关系分解落实到具体的工程活动上。这就是合同详细分析。

合同详细分析的对象是合同协议书、合同条件、规范、图纸、工作量表。它主要通过合同事件表、网络图、横道图和工程活动的工期表等定义各工程活动。合同详细分析的结果最重要的部分是合同事件表（见表 10-2）。

表 10-2　合同事件表

合同事件表		
子项目	事件编码	日期 变更次数
事件名称和简要说明		
事件内容说明		
前提条件		
本事件的主要活动		
负责人（单位）		
费用 计划 实际	其他参加者	工期 计划 实际

（1）事件编码。

这是为了计算机数据处理的需要，对事件的各种数据处理都靠编码识别。所以，编码要能反映该事件的各种特性，如所属的项目、单项工程、单位工程、专业性质、空间位置等。通常它应与网络事件的编码有一致性。

（2）事件名称和简要说明。

(3)变更次数和最近一次的变更日期。

它记载着与本事件相关的工程变更。在接到变更指令后,应落实变更,修改相应栏目的内容。

最近一次的变更日期表示,从这一天以来的变更尚未考虑到。这样可以检查每个变更指令的落实情况,既防止重复,又防止遗漏。

(4)事件的内容说明。

这里主要为该事件的目标,如某一分项工程的数量、质量、技术要求以及其他方面的要求。这由合同的工程量清单、工程说明、图纸、规范等定义,是承包商应完成的任务。

(5)前提条件。

该事件进行前应有哪些准备工作? 应具备什么样的条件? 这些条件有的应由事件的责任人承担,有的应由其他工程小组、其他承包商或业主承担。这里不仅确定事件之间的逻辑关系,而且划定各参加者之间的责任界限。

例如,某工程中,承包商承包了设备基础的土建和设备的安装工程。按合同和施工进度计划规定:

在设备安装前 3 d,基础土建施工完成,并交付安装场地;

在设备安装前 3 d,业主应负责将生产设备运送到安装现场,同时由工程师、承包商和设备供应商一起开箱检验;

在设备安装前 15 d,业主应向承包商交付全部的安装图纸;

在安装前,安装工程小组应做好各种技术的和物资的准备工作等。

这样对设备安装这个事件可以确定它的前提条件,而且各方面的责任界限十分清楚。

(6)本事件的主要活动。

即完成该事件的一些主要活动和它们的实施方法、技术、组织措施。这完全从施工过程的角度进行分析。这些活动组成该事件的子网络,例如,上述设备安装可能有如下活动:现场准备,施工设备进场、安装,基础找平、定位,设备就位,吊装,固定,施工设备拆卸、出场等。

(7)责任人。即负责该事件实施的工程小组负责人或分包商。

(8)成本(或费用)。这里包括计划成本和实际成本。有如下两种情况:

①若该事件由分包商承担,则计划费用为分包合同价格。如果有索赔,则应修改这个值。而相应的实际费用为最终实际结算账单金额总和。

②若该事件由承包商的工程小组承担,则计划成本可由成本计划得到,一般为直接费成本。而实际成本为会计核算的结果,在该事件完成后填写。

(9)计划和实际的工期。

计划工期由网络分析得到。这里有计划开始期、结束期和持续时间。实际工期按实际情况,在该事件结束后填写。

(10)其他参加人。即对该事件的实施提供帮助的其他人员。

从上述内容可见,合同详细分析包容了工程施工前的整个计划工作。详细分析的结果实质上是承包商的合同执行计划,它包括:

(1)工程项目的结构分解,即工程活动的分解和工程活动逻辑关系的安排。

(2)技术会审工作。

(3)工程实施方案,总体计划和施工组织计划。在投标书中已包括这些内容,但在施工前,应进一步细化,做详细的安排。

(4)工程详细的成本计划。

(5)合同详细分析不仅针对承包合同,而且包括与承包合同同级的各个合同的协调,包括各个分合同的工作安排和各分合同之间的协调。

所以合同详细分析是整个项目小组的工作,应由合同管理人员、工程技术人员、计划师、预算师(员)共同完成。

合同事件表是工程施工中最重要的文件,它从各个方面定义了该合同事件。这使得在工程施工中落实责任,安排工作,合同监督、跟踪、分析,索赔(反索赔)处理非常方便。

4.特殊问题的合同扩展分析

在合同的签订和实施过程中常常会有一些特殊问题发生,会遇到一些特殊情况:它们可能属于在合同总体分析和详细分析中发现的问题,也可能是在合同实施中出现的问题。这些问题和情况在合同签订时未预计到,合同中未明确规定或它们已超出合同的范围。而许多问题似是而非,合同管理人员对它们把握不准,为了避免损失和争执,则宜提出来进行特殊分析。由于实际工程问题非常复杂,千奇百怪,所以对特殊问题分析要非常细致和耐心,需要实际工程经验和经历。

对重大的、难以确定的问题应请专家咨询或做法律鉴定。特殊问题的合同扩展分析一般用问答的形式进行。

1)特殊问题的合同分析

针对合同实施过程中出现的一些合同中未明确规定的特殊的细节问题做分析。它们会影响工程施工、双方合同责任界限的划分和争执的解决。对它们的分析通常仍在合同范围内进行。

由于这一类问题在合同中未明确规定,其分析的依据通常有两个:

(1)合同意义的拓广。通过整体地理解合同,再做推理,以得到问题的解答。当然这个解答不能违背合同精神。

(2)工程惯例。在国际工程中则使用国际工程惯例,即考虑在通常情况下,这一类问题的处理或解决方法。

这是与调解人或仲裁人分析和解决问题的方法和思路一致的。

由于实际工程非常复杂,这类问题面广量大,稍有不慎就会导致经济损失。

例如某工程,合同实施和索赔处理中有几个问题难以判定,提出做进一步分析:

(1)按合同规定的总工期,应于××××年××月××日开始现场搅拌混凝土。因承包商的混凝土拌和设备迟迟运不到工地,承包商决定使用商品混凝土,但为业主否决。而在承包合同中未明确规定使用何种混凝土。问:只要商品混凝土符合合同规定的质量标准,它是否也要经过业主批准才能使用?

答:因为合同中未明确规定一定要用工地现场搅拌的混凝土,则商品混凝土只要符合合同规定的质量标准也可以使用,不必经过业主批准。因为按照惯例,实施工程的方法由承包商负责。在这前提下,业主拒绝承包商使用商品混凝土,是一个变更指令,对此可以进行工期和费用索赔。但该项索赔必须在合同规定的索赔有效期内提出。

(2)合同规定,进口材料的关税不包括在承包商的材料报价中,由业主支付。但合同未规定业主的支付日期,仅规定,业主应在接到到货通知单30 d内完成海关放行的一切手续。

现承包商急需材料,先垫支关税,以便及早取得材料,避免现场停工待料。问:对此,承包商是否可向业主提出补偿关税要求? 这项索赔是否也要受合同规定的索赔有效期的限制?

答:对此,如果业主拖延海关放行手续超过30 d,造成停工待料,承包商可将它作为不可预见事件,在合同规定的索赔有效期内提出工期和费用索赔。而承包商先垫付了关税,以便及早取得材料,对此承包商可向业主提出关税的补偿要求,因为按照国际工程惯例,承包商有责任和权力为降低损失采取措施。而业主行为对承包商并非违约,故这项索赔不受合同所规定的索赔有效期限制。

2)特殊问题的合同法律扩展分析

在工程承包合同的签订、实施或争执处理、索赔(反索赔)中,有时会遇到重大的法律问题。这通常有两种情况:

(1)这些问题已超过合同的范围,超过承包合同条款本身,例如有的干扰事件的处理合同未规定,或已构成民事侵权行为。

(2)承包商签订的是一个无效合同,或部分内容无效,则相关问题必须按照合同所适用的法律来解决。

在工程中,这些都是重大问题,对承包商非常重要,但承包商对它们把握不准,则必须对它们做合同法律的扩展分析,即分析合同的法律基础,在适用于合同关系的法律中寻求解答。这通常很艰难,一般要请法律专家做咨询或法律鉴定。

例如,某国一公司总承包伊朗的一项工程。由于在合同实施中出现许多问题,有难以继续履行合同的可能,合同双方出现大的分歧和争执。承包商想解约,提出这方面的问题请法律专家做鉴定:

(1)在伊朗法律中是否存在合同解约的规定?

(2)伊朗法律中是否允许承包商提出解约?

(3)解约的条件是什么?

(4)解约的程序是什么?

法律专家必须精通适用于合同关系的法律,对这些问题做出明确答复,并对问题的解决提供意见或建议。在此基础上,承包商才能决定处理问题的方针、策略和具体措施。

由于这些问题都是一些重大问题,常常关系到承包工程的盈亏成败,所以必须认真对待。

5. 项目经理部的建立

1)建立有效运行的项目经理部

根据《规范》,项目经理是企业法定代表人在承包的建设工程项目上的委托代理人。根据企业法定代表人的授权范围、时间和内容进行管理;负责从开工准备到竣工验收阶段的项目管理。项目经理的管理活动是全过程的,也是全面的即管理内容是全局性的,包含各个方面的管理。项目经理应接受法定代表人的领导,接受企业管理层、发包人和监理机构的检查与监督。

因此,建筑施工承包商在经过投标竞争获得工程项目承包资格后,首要任务是选定工程的项目经理。内部可以通过内部招标或委托方式,选聘项目经理,并由项目经理在企业支持下组建并领导、进行项目管理的组织机构即项目经理部。

项目经理部的作用是:作为企业在项目上的管理层,负责从开工准备到竣工验收的项目管理,对作业层有管理和服务的双重职能;作为项目经理的办事机构,为项目经理的决策提供信息和依据,当好参谋,并执行其决策;凝聚管理人员,形成组织力,代表企业履行施工合同,对发包人和项目产品负责;形成项目管理责任制和信息沟通系统,以形成项目管理的载体,为实现项目管理目标而有效运转。

建立有效运转的项目经理部应做到以下几点:

(1)建立项目经理部应遵守的原则。

①根据项目管理规划大纲确定的组织形式设立项目经理部。

项目管理规划大纲是由企业管理层依据招标文件及发包人对招标文件的解释,企业管理层对招标文件的分析研究结果,工程现场情况,发包人提供的信息和资料,有关市场信息,企业法定代表人的投标决策意见等资料编制的。包括:项目概况,项目实施条件分析,项目投标活动及签订施工合同的策略,项目管理目标,项目组织结构,质量目标和施工方案,工期目标和施工总进度计划,成本目标,项目风险预测和安全目标,项目现场管理和施工平面图,投标和签订施工合同,文明施工及环境保护等内容。

②根据施工项目的规模、复杂程度和专业特点设立项目经理部。

③应使项目经理部成为弹性组织,随工程的变化而调整,不成为固化的组织;项目经理部的部门和人员设置应面向现场,满足目标控制的需要;项目经理部组建以后,应建立有益于组织运转的规章制度。

(2)设立项目经理部的步骤:

①确定项目经理部的管理任务和组织形式;

②确定项目经理部的层次、职能部门和工作岗位;

③确定人员、职责、权限;

④对项目管理目标责任书确定的目标进行分解;

⑤制定规章制度和目标考核、奖惩制度。

(3)选择适当的组织形式。

组织形式指组织结构类型,是指一个组织以什么样的结构方式去处理层次、跨度、部门设置和上下级关系。组织形式的选定,对项目经理部的管理效率有极大影响。因此,要求做到以下几点:

①根据施工项目的规模、结构复杂程度、专业特点、人员素质和地域范围确定组织形式。

②当企业有多个大中型项目需要同时进行项目管理时,宜选用矩阵式组织形式。这种形式既能发挥职能部门的纵向优势,又能发挥项目的横向优势;既能满足企业长期例行性管理的需要,又能满足项目一次性管理的需要;一人多职,节省人员;具有弹性,调整方便,有利于企业对专业人才的有效使用和锻炼培养。

③远离企业管理层的大中型项目,且在某一地区有长期市场的,宜选用事业部式组织形式。这种形式的项目经理部对内可作为职能部门,对外可作为实体,有相对独立的经营权,可以迅速适应环境的变化,提高项目经理部的应变能力。

④如果企业在某一地区只有一个大型项目,而没有长期市场,可建立工作队式项目经理部,以使它具有独立作战能力,完成任务后能迅速解体。

⑤如果企业有许多小型施工项目，可设立部门控制式的项目经理部，几个小型项目组成一个较大型的项目，由一个项目经理部进行管理。这种项目经理部可以固化，不予解体。但是大中型项目不应采用固化的部门控制式项目经理部。

（4）合理设置项目经理部的职能部门，适当配置人员。

职能部门的设置应紧紧围绕各项项目管理内容的需要，贯彻精干高效的原则。对项目经理部人员的配置，《规范》提出了两项关键要求：大型项目的项目经理必须有一级项目经理资质；管理人员中的高级职称人员不应低于 10%。

为了使项目部能有效而顺利的运行，正确地履行合同，企业的合同管理人员与项目的合同管理人员不要绝对分离，即应让项目部的有关人员进入前期工作，使他们熟悉项目及在投标准备过程中的对策和策略，很好地理解合同，以便缩短合同的准备时间，在签订合同后能尽快制订科学、合理、操作性更强的施工组织设计。

（5）制定必要的规章制度。项目经理部必须执行企业的规章制度，当企业的规章制度不能满足项目经理部的需要时，项目经理部可以自行制定项目管理制度，但是应报企业或其授权的职能部门批准。

（6）使项目经理部正常运行并解体。

为使项目经理部有效运行，《规范》提出了三项要求：一是项目经理部应按规章制度运行，并根据运行状况检查信息控制运行，以实现项目目标；二是项目经理部应按责任制运行，以控制管理人员的管理行为；三是项目经理部应按合同运行，通过加强组织协调，以控制作业队伍和分包人员的行为。

项目经理部解体的理由有四点：一是有利于建立适应一次性项目管理需要的组织机构；二是有利于建立弹性的组织机构，以适时地进行调整；三是有利于对已完成的项目进行审计、总结、清算和清理；四是有利于企业管理层和项目管理层的两层分离和两层结合，既强化企业管理层，又强化项目管理层。实行项目经理部解体，是在组织体制改革中改变传统组织习惯的一项艰巨任务。

2）签订"项目管理目标责任书"

企业法定代表人与项目经理签订"项目管理目标责任书"。

"项目管理目标责任书"是企业法定代表人根据施工合同和经营管理目标要求明确规定项目经理应达到的成本、质量、进度和安全等控制目标的文件。"项目管理目标责任书"由企业法定代表人从企业全局利益出发确定的项目经理的具体责任、权限和利益。"项目管理目标责任书"应包括五项内容：企业各部门与项目经理部之间的关系，项目经理部所需作业队伍、材料、机械设备等的供应方式，应达到的项目质量、安全、进度和成本目标，在企业制度规定以外的、由企业法定代表人委托的事项，企业对项目经理部人员进行奖惩的依据、标准、办法及应承担的风险。

3）进行合同交底

企业的合同管理机构组织项目经理部的全体成员学习合同文件和合同分析的结果，对合同的主要内容做出解释和说明，统一认识。使大家熟悉合同中的主要内容、各种规定、管理程序，了解承包商的合同责任和工程范围、各种行为的法律后果等。

10.3　项目层次的合同管理

10.3.1　合同实施控制

由于现代工程的特点,使得合同实施管理极为困难和复杂,日常的事务性工作极多。为了使工作有秩序、有计划地进行,保证正确地履行合同,就必须建立工程承包合同实施的保证体系,对工程项目的实施进行严格的合同控制。

10.3.1.1　建立合同实施的保证体系

1.落实合同责任,实行目标管理

合同和合同分析的资料是工程实施管理的依据。合同组人员的职责是根据合同分析的结果,把合同责任具体地落实到各责任人和合同实施的具体工作上。

(1)组织项目管理人员和各工程小组负责人学习合同条文和合同总体分析结果,对合同的主要内容做出解释和说明,使大家熟悉合同中的主要内容、各种规定、管理程序,了解承包商的合同责任和工程范围、各种行为的法律后果等。使大家都树立全局观念,避免在执行中的违约行为,同时使大家的工作协调一致。

(2)将各种合同事件的责任分解落实到各工程小组或分包商。分解落实如下合同和合同分析文件:合同事件表(任务单、分包合同),施工图纸,设备安装图纸,详细的施工说明等。

同时对这些活动实施的技术的和法律的问题进行解释和说明,最重要的是如下几方面内容:工程的质量、技术要求和实施中的注意点,工期要求,消耗标准,相关事件之间的搭接关系,各工程小组(分包商)责任界限的划分,完不成责任的影响和法律后果等。

(3)在合同实施过程中,定期进行检查、监督,解释合同内容。

(4)通过其他经济手段保证合同责任的完成。

对分包商,主要通过分包合同确定双方的责权利关系,以保证分包商能及时地按质按地完成合同责任。如果出现分包商违约或完不成合同,可对他进行合同处罚和索赔。

对承包商的工程小组可通过内部的经济责任制来保证。落实工期、质量、消耗等目标后,应将它们与工程小组经济利益挂钩,建立一整套经济奖罚制度,以保证目标的实现。

2.建立合同管理工作制度和程序

在工程实施过程中,合同管理的日常事务性工作很多。为了协调好各方面的工作,使合同实施工作程序化、规范化,应订立如下几个方面的工作程序。

1)建立协商会办制度

业主、工程师和各承包商(在项目上的委托代理人——项目经理)之间,项目经理部和分包商之间以及项目经理部的项目管理职能人员和各工程小组负责人之间都应有定期的协商会办。通过会办可以解决以下问题:

(1)检查合同实施进度和各种计划落实情况;

(2)协调各方面的工作,对后期工作做安排;

(3)讨论和解决目前已经发生的和以后可能发生的各种问题,并做出相应的决议;

(4)讨论合同变更问题,做出合同变更决议,落实变更措施,决定合同变更的工期和费用的补偿数量等。

承包商与业主,总包和分包之间会谈中的重大议题和决议,应用会谈纪要的形式确定下来。各方签署的会谈纪要,作为有约束力的合同变更,是合同的一部分。合同管理人员负责会议资料的准备,提出会议的议题,起草各种文件,提出对问题解决的意见或建议,组织会议;会后起草会谈纪要(有时,会谈纪要由业主的工程师起草),对会谈纪要进行合同法律方面的检查。

对工程中出现的特殊问题可不定期地召开特别会议讨论解决方法。这样保证合同实施一直得到很好的协调和控制。

2)建立合同管理的工作程序

对于一些经常性工作应订立工作程序,如各级别文件的审批、签字制度,使大家有章可循,合同管理人员也不必进行经常性的解释和指导。

具体的有:图纸批准程序,工程变更程序,分包商的索赔程序,分包商的账单审查程序,材料、设备、隐蔽工程、已完工程的检查验收程序,工程进度付款账单的审查批准程序,工程问题的请示报告程序等。

3.建立文档管理系统,实现各种文件资料的标准化管理

合同管理人员负责各种合同资料和工程资料的收集、整理和保存工作。这项工作非常烦琐和复杂,要花费大量的时间和精力。工程的原始资料在合同实施过程中产生,它必须由各职能人员、工程小组负责人、分包商提供。这个责任应明确地落实下去。

(1)各种数据、资料的标准化,规定各种文件、报表、单据等的格式和规定的数据结构要求。

(2)将原始资料收集整理的责任落实到个人,由他对资料的及时性、准确性、全面性负责。如工程小组负责人应提供:小组工作日记,记工单,小组施工进度计划,工程问题报告等。分包商应提供:分包工程进度表,质量报告,分包工程款进度表等。

(3)规定各种资料的提供时间。

(4)确定各种资料、数据的准确性要求。

(5)建立工程资料的索引系统,便于查询。

4.建立严格的质量检查验收制度

合同管理人员应主动地抓好工程和工作质量,协助做好全面质量管理工作,建立一整套质量检查和验收制度。例如:每道工序结束应有严格的检查和验收,工序之间、工程小组之间应有交接制度,材料进场和使用应有一定的检验措施等。防止由于自己的工程质量问题造成被工程师检查验收不合格,使生产失败而承担违约责任。在工程中,由此引起的返工、窝工损失,工期的拖延应由承包商自己负责,得不到赔偿。

5.建立报告和行文制度

建立报告和行文制度可使合同文件和双方往来函件的内部、外部运行程序化。

承包商和业主、监理工程师、分包商之间的沟通都应以书面形式进行,或以书面形式作为最终依据。这是合同的要求,也是经济法律的要求,也是工程管理的需要。在实际工作中这特别容易被忽略。报告和行文制度包括如下几方面内容:

(1)定期的工程实施情况报告,如日报、周报、旬报、月报等。应规定报告内容、格式、报告方式、时间以及负责人。

（2）工程过程中发生的特殊情况及其处理的书面文件,如特殊的气候条件,工程环境的突然变化等,应有书面记录,并由监理工程师签署。对在工程中合同双方的任何协商、意见、请示、指示等都应落实在纸上。相信"一字千金",切不可相信"一诺千金"。

在工程中,业主、承包商和工程师之间要保持经常联系,出现问题应经常向工程师请示、汇报。

（3）工程中所有涉及双方的工程活动,如材料、设备、各种工程的检查验收,场地、图纸的交接,各种文件(如会议纪要、索赔和反索赔报告、账单)的交接,都应有相应的手续,应有签收证据。

6.建立实施过程的动态控制系统

工程实施过程中,合同管理人员要进行跟踪、检查监督,收集合同实施的各种信息和资料,并进行整理和分析,将实际情况与合同计划资料进行对比分析。在出现偏差时,分析产生偏差的原因,提出纠偏建议。分析结果及时呈报项目经理审阅和决策。

10.3.1.2 合同实施控制

1.工程目标控制

合同确定的目标必须通过具体的工程实施实现。由于在工程施工中各种干扰的作用,常常使工程实施过程偏离总目标。控制就是为了保证工程实施按预定的计划进行,顺利地实现预定的目标。

1）工程中的目标控制程序

（1）工程实施监督。

目标控制,首先应表现在对工程活动的监督上,即保证按照预先确定的各种计划、设计、施工方案实施工程。工程实施状况反映在原始的工程资料(数据)上,例如质量检查报告、分项工程进度报告、记工单、用料单、成本核算凭证等。

工程实施监督是工程管理的日常事务性工作。

（2）跟踪检查、分析、对比,发现问题。

将收集到的工程资料和实际数据进行整理,得到能反映工程实施状况的各种信息、如各种质量报告,各种实际进度报表,各种成本和费用收支报表。

将这些信息与工程目标,如合同文件、合同分析的资料、各种计划、设计等,进行对比分析。这样可以发现两者的差异。差异的大小,即为工程实施偏离目标的程度。

如果没有差异,或差异较小,则可以按原计划继续实施工程。

（3）诊断,即分析差异的原因,采取调整措施。

差异表示工程实施偏离了工程目标,必须详细分析差异产生的原因,并对症下药;采取措施进行调整,否则这种差异会逐渐积累,越来越大,最终导致工程实施远离目标,使承包商或合同双方受到很大的损失,甚至可能导致工程的失败。

所以,在工程实施过程中要不断地进行调整,使工程实施一直围绕合同目标进行。

2）工程实施控制的主要内容

工程实施控制包括成本控制、质量控制、进度控制、合同控制等内容。各种控制的目的、目标、依据如表10-3所示。

表 10-3　工程实施控制的内容

序号	控制内容	控制目的	控制目标	控制依据
1	成本控制	保证按计划成本完成工程,防止成本超支和费用增加	计划成本	各分项工程、分部工程、总工程计划成本,人力、材料、资金计划,计划成本曲线等
2	质量控制	保证按合同规定的质量完成工程,使工程顺利通过验收,交付使用,达到预定的功能	合同规定的质量标准	工程说明、规范、图纸等
3	进度控制	按预定进度计划进行施工,按期交付工程,防止因工程拖延受到罚款	合同规定的工期	合同规定的总工期计划,业主批准的详细的施工进度计划、网络图、横道图等
4	合同控制	按合同规定全面完成承包商的义务,防止违约	合同规定的各项义务	合同范围内的各种文件,合同分析资料

3)合同控制

在上述的控制内容中,合同控制有它的特殊性。因为承包商在任何情况下都要完成合同责任;成本、质量和进度是合同中规定的三个目标,而且承包商的根本任务就是圆满地完成他的合同责任,所以合同控制是其他控制的保证。由于:

(1)合同实施受到外界干扰,常常偏离目标,要不断地进行调整。

(2)合同目标本身不断地变化。例如,在工程施工过程中不断出现合同变更,使工程的质量、工期、合同价格变化,使合同双方的责任和权益发生变化。

因此,合同控制必须是动态的,合同实施必须随变化了的情况和目标不断调整。

项目层次的合同控制不仅针对工程承包合同,而且包括与主合同相关的其他合同,如分包合同、供应合同、运输合同、租赁合同等,而且包括主合同与各分合同,各分合同之间的协调控制。

2. 实施有效的合同监督

合同责任是通过具体的合同实施工作完成的。合同监督可以保证合同实施按合同和合同分析的结果进行。合同监督的主要工作有:

(1)现场监督各工程小组、分包商的工作。

合同管理人员与项目的其他职能人员一起检查合同实施计划的落实情况,如施工现场的安排,人工、材料、机械等计划的落实,工序间的搭接关系的安排和其他一些必要的准备工作。对照合同要求的数量、质量、技术标准和工程进度等,认真检查核对,发现问题及时采取措施。

对各工程小组和分包商进行工作指导,做经常性的合同解释,使各工程小组都有全局观念,对工程中发现的问题提出意见、建议或警告。

（2）对业主、监理工程师进行合同监督。

在工程施工过程中，业主、监理工程师常常变更合同内容，包括本应由其提供的条件未及时提供，本应及时参与的检查验收工作不及时参与；有时还提出合同内容以外的要求。对这些问题，合同管理人员应及时发现，及时解决或提出补偿要求。此外，承包方与业主或监理工程师会就合同中一些未明确划分责任的工程活动发生争执，对此，合同管理人员要协助项目部，及时进行判定和调解工作。

（3）对其他合同方的合同监督。

在工程施工过程中，不仅与业主打交道，还要在材料、设备的供应，运输，供用水、电、气、租赁、保管、筹集资金等方面，与众多企业或单位发生合同关系，这些关系在很大程度上影响施工合同的履行，因此合同管理部门和人员对这类合同的监督也不能忽视。

工程活动之间时间上和空间上的不协调。合同责任界面争执是工程实施中很常见的，常常出现互相推卸一些合同中或合同事件表中未明确划定的工程活动的责任。这会引起内部和外部的争执，对此合同管理人员必须做判定和调解工作。

（4）对各种书面文件做合同方面的审查和控制。

合同管理工作一进入施工现场后，合同的任何变更，都应由合同管理人员负责提出；对向分包商的任何指令，向业主的任何文字答复、请示，都必须经合同管理人员审查，并记录在案。承包商与业主任何争议的协商和解决都必须有合同管理人员的参与，并对解决结果进行合同和法律方面的审查、分析和评价。

（5）会同监理工程师对工程及所用材料和设备质量进行检查监督。

按合同要求，对工程所用材料和设备进行开箱检查或验收，检查是否符合质量，符合图纸和技术规范等的要求。进行隐蔽工程和已完工程的检查验收，负责验收文件的起草和验收的组织工作。

（6）对工程款申报表进行检查监督。

会同造价工程师对向业主提出的工程款申报表和分包商提交来的工程款申报表进行审查和确认。

（7）处理工程变更事宜。

合同管理工作一经进入施工现场后，合同的任何变更，都应由合同管理人员负责提出；对向分包商的任何指令，向业主的任何文字答复、请示，都须经合同管理人员审查，并记录在案。承包商与业主、与总（分）包商的任何争议的协商和解决都必须有合同管理人员的参与，并对解决结果进行合同和法律方面的审查、分析和评价。这样不仅保证工程施工一直处于严格的合同控制中，而且使承包商的各项工作更有预见性，能及早地预计行为的法律后果。

由于在工程实施中的许多文件，例如业主和工程师的指令、会谈纪要、备忘录、修正案、附加协议等，也是合同的一部分，所以它们也应完备，没有缺陷、错误、矛盾和二义性。它们也应接受合同审查。在实际工程中这方面问题也特别多。例如，在我国的某外资项目中，业主与承包商协商采取加速措施，双方签署加速协议，同意工期提前3个月，业主支付一笔工期奖（包括赶工费用）。承包商采取了加速措施，但由于气候、业主其他方面的干扰、承包商问题等总工期未能提前。由于在加速协议中未能详细分清双方责任，特别是业主的合作责任；没有承包商权益保护条款（他应业主要求加速，只要采取加速措施，就应获得最低补偿);没有赶工费的支付时间的规定,结果承包商未能获得工期奖。

3.进行合同跟踪

1)合同跟踪的作用

在工程实施过程中,由于实际情况千变万化,导致合同实施与预定目标(计划和设计)的偏离。如果不采取措施,这种偏差常常由小到大,逐渐积累。合同跟踪可以不断地找出偏离,不断地调整合同实施,使之与总目标一致。这是合同控制的主要手段。合同跟踪的作用有:

(1)通过合同实施情况分析,找出偏离,以便及时采取措施,调整合同实施过程,达到合同总目标。

(2)在整个工程过程中,使项目管理人员一直清楚地了解合同实施情况,对合同实施现状、趋向和结果有一个清醒的认识,这是非常重要的。有些管理混乱,管理水平低的工程常常到工程结束才发现实际损失,这时已无法挽回。

例如,我国某承包公司在国外承包一项工程,合同签订时预计,该工程能盈利30万美元;开工时,发现合同有些不利,估计能持平,即可以不盈不亏;待工程进行了几个月,发现合同很不利,预计要亏损几十万美元;待工期达到一半,再做详细核算,才发现合同极为不利,是个陷阱,预计到工程结束,至少亏损1 000万美元以上,到这时才采取措施,损失已极为惨重。

在这个工程中如果及早对合同进行分析、跟踪、对比,发现问题及早采取措施,则可以把握主动权,避免或减少损失。

2)合同跟踪的依据

(1)合同和合同分析的成果,各种计划,方案,合同变更文件等。

(2)各种实际的工程文件,如原始记录,各种工程报表、报告、验收结果等。

(3)工程管理人员每天对现场情况的直观了解,如通过施工现场的巡视,与各种人谈话,召集小组会议,检查工程质量、量方等。这是最直观的感性知识,通常可比通过报表、报告更快地发现问题,更能透彻地了解问题,有助于迅速采取措施,减少损失。

这就要求合同管理人员在工程过程中一直立足于现场。

3)合同跟踪的对象

(1)对具体的合同活动或事件进行跟踪。

对具体的合同活动或事件进行跟踪是一项非常细致的工作,对照合同事件表的具体内容,分析该事件的实际完成情况。一般包括完成工作的数量、完成工作的质量、完成工作的时间,以及完成工作的费用等情况,这样可以检查每个合同活动或合同事件的执行情况。对一些有异常情况的特殊事件,即实际与计划存在较大偏差的事件,应做进一步的分析,找出偏差的原因和责任。这样也可以发现索赔机会。

如以设备安装事件为例分析:

①安装质量是否符合合同要求? 如标高,位置,安装精度,材料质量是否符合合同要求? 安装过程中设备有无损坏?

②工程数量,如是否全都安装完毕? 有无合同规定以外的设备安装? 有无其他附加工程?

③工期,是否在预定期限内施工? 工期有无延长? 延长的原因是什么?

该工程工期变化原因可能是：业主未及时交付施工图纸；生产设备未及时运到工地；基础土建施工拖延；业主指令增加附加工程；业主提供了错误的安装图纸，造成工程返工；工程师指令暂停工程施工等。

④成本的增加或减少。

（2）对工程小组或分包商的工程和工作进行跟踪。

一个工程小组或分包商可能承担许多专业相同、工艺相近的分项工程或许多合同事件，必须对它们实施的总情况进行检查分析。在实际工程中常常因为某一工程小组或分包商的工作质量不高或进度拖延而影响整个工程施工。合同管理人员在这方面应给他们提供帮助，例如协调他们之间的工作；对工程缺陷提出意见、建议或警告；责成他们在一定时间内提高质量，加快工程进度等。

作为分包合同的发包商，总包商必须对分包合同的实施进行有效的控制。这是总包商合同管理的重要任务之一。分包合同控制的目的如下：

①严格控制分包商的工作，严格监督他们按分包合同完成工程责任。分包合同是总承包合同的一部分，分包商的工作对工程总承包工作的完成影响很大。如果分包商完不成他的合同责任，则总包商就不能顺利完成总包合同责任。

②为与分包商之间的索赔和反索赔做准备。

总包商和分包商之间利益是不一致的，双方之间常常有尖锐的利益争执。在合同实施中，双方都在进行合同管理，都在寻求向对方索赔的机会。合同跟踪可以在发现问题时及时提出索赔或反索赔。

③对分包商的工程和工作，总承包商负有协调和管理的责任，并承担由此造成的损失，所以分包商的工程和工作必须纳入总承包工程的计划和控制中，防止因分包商工程管理失误而影响全局。

（3）对业主和工程师的工作进行跟踪。

业主和工程师是承包商的主要合同伙伴，对他们的工作进行监督和跟踪是十分重要的。

①业主和工程师必须正确地、及时地履行合同责任，及时提供各种工程实施条件，如及时发布图纸，提供场地，及时下达指令，做出答复，及时支付工程款。

②在工程中承包商应积极主动地做好工作，如提前催要图纸、材料，对工作事先通知。这样不仅让业主和工程师及早准备，建立良好的合作关系，保证工程顺利实施。及时收集各种工程资料，有问题及时与工程师沟通。

（4）对总工程进行跟踪。

在工程施工中，对这个工程项目的跟踪也非常重要。一些工程常常会出现如下问题：

①工程整体施工秩序问题，如实施现场混乱，拥挤不堪；合同事件之间和工程小组之间协调困难；出现事先未考虑到的情况和局面；发生较严重的工程事故等。

②已完工程未能通过验收，出现大的工程质量问题，工程试生产不成功，或达不到预定的生产能力等。

③施工进度未能达到预定计划，主要的工程活动出现拖期，在工程周报和月报上计划和实际进度出现大的偏差。

④计划和实际的成本曲线出现大的偏离。

这就要求合同管理人员明白合同的跟踪不是一时一事，而是一项长期的工作，贯穿于整个施工过程中。在工程管理中,可以采用累计成本曲线(S形曲线)对合同的实施进行跟踪分析。

4. 进行合同诊断

在合同跟踪的基础上可以进行合同诊断。合同诊断是对合同执行情况的评价、判断和趋向分析、预测。不论是对正在进行的,还是对将要进行的工程施工都有重要的影响。合同评价可以对实际工程资料进行分析、整理,或通过对现场的直接了解,获得反映工程实施状况的信息,分析工程实施状况与合同文件的差异及其原因、影响因素、责任等;确定各个影响因素由谁及如何引起,按合同规定,责任应由谁承担及承担多少;提出解决这些差异和问题的措施、方法。

1)合同执行差异的原因分析

合同管理人员通过对不同监督和跟踪对象的计划和实际的对比分析,不仅可以得到合同执行的差异,而且可以探索引起这个差异的原因。

例如,通过计划成本和实际成本累计曲线的对比分析,不仅可以得到总成本的偏差值,而且可以进一步分析差异产生的原因。通常,引起计划和实际成本累计曲线偏离的原因可能有:

(1)整个工程加速或延缓。

(2)工程施工次序被打乱。

(3)工程费用支出增加,如材料费、人工费上升。

(4)增加新的附加工程,主要工程的工程量增加。

(5)工作效率低下,资源消耗增加等。

进一步分析,还可以发现更具体的原因,如引起工作效率低下的原因可能有:

(1)内部干扰:施工组织不周,夜间加班或人员调遣频繁;机械效率低,操作人员不熟悉新技术,违反操作规程,缺少培训;经济责任不落实,工人劳动积极性不高等。

(2)外部干扰:图纸出错,设计修改频繁,气候条件差,场地狭窄,现场混乱,施工条件,如水、电、道路等受到影响。

进一步可以分析各个原因的影响量大小。

2)合同差异责任分析

合同分析的目的是要明确责任。即这些原因由谁引起,该由谁承担责任,这常常是索赔的理由。一般只要原因分析详细,有理有据,则责任分析自然清楚。责任分析必须以合同为依据,按合同规定落实双方的责任。

3)合同实施趋向预测

对于合同实施中出现的偏差,分别考虑是否采取调控措施,以及采取不同的调控措施情况下,合同的最终执行后果,并以此指导后续的合同管理。

最终的工程状况,包括总工期的延误,总成本的超支,质量标准,所能达到的生产能力(或功能要求)等;

承包商将承担什么样的结果,如被罚款,被清算,甚至被起诉,对承包商资信、企业形象、经营战略的影响等;

最终工程经济效益(利润)水平。

综合上述各方面,即可以对合同执行情况做出综合评价和判断。

5.合同实施后评估

由于合同管理工作比较偏重于经验，只有不断总结经验，才能不断提高管理水平，才能通过工程不断培养出高水平的合同管理者，所以，在合同执行后必须进行合同后评价，将合同签订和执行过程中的利弊得失、经验教训总结出来，作为以后工程合同管理的借鉴。这项工作十分重要。

合同实施后评价包括如下内容：

（1）合同签订情况评价。

①预定的合同战略和策略是否正确，是否已经顺利实现；

②招标文件分析和合同风险分析的准确程度；

③该合同环境调查、实施方案、工程预算以及报价方面的问题及经验教训；

④合同谈判的问题及经验教训，以后签订同类合同的注意点；

⑤各个相关合同之间的协调问题等。

（2）合同执行情况评价。

①本合同执行战略是否正确，是否符合实际，是否达到预想的结果；

②在本合同执行中出现了哪些特殊情况，事先可以采取什么措施防止、避免或减少损失；

③合同风险控制的利弊得失；

④各个相关合同在执行中协调的问题等。

（3）合同管理工作评价。这是对合同管理本身，如工作职能、程序、工作成果的评价，包括：

①合同管理工作对工程项目的总目标的贡献或影响；

②合同分析的准确程度；

③在招标投标和工程实施中，合同管理子系统与其他职能的协调问题，需要改进的地方；

④索赔处理和纠纷处理的经验教训等。

（4）合同条款分析。

①本合同具体条款的表达和执行利弊得失，特别对本工程有重大影响的合同条款及其表达；

②本合同签订和执行过程中所遇到的特殊问题的分析结果；

③对具体的合同条款如何表达更为有利等。

合同条款的分析可以按合同结构分析中的子目进行，并将其分析结果存入计算机中，供以后签订合同时参考。

10.3.2　合同变更管理

任何工程项目在实施过程中由于受到各种外界因素的干扰，都会发生程度不同的变更，它无法事先做出具体的预测，而在开工后又无法避免。而由于合同变更涉及工程价款的变更及时间的补偿等，这直接关系到项目效益。因此，变更管理在合同管理中就显得相当重要。

变更是指当事人在原合同的基础上对合同中的有关内容进行修改和补充，包括工程头施内容的变更和合同文件的变更。

10.3.2.1　合同变更的原因

合同内容频繁的变更是工程合同的特点之一。对一个较为复杂的工程合同,实施中的变更事件可能有几百项,合同变更产生的原因通常有如下几方面。

1. 工程范围发生变化

(1)业主新的指令,对建筑新的要求,要求增加或删减某些项目、改变质量标准,项目用途发生变化。

(2)政府部门对工程项目有新的要求如国家计划变化、环境保护要求、城市规划变动等。

2. 设计原因

由于设计考虑不周,不能满足业主的需要或工程施工的需要,或设计错误等,必须对设计图纸进行修改。

3. 施工条件变化

在施工中遇到的实际现场条件同招标文件中的描述有本质的差异,或发生不可抗力等,即预定的工程条件不准确。

4. 合同实施过程中出现的问题

合同实施过程中出现的问题主要包括业主未及时交付设计图纸及未按规定交付现场、水、电、道路等;由于产生新的技术和知识,有必要改变原实施方案以及业主或监理工程师的指令改变了原合同规定的施工顺序,打乱施工部署等。

10.3.2.2　工程变更对合同实施的影响

由于发生上述这些情况,造成原"合同状态"的变化,必须对原合同规定的内容做相应的调整。

合同变更实质上是对合同的修改,是双方新的要约和承诺。这种修改通常不能免除或改变承包商的工程责任,但对合同实施影响很大,主要表现在如下几方面:

(1)定义工程目标和工程实施情况的各种文件,如设计图纸、成本计划和支付计划、工期计划、施工方案、技术说明和适用的规范等,都应做相应的修改和变更。

当然,相关的其他计划也应做相应调整,如材料采购订货计划,劳动力安排,机械使用计划等。所以,它不仅引起与承包合同平行的其他合同的变化,而且会引起所属的各个分合同,如供应合同、租赁合同、分包合同的变更。有些重大的变更会打乱整个施工部署。

(2)引起合同双方,承包商的工程小组之间,总包商和分包商之间合同责任的变化。如工程量增加,则增加了承包商的工程责任,增加了费用开支和延长了工期,对此,按合同规定应有相应的补偿。这也极容易引起合同争执。

(3)有些工程变更还会引起已完工程的返工,现场工程施工的停滞,施工秩序打乱,已购材料的损失等,对此也应有相应的补偿。

10.3.2.3　工程变更方式和程序

1. 工程变更方式

工程的任何变更都必须获得监理工程师的批准,监理工程师有权要求承包商进行其认为是适当的任何变更工作,承包商必须执行工程师为此发出的书面变更指示。如果监理工程师由于某种原因必须以口头形式发出变更指示,承包商应遵守该指示,并在合同规定的期限内要求监理工程师书面确认其口头指示；否则，承包商可能得不到变更工作的支付。

2. 工程变更程序

工程变更应有一个正规的程序，应有一整套申请、审查、批准手续。

1）提出工程变更要求

监理工程师、业主和承包商均可提出工程变更请求。

（1）监理工程师提出工程变更。

在施工过程中，由于设计中的不足或错误或施工时环境发生变化，监理工程师以节约工程成本、加快工程进度和保证工程质量为原则，提出工程变更。

（2）承包商提出工程变更。

承包商在两种情况下提出工程变更，其一是工程施工中遇到不能预见的地质条件或地下障碍；其二是承包商考虑为便于施工，降低工程费用，缩短工期的目的，提出工程变更。

（3）业主提出工程变更。

业主提出工程的变更则常常是为了满足使用上的要求。也要说明变更原因，提交设计图纸和有关计算书。

2）监理工程师的审查和批准

对工程的任何变更，无论是哪一方提出的，监理工程师都必须与项目业主进行充分的协商，最后由监理工程师发出书面变更指示。项目业主可以委任监理工程师一定的批准工程变更的权限（一般是规定工程变更的费用额），在此权限内，监理工程师可自主批准工程变更，超出此权限则由业主批准。

3）编制工程变更文件，发布工程变更指示

一项工程变更应包括以下文件：

（1）工程变更指令。主要说明工程变更的原因及详细的变更内容说明（应说明根据合同的哪一条款发出变更指示；变更工作是马上实施，还是在确定变更工作的费用后实施；承包商发出要求增加变更工作费用和延长工期的通知的时间限制；变更工作的内容等）。

（2）工程变更指令的附件。包括工程变更设计图纸、工程量表和其他与工程变更有关的文件等。

4）承包商项目部的合同管理负责人员向监理工程师发出合同款调整和/或工期延长的意向通知

（1）由承包商将变更工作所涉及的合同款变化量或变更费率或价格及工期变化量（如果有的话）的意图通知监理工程师。承包商在收到监理工程师签发的变更指示时，应在指示规定的时间内，向监理工程师发出该通知，否则承包商将被认为自动放弃调整合同价款和延长工期的权力。

（2）由监理工程师将其改变费率或价格的意图通知承包商。工程师改变费率或价格的意图，可在签发的变更指示中进行说明，也可单独向承包商发出此意向通知。

5）工程变更价款和工期延长量的确定

工程变更价款的确定原则如下：

（1）如监理工程师认为适当，应以合同中规定的费率和价格进行计算。

（2）如合同中未包括适用于该变更工作的费率和价格，则应在合理的范围内使用合同中的费率和价格作为估价的基础。

（3）如监理工程师认为合同中没有适用于该变更工作的费率和价格,则工程师在与业主和承包商进行适当的协商后,由监理工程师和承包商议定合适的费率和价格。

（4）如未能达成一致意见,则监理工程师应确定他认为适当的此类另外的费率和价格,并相应地通知承包商,同时将一份副本呈交业主。

上述费率和价格在同意或决定之前,工程师应确定暂行费率和价格以便有可能作为暂付款,包含在当月发出的证书中。

工期补偿量依据变更工程量和由此造成的返工、停工、窝工、修改计划等引起的损失情况由双方洽商来确定。

6）变更工作的费用支付及工期补偿

如果承包商已按工程师的指示实施变更工作,工程师应将已完成的变更工作或一部分完成的变更工作的费用,加入合同总价中,同时列入当月的支付证书中支付给承包商。

将同意延长的工期加入合同工期。

10.3.2.4　工程变更的管理

（1）对业主（监理工程师）的口头变更指令,承包商也必须遵照执行,但应在规定的时间内书面向监理工程师索取书面确认。而如果监理工程师在规定的时间内未予书面否决,则承包商的书面要求信即可作为监理工程师对该工程变更的书面指令。监理工程师的书面变更指令是支付变更工程款的先决条件之一。

（2）工程变更不能超过合同规定的工程范围。如果超过这个范围,承包商有权不执行变更或坚持先商定价格后再进行变更。

（3）注意变更程序上的矛盾性。合同通常都规定,承包商必须无条件执行变更指令（即使是口头指令）,所以应特别注意工程变更的实施、价格谈判和业主批准三者之间在时间上的矛盾性。在工程中常有这种情况,工程变更已成为事实,而价格谈判仍达不成协议,或业主对承包商的补偿要求不批准,价格的最终决定权却在监理工程师。这样承包商已处于被动地位。

例如,某合同的工程变更条款规定：

"由监理工程师下达书面变更指令给承包商,承包商请求监理工程师给以书面详细的变更证明。在接到变更证明后,承包商开始变更工作,同时进行价格调整谈判。在谈判中没有监理工程师的指令,承包商不得推迟或中断变更工作。"

"价格谈判在两个月内结束。在接到变更证明后 4 个月内,业主应向承包商递交有约束力的价格调整和工期延长的书面变更指令。超过这个期限承包商有权拖延或停止变更。"

一般工程变更在 4 个月内早已完成,"超过这个期限""停止"和"拖延"都是空话。在这种情况下,价格调整主动权完全在业主,承包商的地位很不利。这常常会有较大的风险。

对此可采取如下措施：

①控制（即拖延）施工进度,等待变更谈判结果。这样不仅损失较小,而且谈判的回旋余地较大。

②争取以计时工或按承包商的实际费用支出计算费用补偿,如采取成本加酬金方法。这样避免价格谈判中的争执。

③应有完整的变更实施的记录和照片,请业主、监理工程师签字,为索赔做准备。

(4)在合同实施中,合同内容的任何变更都必须由合同管理人员提出。与业主、与总(分)包商之间的任何书面信件、报告、指令等都应经合同管理人员进行技术和法律方面的审查。这样才能保证任何变更都在控制中,不会出现合同问题。

(5)在商讨变更,签订变更协议过程中,承包商必须提出变更补偿(索赔)问题。在变更执行前就应明确补偿范围、补偿方法、索赔值的计算方法、补偿款的支付时间等,双方应就这些问题达成一致。这是对索赔权的保留,以防日后争执。

在工程变更中,特别应注意因变更造成返工、停工、窝工、修改计划等引起的损失,注意这方面证据的收集。在变更谈判中应对此进行商谈。

10.3.3　工程索赔管理

10.3.3.1　工程索赔概述

在市场经济条件下,建筑市场中工程索赔是一种正常的现象。工程索赔在建筑市场上是承包商保护自身正当权益、补偿由风险造成的损失、提高经济效益的重要和有效手段。

许多有经验的承包商在分析招标文件时就考虑其中的漏洞、矛盾和不完善的地方,考虑到可能的索赔,但这本身常常又会有很大的风险。

1. 工程索赔的概念

所谓索赔,就是作为合法的所有者,根据自己的权利提出对某一有关资格、财产、金钱等方面的要求。

工程索赔,是指当事人在合同实施过程中,根据法律、合同规定及惯例,对并非由于自己的过错,而是由于应由合同对方承担责任的情况造成的,且实际发生了损失,向对方提出给予补偿的要求。在工程建设的各个阶段,都有可能发生索赔,但在施工阶段索赔发生较多。

对施工合同的双方来说,索赔是维护双方合法利益的权利。它与合同条件中双方的合同责任一样,构成严密的合同制约关系。承包商可以向业主提出索赔;业主也可以向承包商提出索赔。但在工程建设过程中,业主对承包商原因造成的损失可通过追究违约责任解决。此外,业主可以通过冲账、扣拨工程款、没收履约保函、扣保留金等方式来实现自己的索赔要求,不存在"索"。因此,在工程索赔实践中,一般把承包方向发包方提出的赔偿或补偿要求称为索赔;而把发包方向承包方提出的赔偿或补偿要求,以及发包方对承包方所提出的索赔要求进行反驳称为反索赔。

2. 索赔的作用

(1)有利于促进双方加强管理,严格履行合同,维护市场正常秩序。

合同一经签订,合同双方即产生权利和义务关系。这种权益受法律保护,这种义务受法律制约。索赔是合同法律效力的具体体现,并且由合同的性质决定。如果没有索赔和关于索赔的法律规定,则合同形同虚设,对双方都难以形成约束,这样,合同的实施得不到保证,就不会有正常的社会经济秩序。索赔能对违约者起警戒作用,使他考虑到违约的后果,以尽力避免违约事件的发生。所以,索赔有助于工程承发包双方更紧密的合作,有助于合同目标的实现。

(2)使工程造价更合理。索赔的正常开展,可以把原来打入工程报价中的一些不可预见费用,改为实际发生的损失支付,有助于降低工程报价,使工程造价更为合理。

(3)有助于维护合同当事人的正当权益。索赔是一种保护自己、维护自己正当利益、避免损失、增加利润的手段。如果承包商不能进行有效的索赔,损失得不到合理的、及时的补偿,会影响生产经营活动的正常进行,甚至倒闭。

(4)有助于双方更快地熟悉国际惯例,熟练掌握索赔和处理索赔的方法与技巧,有助于对外开放和对外工程承包的开展。

3. 索赔的分类

工程施工过程中发生索赔所涉及的内容是广泛的,为了探讨各种索赔问题的规律及特点,通常可作如下分类。

1)按索赔事件所处合同状态分类

(1)正常施工索赔。指在正常履行合同中发生的各种违约、变更、不可预见因素、加速施工、政策变化等引起的索赔。

(2)工程停建、缓建索赔。指已经履行合同的工程因不可抗力、政府法令、资金或其他原因必须中途停止施工所引起的索赔。

(3)解除合同索赔。指因合同中的一方严重违约,致使合同无法正常履行的情况下,合同的另一方行使解除合同的权力所产生的索赔。

2)按索赔依据的范围分类

(1)合同内索赔。指索赔所涉及的内容可以在履行的合同中找到条款依据,并可根据合同条款或协议预先规定的责任和义务划分责任,业主或承包商可以据此提出索赔要求。按违约规定和索赔费用、工期的计算办法计算索赔值。一般情况下,合同内索赔的处理解决相对顺利些。

(2)合同外索赔。与合同内索赔依据恰恰相反。即索赔所涉及的内容难以在合同条款及有关协议中找到依据,但可能来自民法、经济法或政府有关部门颁布的有关法规所赋予的权力。如在民事侵权行为、民事伤害行为中找到依据所提出的索赔,就属合同外索赔。

(3)道义索赔。指承包商无论在合同内或合同外都找不到进行索赔的依据,没有提出索赔的条件和理由,但他在合同履行中诚恳可信,为工程的质量、进度及配合上尽了最大的努力时,通情达理的业主看到承包商为完成某项困难的施工,承受了额外的费用损失,甚至承受重大亏损,出于善良意愿给承包商以经济补偿。因在合同条款中没有此项索赔的规定,所以也称"额外支付"。

3)按合同有关当事人的关系进行索赔分类

(1)承包商向业主的索赔。指承包商在履行合同中因非自方责任事件产生的工期延误及额外支出后向业主提出的赔偿要求。这是施工索赔中最常发生的情况。

(2)总承包向其分包或分包之间的索赔。指总承包单位与分包单位或分包单位之间为共同完成工程施工所签订的合同、协议在实施中的相互干扰事件影响利益平衡,其相互之间发生的赔偿要求。

(3)业主向承包商的索赔。指业主向不能有效地管理控制施工全局,造成不能按期、按质、按量的完成合同内容的承包商提出损失赔偿要求。

(4)承包商同供货商之间的索赔。

(5)承包商向保险公司、运输公司索赔等。

4)按照索赔的目的分类

(1)工期延长索赔。指承包商对施工中发生的非己方直接或间接责任事件造成计划工期延误后向业主提出的赔偿要求。

（2）费用索赔。指承包商对施工中发生的非己方直接或间接责任事件造成的合同价外费用支出向业主方提出的赔偿要求。

5）按照索赔的处理方式分类

（1）单项索赔。指某一事件发生对承包商造成工期延长或额外费用支出时，承包商即可对这一事件的实际损失在合同规定的索赔有效期内提出的索赔。这是常用的一种索赔方式。

（2）综合索赔。又称总索赔，一揽子索赔。指承包商将施工过程中发生的多起索赔事件综合在一起，提出一个总索赔。

施工过程中的某些索赔事件，由于各方未能达成一致意见得到解决的或承包商对业主答复不满意的单项索赔集中起来，综合提出一份索赔报告，双方进行谈判协商。综合索赔中涉及的事件一般都是单项索赔中遗留下来的、意见分歧较大的难题，责任的划分、费用的计算等都各持己见，不能立即解决，在履行合同过程中对索赔事件保留索赔权，而在工程项目基本完工时提出，或在竣工报表和最终报表中提出。

6）按引起索赔的原因分类

（1）业主或业主代表违约索赔。

（2）工程量增加索赔。

（3）不可预见因素索赔。

（4）不可抗力损失索赔。

（5）加速施工索赔。

（6）工程停建、缓建索赔。

（7）解除合同索赔。

（8）第三方因素索赔。

（9）国家政策、法规变更索赔。

7）按索赔管理策略上的主动性分类

（1）索赔。主动寻找索赔机会，分析合同缺陷，抓住对方的失误，研究索赔的方法，总结索赔的经验，提高索赔的成功率。把索赔管理作为工程及合同管理的组成部分。

（2）反索赔。在索赔管理策略上表现为防止被索赔，不给对方留有进行索赔的漏洞。使对方找不到索赔机会，在工程管理中体现为签署严密的合同条款，避免自方违约。当对方向自方提出索赔时，对索赔的证据进行质疑，对索赔理由进行反驳，以达到减少索赔额度甚至否定对方索赔要求的目的。

在实际工作中，索赔与反索赔是同时存在且互为条件的，应当培养工作人员加强索赔与反索赔的意识。

10.3.3.2　工程中常见的索赔问题

1. 施工现场条件变化索赔

在工程施工中，施工现场条件变化对工期和造价的影响很大。由于不利的自然条件及人为障碍，经常导致设计变更、工期延长和工程成本大幅度增加。

不利的自然条件是指施工中遇到的实际自然条件比招标文件中所描述的更为困难和恶劣，这些不利的自然条件或人为障碍增加了施工的难度，导致承包方必须花费更多的时间和费用,在这种情况下,承包方可提出索赔要求。

1)招标文件中对现场条件的描述失误

在招标文件中对施工现场存在的不利条件虽已经提出,但描述严重失实,或位置差异极大,或其严重程度差异极大,从而使承包商原定的实施方案变得不再适合或根本没有意义。承包方可提出索赔。

2)有经验的承包商难以合理预见的现场条件

在招标文件中根本没有提到,而且按该项工程的一般工程实践完全是出乎意料的不利的现场条件。这种意外的不利条件,是有经验的承包商难以预见的情况。如在挖方工程中,承包方发现地下古代建筑遗迹物或文物,遇到高腐蚀性水或毒气等,处理方案导致承包商工程费用增加,工期增加,承包方即可提出索赔。

2.业主违约索赔

(1)业主未按工程承包合同规定的时间和要求向承包商提供施工场地、创造施工条件。如未按约定完成土地征用、房屋拆迁、清除地上地下障碍,保证施工用水、用电、材料运输、机械进场、通信联络需要,办理施工所需各种证件、批件及有关申报批准手续,提供地下管网线路资料等。

(2)业主未按工程承包合同规定的条件提供应有的材料、设备。

业主所供应的材料、设备到货场、站与合同约定不符,单价、种类、规格、数量、质量等级与合同不符,到货日期与合同约定不符等。

(3)监理工程师未按规定时间提供施工图纸、指示或批复。

(4)业主未按规定向承包商支付工程款。

(5)监理工程师的工作不适当或失误。如提供数据不正确、下达错误指令等。

(6)业主指定的分包商违约。如其出现工程质量不合格、工程进度延误等。

上述情况的出现,会导致承包商的工程成本增加和/或工期的增加,所以承包商可以提出索赔。

3.变更指令与合同缺陷索赔

1)变更指令索赔

在施工过程中,监理工程师发现设计、质量标准或施工顺序等问题时,往往指令增加新工作,改换建筑材料,暂停施工或加速施工,等等。这些变更指令会使承包商的施工费用和/或工期的增加,承包商就此提出索赔要求。

2)合同缺陷索赔

合同缺陷是指所签订的工程承包合同进入实施阶段才发现的、合同本身存在的(合同签订时没有预料的)现时不能再做修改或补充的问题。

大量的工程合同管理经验证明,合同在实施过程中,常发现有如下的情况:

(1)合同条款中有错误、用语含糊、不够准确等,难以分清甲乙双方的责任和权益。

(2)合同条款中存在着遗漏。对实际可能发生的情况未做预料和规定,缺少某些必不可少的条款。

(3)合同条款之间存在矛盾。即在不同的条款或条文中,对同一问题的规定或要求不一致。

这时,按惯例要由监理工程师做出解释。但是,若此指示使承包商的施工成本和工期增加,则属于业主方面的责任,承包商有权提出索赔要求。

4.国家政策、法规变更索赔

由于国家或地方的任何法律法规、法令、政令或其他法律、规章发生了变更,导致承包商成本增加,承包商可以提出索赔。

5.物价上涨索赔

由于物价上涨的因素,带来人工费、材料费甚至机械费的增加,导致工程成本大幅度上升,也会引起承包商提出索赔要求。

6.因施工临时中断和工效降低引起的索赔

由于业主和监理工程师原因造成的临时停工或施工中断,特别是根据业主和监理工程师不合理指令造成了工效的大幅度降低,从而导致费用支出增加,承包商可提出索赔。

7.业主不正当地终止工程而引起的索赔

由于业主不正当地终止工程,承包商有权要求补偿损失,其数额是承包商在被终止工程上的人工、材料、机械设备的全部支出,以及各项管理费用、保险费、贷款利息、保函费用的支出(减去已结算的工程款),并有权要求赔偿其盈利损失。

8.业主风险和特殊风险引起的索赔

由于业主承担的风险而导致承包商的费用损失增大时,承包商可据此提出索赔。根据国际惯例,战争、敌对行动、入侵、外敌行动;叛乱、暴动、军事政变或篡夺权位、内战;核燃料或核燃料燃烧后的核废物、核辐射、放射线、核泄漏;音速或超音速飞行器所产生的压力波;暴乱、骚乱或混乱;由于业主提前使用或占用工程的未完工交付的任何一部分致使破坏;纯粹是由于工程设计所产生的事故或破坏,并且这设计不是由承包商设计或负责的;自然力所产生的作用,而对于此种自然力,即使是有经验的承包商也无法预见,无法抗拒,无法保护自己和使工程免遭损失等属于业主应承担的风险。

许多合同规定,承包商不仅对由此而造成工程、业主或第三方的财产的破坏和损失及人身伤亡不承担责任,而且业主应保护和保障承包商不受上述特殊风险后果的损害,并免于承担由此而引起的与之有关的一切索赔、诉讼及其费用。相反,承包商还应当可以得到由此损害引起的任何永久性工程及其材料的付款及合理的利润,以及一切修复费用、重建费用及上述特殊风险而导致的费用增加。如果由于特殊风险而导致合同终止,承包商除可以获得应付的一切工程款和损失费用外,还可以获得施工机械设备的撤离费用和人员遣返费用等。

10.3.3.3　工程索赔的依据和程序

1.工程索赔的依据

合同一方向另一方提出的索赔要求,都应该提出一份具有说服力的证据资料作为索赔的依据。这也是索赔能否成功的关键因素。由于索赔的具体事由不同,所需的论证资料也有所不同。索赔一般依据如下。

1)招标文件

招标文件是承包商投标报价的依据,它是工程项目合同文件的基础。招标文件中一般包括的通用条件、专用条件、施工图纸、施工技术规范、工程量表、工程范围说明、现场水文地质资料等文本,都是工程成本的基础资料。它们不仅是承包商参加投标竞争和编标报价的依据,也是索赔时计算附加成本的依据。

2）投标书

投标书是承包商依据招标文件并进行工地现场勘察后编标计价的成果资料,是投标竞争中标的依据。在投标报价文件中,承包商对各主要工种的施工单价进行了分析计算,对各主要工程量的施工效率和施工进度进行了分析,对施工所需的设备和材料列出了数量和价值,对施工过程中各阶段所需的资金数额提出了要求,等等。所有这些文件,在中标及签订合同协议书以后,都成为正式合同文件的组成部分,也成为索赔的基本依据。

3）合同协议书及其附属文件

合同协议书是合同双方(业主和承包商)正式进入合同关系的标志。在签订合同协议书以前,合同双方对于中标价格、工程计划、合同条件等问题的讨论纪要文件,亦是该工程项目合同文件的重要组成部分。在这些会议纪要中,如果对招标文件中的某个合同条款做了修改或解释,则这个纪要就是将来索赔计价的依据。

4）来往信函

在合同实施期间,合同双方有大量的来往信函。这些信件都具有合同效力,是结算和索赔的依据资料,如监理工程师(或业主)的工程变更指令,口头变更确认函,加速施工指令,工程单价变更通知,对承包商问题的书面回答等等。这些信函(包括电传、传真资料)可能繁杂零碎,而且数量巨大,但应仔细分类存档。

5）会议记录

在工程项目从招标到建成移交的整个期间,合同双方要召开许多次的会议,讨论解决合同实施中的问题。所有这些会议的记录,都是很重要的文件。工程和索赔中的许多重大问题,都是通过会议反复协商讨论后决定的。如标前会议纪要、工程协调会议纪要、工程进度变更会议纪要、技术讨论会议纪要、索赔会议纪要等。

对于重要的会议纪要,要建立审阅制度,即由做纪要的一方写好纪要稿后,送交对方(以及有关各方)传阅核签,如有不同意见,可在纪要稿上修改,也可规定一个核签的期限(如 7 d),如纪要稿送出后 7 d 以内不返回核签意见,即认为同意。这对会议纪要稿的合法性是很有必要的。

6）施工现场纪录

承包商的施工管理水平的一个重要标志,是看他是否建立了一套完整的现场记录制度,并持之以恒地贯彻到底。这些资料的具体项目甚多,主要的如施工日志、施工检查记录、工时记录、质量检查记录、施工设备使用记录、材料使用记录、施工进度记录等。有的重要记录文本,如质量检查、验收记录,还应有工程师或其代表的签字认可。工程师同样要有自己完备的施工现场记录,以备核查。

7）工程财务记录

在工程实施过程中,对工程成本的开支和工程款的历次收入,均应做详细的记录,并输入计算机备查。这些财务资料如工程进度款每月的支付申请表,工人劳动计时卡和工资单,设备、材料和零配件采购单,付款收据,工程开支月报等。在索赔计价工作中,财务单证十分重要,应注意积累和分析整理。

8）现场气象记录

水文气象条件对工程实施的影响甚大,它经常引起工程施工的中断或工效降低,有时甚至造成在建工程的破损。许多工期拖延索赔均与气象条件有关。施工现场应注意记录的气象资料,如每月降水量、风力、气温、河水位、河水流量、洪水位、洪水流量、施工基坑地下水状况等。如遇到地震、海啸、飓风等特殊自然灾害,更应注意随时详细记录。

9)市场信息资料

大中型工程项目,一般工期长达数年,对物价变动等报道资料,应系统地收集整理。这些信息资料,不仅对工程款的调价计算是必不可少的,对索赔亦同样重要。如工程所在国官方出版的物价报道、外汇兑换率行情、工人工资调整决定等。

10)政策法令文件

这是指工程所在国的政府或立法机关公布的有关工程造价的决定或法令,如货币汇兑限制指令,外汇兑换率的决定,调整工资的决定,税收变更指令,工程仲裁规则等。由于工程的合同条件是以适应工程所在国的法律为前提的,因此该国政府的这些法令对工程结算和索赔具有决定性的意义,应该引起高度重视。对于重大的索赔事项,如涉及大宗的索赔款额,或遇到复杂的法律问题时,还需要聘请律师,专门处理这方面的问题。

2. 工程索赔程序

合同实施阶段,在每一个索赔事件发生后,承包商都应抓住索赔机会,并按合同条件的具体规定和工程索赔的惯例,尽快协商解决索赔事件。工程索赔程序,一般包括发出索赔意向通知、收集索赔证据并编制和提交索赔报告、评审索赔报告、举行索赔谈判、解决索赔争端等。

1)发出索赔意向通知

按照合同条件的规定,凡是非承包商原因引起工程拖期或工程成本增加时,承包商有权提出索赔。当索赔事件发生时,承包商一方面用书面形式向业主或监理工程师发出索赔意向通知书,另一方面,应继续施工,不影响施工的正常进行。索赔意向通知是一种维护自身索赔权利的文件。例如,按照 FIDIC 第四版的规定,在索赔事件发生后的 28 d 内向工程师正式提出书面的索赔通知,并抄送业主。项目部的合同管理人员或其中的索赔工作人员根据具体情况,在索赔事件发生后的规定时间内正式发出索赔通知书,以防丧失索赔权。

索赔意向通知,一般仅仅是向业主或监理工程师表明索赔意向,所以应当简明扼要。通常只要说明以下几点内容即可:索赔事由的名称、发生的时间、地点、简要事实情况和发展动态;索赔所引证的合同条款;索赔事件对工程成本和工期产生的不利影响,进而提出自己的索赔要求即可。至于要求的索赔款额,或工期应补偿天数及有关的证据资料在合同规定的时间内报送。

2)索赔资料的准备及索赔文件的提交

在正式提出索赔要求后,承包商应抓紧时间准备索赔资料,计算索赔值,编写索赔报告,并在合同规定的时间内正式提交。如果索赔事件的影响具有连续性,即事态还在继续发展,则按合同规定,每隔一定时间监理工程师报送一次补充资料,说明事态发展情况。在索赔事件的影响结束后的规定时间内报送此项索赔的最终报告,附上最终账目和全部证据资料,提出具体的索赔额,要求业主或监理工程师审定。

索赔的成功很大程度上取决于承包商对索赔权的论证和充分的证据材料。即使抓住合同履行中的索赔机会,如果拿不出索赔证据或证据不充分,其索赔要求往往难以成功或被大打折扣。因此,承包商在正式提出索赔报告前的资料准备工作极为重要。这就要求承包商注意记录和积累保存工程施工过程中的各种资料,并可随时从中索取与索赔事件有关的证明资料。

索赔报告的编写,应审慎、周密,索赔证据充分,计算结果正确。对于技术复杂或款额巨大的索赔事件,有必要聘用合同专家(律师)或技术权威人士担任咨询,以保证索赔取得较为满意的成果。

索赔报告书的具体内容,随该索赔事件的性质和特点而有所不同。但一份完整的索赔报告书的必要内容和文字结构方面,它必须包括以下 4~5 个组成部分。至于每个部分的文字长短,则根据每一索赔事件的具体情况和需要来决定。

(1)总论部分。

每个索赔报告书的首页,应该是该索赔事件的一个综述。它概要地叙述发生索赔事件的日期和过程,说明承包商为了减轻该索赔事件造成的损失而做过的努力,索赔事件给承包商的施工增加的额外费用或工期延长的天数,以及自己的索赔要求。并在上述论述之后附上索赔报告书编写人、审核人的名单,注明各人的职称、职务及施工索赔经验,以表示该索赔报告书的权威性和可信性。

总论部分应简明扼要。对于较大的索赔事件,一般应以 3~5 页篇幅为限。

(2)合同引证部分。

合同引证部分是索赔报告的关键部分之一,它的目的是承包商论述自己有索赔权,这是索赔成立的基础。合同引证的主要内容,是该工程项目的合同条件以及有关此项索赔的法律规定,说明自己理应得到经济补偿或工期延长,或二者均应获得。因此,工程索赔人员应通晓合同文件,善于在合同条件、技术规程、工程量表以及合同函件中寻找索赔的法律依据,使自己的索赔要求建立在合同、法律的基础上。

对于重要的条款引证,如不利的自然条件或人为障碍(施工条件变化),合同范围以外的额外工程,特殊风险等,应在索赔报告书中做详细的论证叙述,并引用有说服力的证据资料。因为在这些方面经常会有不同的观点,对合同条款的含义有不同的解释,往往是工程索赔争议的焦点。

在论述索赔事件的发生、发展、处理和最终解决的过程时,承包商应客观地描述事实,避免采用抱怨或夸张的用辞,以免使工程师和业主方面产生反感或怀疑。而且,这样的措辞,往往会使索赔工作复杂化。

综合上述,合同引证部分一般包括以下内容:

①概述索赔事件的处理过程;

②发出索赔通知书的时间;

③引证索赔要求的合同条款,如不利的自然条件,合同范围以外的工程,业主风险和特殊风险,工程变更指令,工期延长,合同价调整,等等;

④指明所附的证据资料。

(3)索赔款额计算部分。

在论证索赔权以后,应接着计算索赔款额,具体分析论证合理的经济补偿款额。这也是索赔报告书的主要部分,是经济索赔报告的第三部分。

款额计算的目的,是以具体的计价方法和计算过程说明承包商应得到的经济补偿款额。如果说合同论证部分的目的是确立索赔权,则款额计算部分的任务是决定应得的索赔款。

在款额计算部分中,索赔工作人员首先应注意采用合适的计价方法。至于采用哪一种计价法,应根据索赔事件的特点及自己掌握的证据资料等因素来确定。其次,应注意每项开支的合理性,并指出相应的证据资料的名称及编号(这些资料均列入索赔报告书中)。只要计价方法合适,各项开支合理,则计算出的索赔总款额就有说服力。

索赔款计价的主要组成部分是:由于索赔事件引起的额外开支的人工费、材料费、设备费、工地管理费、总部管理费、投资利息、税收、利润等。每一项费用开支,应附以相应的证据或单据。

款额计算部分在写法结构上,最好首先写出计价的结果,即列出索赔总款额汇总表。然后,再分项地论述各组成部分的计算过程,并指出所依据的证据资料的名称和编号。

在编写款额计算部分时,切忌采用笼统的计价方法和不实的开支款项。有的承包商对计价采取不严肃的态度,没有根据地扩大索赔款额,采取漫天要价的策略。这种做法是错误的,是不能成功的,有时甚至增加了索赔工作的难度。

款额计算部分的篇幅可能较大。因为应论述各项计算的合理性,详细写出计算方法,并引证相应的证据资料,并在此基础上累计出索赔款总额。通过详细的论证和计算,使业主和工程师对索赔款的合理性有充分的了解,这对索赔要求的迅速解决很有关系。

总之,一份成功的索赔报告应注意事实的正确性,论述的逻辑性,善于利用成功的索赔案例来证明此项索赔成立的道理。逐项论述,层次分明,文字简练,论理透彻,使阅读者感到清楚明了、合情合理、有根有据。

(4)工期延长论证部分。

承包商在施工索赔报告中进行工期论证的目的,首先是获得施工期的延长,以免承担误期损害赔偿费的经济损失。其次,他可能在此基础上,探索获得经济补偿的可能性。因为如果他投入了更多的资源时,他就有权要求业主对他的附加开支进行补偿。对于工期索赔报告,工期延长论证是它的第三部分。

在索赔报告中论证工期的方法,主要有横道图表法、关键路线法、进度评估法、顺序作业法等。

在索赔报告中,应该对工期延长、实际工期、理论工期等工期的长短(天数)进行详细的论述,说明自己要求工期延长(天数)或加速施工费用(款数)的根据。

(5)证据部分。

证据部分通常以索赔报告书附件的形式出现,它包括了该索赔事件所涉及的一切有关证据资料以及对这些证据的说明。

证据是索赔文件的必要组成部分,要保证索赔证据的翔实可靠,使索赔取得成功。索赔证据资料的范围甚广,它可能包括工程项目施工过程中所涉及的有关政治、经济、技术、财务等许多方面的资料。这些资料,合同管理人员应该在整个施工过程中持续不断地收集整理,分类储存,最好是存入计算机中以便随时提出查询、整理或补充。

所收集的诸项证据资料,并不是都要放入索赔报告书的附件中,而是针对索赔文件中提到的开支项目,有选择、有目的地列入,并进行编号,以便审核查对。

在引用每个证据时,要注意该证据的效力或可信程度。为此,对重要的证据资料最好附以文字说明,或附以确认函件。例如,对一项重要的电话记录,仅附上自己的记录是不够有力的,最好附上经过对方签字确认过的电话记录;或附上发给对方的要求确认该电话记录的函件,即使对方当时未复函确认或予以修改,亦说明责任在对方,因为未复函确认或修改,按惯例应理解为他已默认。

除文字报表证据资料外,对于重大的索赔事件,承包商还应提供直观记录资料,如录像、摄影等证据资料。

综合本节的论述:如果把工期索赔和经济索赔分别地编写索赔报告,则它们除包括总论、合同引证和证据 3 个部分外,将分别包括工期延长论证或索赔款额计算部分。如果把工期索赔和经济索赔合并为一个报告,则应包括所有 5 个部分。

3）索赔报告的评审

业主或监理工程师在接到承包商的索赔报告后,应当站在公正的立场,以科学的态度及时认真地审阅报告,重点审查承包商索赔要求的合理性和合法性,审查索赔值的计算是否正确、合理。对不合理的索赔要求或不明确的地方提出反驳和质疑,或要求做出解释和补充。监理工程师可在业主的授权范围内做出自己独立的判断。

监理工程师判定承包商索赔成立的条件:

（1）与合同相对照,事件已造成了承包商施工成本的额外支出,或直接工期损失。

（2）造成费用增加或工期损失的原因,按合同约定不属于承包商的行为责任或风险责任。

（3）承包商按合同规定的程序提交了索赔意向通知和索赔报告。

上述三个条件没有先后主次之分,应当同时具备。只有工程师认定索赔成立后,才按一定程序处理。

4）监理工程师与承包商进行索赔谈判

业主或监理工程师经过对索赔报告的评审后,由于承包商常常需要做出进一步的解释和补充证据,而业主或监理工程师也需要对索赔报告提出的初步处理意见做出解释和说明。因此,业主、监理工程师和承包商三方就索赔的解决要进行进一步的讨论、磋商,即谈判。这里可能有复杂的谈判过程。对经谈判达成一致意见的,做出索赔决定。若意见达不成一致,则产生争执。

在经过认真分析研究与承包商、业主广泛讨论后,工程师应该向业主和承包商提出自己的“索赔处理决定”。监理工程师收到承包商送交的索赔报告和有关资料后,于合同规定的时间内（如 28 d）给予答复,或要求承包商进一步补充索赔理由和证据。工程师在规定时间内未予答复或未对承包商做出进一步要求,则视为该项索赔已经认可。

监理工程师在“索赔处理决定”中应该简明地叙述索赔事件、理由和建议给予补偿的金额及（或）延长的工期。“索赔评价报告”则是作为该决定的附件提供的。它根据监理工程师所掌握的实际情况详细叙述索赔的事实依据、合同及法律依据,论述承包商索赔的合理方面及不合理方面,详细计算应给予的补偿。“索赔评价报告”是监理工程师站在公正的立场上独立编制的。

当监理工程师确定的索赔额超过其权限范围时,必须报请业主批准。

业主首先根据事件发生的原因、责任范围、合同条款审核承包商的索赔申请和工程师的处理报告,再依据工程建设的目的、投资控制、竣工投产日期要求以及针对承包商在施工中的缺陷或违反合同规定等的有关情况,决定是否批准监理工程师的处理意见,而不能超越合同条款的约定范围。索赔报告经业主批准后,监理工程师即可签发有关证书。

5）索赔争端的解决

如果业主和承包商通过谈判不能协商解决索赔,就可以将争端提交给监理工程师解决,监理工程师在收到有关解决争端的申请后,在一定时间内要做出索赔决定。业主或承包商如果对监理工程师的决定不满意,可以申请仲裁或起诉。争议发生后,在一般情况下,双方都应继续履行合同,保持施工连续,保护好已完工程。只有当出现单方违约导致合同确已无法履行,双方协议停止施工;调解要求停止施工,且为双方接受;仲裁机关或法院要求停止施工等情况时,当事人方可停止履行施工合同。

10.3.3.4 索赔值的计算

工程索赔报告最主要的两部分是合同论证部分和索赔计算部分,合同论证部分的任务是解决索赔权是否成立的问题,而索赔计算部分则确定应得到多少索赔款额或工期补偿,前者是定性的,后者是定量的。索赔的计算是索赔管理的一个重要组成部分。

1. 工期索赔值的计算

1）工期索赔的原因

在施工过程中,由于各种因素的影响,使承包商不能在合同规定的工期内完成工程,造成工程拖期。造成拖期的一般原因如下:

（1）非承包商的原因。

由于下列非承包商原因造成的工程拖期,承包商有权获得工期延长:

①合同文件含义模糊或歧义;

②工程师未在合同规定的时间内颁发图纸和指示;

③承包商遇到一个有经验的承包商无法合理预见到的障碍或条件;

④处理现场发掘出的具有地质或考古价值的遗迹或物品;

⑤工程师指示进行未规定的检验;

⑥工程师指示暂时停工;

⑦业主未能按合同规定的时间提供施工所需的现场和道路;

⑧业主违约;

⑨工程变更;

⑩异常恶劣的气候条件。

上述的 10 种原因可归结为以下三大类:第一类是业主的原因,如未按规定时间提供现场和道路占有权,增加额外工程等;第二类是工程师的原因,如设计变更、未及时提供施工图纸等;第三类是不可抗力,如地震、洪水等。

（2）承包商原因。

承包商在施工过程中可能由于下列原因,造成工程延误:

①对施工条件估计不充分,制订的进度计划过于乐观;

②施工组织不当;

③承包商自身的其他原因。

2）工程拖期的种类及处理措施

工程拖期可分为如下两种情况:

（1）由于承包商的原因造成的工程拖期,定义为工程延误,承包商须向业主支付误期损害赔偿费。工程延误也称为不可原谅的工程拖期。如承包商内部施工组织不好,设备材料供应不及时等。这种情况下,承包商无权获得工期延长。

(2)由于非承包商原因造成的工程拖期,定义为工程延期,则承包商有权要求业主给予工期延长。工程延期也称为可原谅的工程拖期。它是业主、监理工程师或其他客观因素造成的,承包商有权获得工期延长,但是否能获得经济补偿要视具体情况而定。因此,可原谅的工程拖期又可分为:①可原谅并给予补偿的拖期,是承包商有权同时要求延长工期和经济补偿的延误,拖期的责任者是业主或工程师。②可原谅但不给予补偿的拖期,是指可给予工期延长,但不能对相应经济损失给予补偿的可原谅延误。这往往是客观因素造成的拖延。

上述两种情况下的工期索赔可按表 10-4 处理。

表 10-4　工期索赔处理原则

索赔原因	是否可原谅	拖期原因	责任者	处理原则	索赔结果
工程进度拖延	可原谅拖期	修改设计;施工条件变化;业主原因拖期;工程师原因拖期	业主	可给予工期延长,可补偿经济损失	工期 +经济补偿
		异常恶劣气候;工人罢工;天灾	客观原因	可给予工期延长,不给予经济补偿	工期
	不可原谅拖期	工效不高;施工组织不好;设备材料供应不及时	承包商	不延长工期;不补偿损失;向业主支付误期损害赔偿费	索赔失败;无权索赔

3)共同延误下工期索赔的处理方法

承包商、工程师或业主,或某些客观因素均可造成工程拖期。但在实际施工过程中,工程拖期经常是由上述两种以上的原因共同作用产生的,在这种情况下,称为共同延误。

主要有两种情况:在同一项工作上同时发生两项或两项以上延误,在不同的工作上同时发生两项或两项以上延误。

第一种情况比较简单。共同延误主要有以下几种基本组合:

(1)可补偿延误与不可原谅延误同时存在。在这种情况下,承包商不能要求工期延长及经济补偿,因为即便是没有可补偿延误,不可原谅延误也已经造成工程延误。

(2)不可补偿延误与不可原谅延误同时存在。在这种情况下,承包商无权要求延长工期,因为即便是没有不可补偿延误,不可原谅延误也已经导致施工延误。

(3)不可补偿延误与可补偿延误同时存在。在这种情况下,承包商可以获得工期延长,但不能得到经济补偿,因为即便是没有可补偿延误,不可补偿延误也已经造成工程施工延误。

(4)两项可补偿延误同时存在。在这种情况下,承包商只能得到一项工期延长或经济补偿。

第二种情况比较复杂。由于各项工作在工程总进度表中所处的地位和重要性不同,同等时间的相应延误对工程进度所产生的影响也就不同。所以对这种共同延误的分析就不像第一种情况那样简单。比如,业主延误(可补偿延误)和承包商延误(不可原谅延误)同时存在,承包商能否获得工期延长及经济补偿?对此应通过具体分析才能回答。

关于业主延误与承包商延误同时存在的共同延误,一般认为应该用一定的方法按双方过错的大小及所造成影响的大小按比例分担。如果该延误无法分解开,不允许承包商获得经济补偿。

4)工期补偿量的计算

(1)有关工期的概念。

①计划工期,就是承包商在投标报价文件中申明的施工期,即从正式开工日起至建成工程所需的施工天数。一般即为业主在招标文件中所提出的施工期。

②实际工期,就是在项目施工过程中,由于多方面干扰或工程变更,建成该项工程上所花费的施工天数。如果实际工期比计划工期长的原因不属于承包商的责任,则承包商有权获得相应的工期延长,即工期延长量 = 实际工期 - 计划工期。

③理论工期,是指较原计划拖延了的工期。如果在施工过程中受到工效降低和工程量增加等诸多因素的影响,仍按照原定的工作效率施工,而且未采取加速施工措施时,该工程项目的施工期可能拖延甚久,这个被拖延了的工期,被称为"理论工期",即在工程量变化、施工受干扰的条件下,仍按原定效率施工,而不采取加速施工措施时,在理论上所需要的总施工时间。在这种情况下,理论工期即是实际工期。

(2)工期补偿量的计算方法。

工程承包实践中,对工期补偿量的计算有下面几种方法:

①工期分析法。即依据合同工期的网络进度计划图或横道图计划,考察承包商按监理工程师的指示,完成各种原因增加的工程量所需用的工时,以及工序改变的影响,算出实际工期以确定工期补偿量。

②实测法。承包商按监理工程师的书面工程变更指令,完成变更工程所用的实际工时。

③类推法。按照合同文件中规定的同类工作进度计算工期延长。

④工时分析法。某一工种的分项工程项目延误事件发生后,按实际施工的程序统计出所用的工时总量,然后按延误期间承担该分项工程工种的全部人员投入来计算要延长的工期。

2.费用索赔值的计算

1)索赔款的组成

工程索赔时可索赔费用的组成部分,同工程承包合同价所包含的组成部分一样,包括直接费、间接费、利润和其他应补偿的费用。其组成项目如下:

(1)直接费。

①人工费。包括人员闲置费、加班工作费、额外工作所需人工费、劳动效率降低和人工费的价格上涨等费用。

②材料费。包括额外材料使用费、增加的材料运杂费、增加的材料采购及保管费用和材料价格上涨费用等。

③施工机械费。包括机械闲置费、额外增加的机械使用费和机械作业效率降低费等。

（2）间接费。

①现场管理费。包括工期延长期间增加的现场管理费如管理人员工资及各项开支、交通设施费以及其他费用等。

②上级管理费。包括办公费、通信费、旅差费和职工福利费等。

（3）利润。一般包括合同变更利润、合同延期机会利润、合同解除利润和其他利润补偿。

（4）其他应予补偿的费用。包括利息、分包费、保险费用和各种担保费等。

2）索赔款的计价方法

根据合同条件的规定有权利要求索赔时，采用正确的计价方法论证应获得的索赔款数额，对顺利地解决索赔要求有着决定性的意义。实践证明，如果采用不合理的计价方法，没有事实根据地扩大索赔款额，漫天要价，往往使本来可以顺利解决的索赔要求搁浅，甚至失败。因此，客观地分析索赔款的组成部分，并采取合理的计价方法，是取得索赔成功的重要环节。

在工程索赔中，索赔款额的计价方法很多。每个工程项目的索赔款计价方法，也往往因索赔事项的不同而相异。

a. 实际费用法

实际费用法亦称为实际成本法，是工程索赔计价时最常用的计价方法，它实质上就是额外费用法（或称额外成本法）。

实际费用法计算的原则是，以承包商为某项索赔工作所支付的实际开支为根据，向业主要求经济补偿。每一项工程索赔的费用，仅限于由于索赔事项引起的、超过原计划的费用，即额外费用，也就是在该项工程施工中所发生的额外人工费、材料费和设备费，以及相应的管理费。这些费用即是施工索赔所要求补偿的经济部分。

用实际费用法计价时，在直接费（人工费、材料费、设备费等）的额外费用部分的基础上，再加上应得的间接费和利润，即是承包商应得的索赔金额。因此，实际费用法（额外费用法）客观地反映了承包商的额外开支或损失，为经济索赔提供了精确而合理的证据。

由于实际费用法所依据的是实际发生的成本记录或单据，所以，在施工过程中系统而准确地积累记录资料，是非常重要的。这些记录资料不仅是施工索赔所必不可少的，亦是工程项目施工总结的基础依据。

b. 总费用法

总费用法即总成本法，就是当发生多次索赔事项以后，重新计算出该工程项目的实际总费用，再从这个实际总费用中减去投标报价时的估算总费用，即为要求补偿的索赔总款额，即

$$索赔款额 = 实际总费用 - 投标报价估算费用$$

采用总成本法时，一般要有以下条件：

（1）由于该项索赔在施工时的特殊性质，难于或不可能精准地计算出承包商损失的款额，即额外费用。

（2）承包商对工程项目的报价（投标时的估算总费用）是比较合理的。

（3）已开支的实际总费用经过逐项审核，认为是比较合理的。

（4）承包商对已发生的费用增加没有责任。

(5)承包商有较丰富的工程施工管理经验和能力。

在施工索赔工作中,不少人对采用总费用法持批评态度。因为实际发生的总费用中,可能包括了由于承包商的原因(如施工组织不善,工效太低,浪费材料等)而增加了的费用;同时,投标报价时的估算费用却因想竞争中标而过低。因此,这种方法只有在实际费用难以计算时才使用。

c.修正的总费用法

修正的总费用法是对总费用法的改进,即在总费用计算的原则上,对总费用法进行相应的修改和调整,去掉一些比较不确切的可能因素,使其更合理。

用修正的总费用法进行的修改和调整内容,主要如下:

(1)将计算索赔款的时段仅局限于受到外界影响的时间(如雨季),而不是整个施工期。

(2)只计算受影响时段内的某项工作所受影响的损失,而不是计算该时段内所有施工工作所受的损失。

(3)在受影响时段内受影响的某项工程施工中,使用的人工、设备、材料等资源均有可靠的记录资料,如工程师的施工日志,现场施工记录等。

(4)与该项工作无关的费用,不列入总费用中。

(5)对投标报价时的估算费用重新进行核算。按受影响时段内该项工作的实际单价进行计算,乘以实际完成的该项工作的工程量,得出调整后的报价费用。

经过上述各项调整修正后的总费用,已相当准确地反映出实际增加的费用,作为给承包商补偿的款额。

据此,按修正后的总费用法支付索赔款的公式是:

索赔款额 = 某项工作调整后的实际总费用 - 该项工作的报价费用

修正的总费用法,同未经修正的总费用法相比较,有了实质性地改进,使它的准确程度接近于"实际费用法",容易被业主及工程师所接受。因为修正的总费用法仅考虑实际上已受到索赔事项影响的那一部分工作的实际费用,再从这一实际费用中减去投标报价书中的相应部分的估算费用。如果投标报价的费用是准确而合理的,则采用此修正的总费用法计算出来的索赔款额,很可能同采用实际费用法计算出来的索赔款额十分贴近。

d.分项法

分项法是按每个索赔事件所引起损失的费用项目分别分析计算索赔值的一种方法。在实际中,绝大多数工程的索赔都采用分项法计算。

分项法计算通常分三步:

(1)分析每个或每类索赔事件所影响的费用项目,不得有遗漏。这些费用项目通常应与合同报价中的费用项目一致。

(2)计算每个费用项目受索赔事件影响后的数值,通过与合同价中的费用值进行比较即可得到该项费用的索赔值。

(3)将各费用项目的索赔值汇总,得到总费用索赔值。分项法中索赔费用主要包括该项工程施工过程中所发生的额外人工费、材料费、施工机械使用费、相应的管理费,以及应得的间接费和利润等。由于分项法所依据的是实际发生的成本记录或单据,所以施工过程中,对第一手资料的收集整理就显得非常重要了。

e. 合理价值法

合理价值法是一种按照公正调整理论进行补偿的做法,亦称为按价偿还法。

在施工过程中,当承包商完成了某项工程但受到经济亏损时,他有权根据公正调整理论要求经济补偿。但是,或由于该工程项目的合同条款对此没有明确的规定,或者由于合同已被终止,在这种情况下,承包商按照合理价值法的原则仍然有权要求对自己已经完成的工作取得公正合理的经济补偿。

对于合同范围以外的额外工程,或者施工条件完全变化了的施工项目,承包商亦可根据合理价值法的原则,得到合理的索赔款额。

一般认为,如果该工程项目的合同条款中有明确的规定,即可按此合同条款的规定计算索赔款额,而不必采用这个合理价值法来索取经济补偿。

在施工索赔实践中,按照合理价值法获得索赔比较困难。这是因为工程项目的合同条款中没有经济亏损补偿的具体规定,而且工程已经完成,业主和工程师一般不会轻易地再予以支付。在这种情况下,一般是通过调解机构,如合同上诉委员会,或通过法律判决途径,按照合理价值法原则判定索赔款额,解决索赔争端。

在工程承包施工阶段的技术经济管理工作中,工程索赔管理是一项艰难的工作。要想在工程索赔工作中取得成功,需要具备丰富的工程承包施工经验,以及相当高的经营管理水平。在索赔工作中,要充分论证索赔权,合理计算索赔值,在合同规定的时间内提出索赔要求,编写好索赔报告并提供充分的索赔证据。力争友好协商解决索赔。在索赔事件发生后随时随地提出单项索赔,力争单独解决、逐月支付,把索赔款的支付纳入按月结算支付的轨道,同工程进度款的结算支付同步处理。必要时采取一定的制约手段,促使索赔问题尽快解决。

10.3.4　工程承包合同的争议管理

工程承包合同争议,是指工程承包合同自订立至履行完毕之前,承包合同的双方当事人因对合同的条款理解产生歧义或因当事人未按合同的约定履行合同,或不履行合同中应承担的义务等原因所产生的纠纷,产生工程承包合同纠纷的原因十分复杂,但一般归纳为合同订立引起的纠纷,在合同履行中发生的纠纷,变更合同而产生的纠纷,解除合同而发生的纠纷等几个方面。

当争议出现时,有关双方首先应从整体、全局利益的目标出发,做好合同管理工作。《中华人民共和国合同法》规定,当事人可以通过和解或者调解解决合同争议。当事人不愿和解、调解,或者和解、调解不成的,可以根据仲裁协议向仲裁机构申请仲裁。当事人没有订立仲裁协议或者仲裁协议无效的,可以向人民法院起诉。当事人应当履行发生法律效力的判决、仲裁裁决、调解书;拒不履行的,对方可以请求人民法院执行。从上述规定可以看出,在我国,合同争议解决的方式主要有和解、调解、仲裁和诉讼四种。在这四种解决争议的方式中,和解和调解的结果没有强制执行的法律效力,要靠当事人的自觉履行。当然,这里所说的和解和调解是狭义的,不包括仲裁和诉讼程序中在仲裁庭和法院的主持下的和解和调解。这两种情况下的和解和调解属于法定程序,其解决方法仍有强制执行的法律效力。

10.3.4.1　和解

1. 和解的概念

和解，是指在发生合同纠纷后，合同当事人在自愿、友好、互谅的基础上，依照法律、法规的规定和合同的约定，自行协商解决合同争议的一种方式。

工程承包合同争议的和解，是由工程承包合同当事人双方自己或由当事人双方委托的律师出面进行的。在协商解决合同争议的过程中，当事人双方依照平等自愿原则，可以自由、充分地进行意思表示，弄清争议的内容、要求和焦点所在，分清责任是非，在互谅互让的基础上，使合同争议得到及时、圆满的解决。

2. 工程承包合同争议采用和解方式解决的优点

合同发生争议时，当事人应首先考虑通过和解解决。合同争议的和解解决有以下优点：

（1）简便易行，能经济、及时地解决纠纷。

工程承包合同争议的和解解决不受法律程序约束，没有仲裁程序或诉讼程序那样有一套较为严格的法律规定，当事人可以随时发现问题，随时要求解决，不受时间、地点的限制，从而防止矛盾的激化、纠纷的逐步升级。便于对合同争议的及时处理，有可以省去一笔仲裁费或诉讼费。

（2）有利于维护双方当事人团结和协作氛围，使合同更好地履行。

合同双方当事人在平等自愿、互谅互让的基础上就工程合同争议的事项进行协商，气氛比较融洽，有利于缓解双方的矛盾，消除双方的隔阂和对立，加强团结和协作；同时，由于协议是在双方当事人统一认识的基础上自愿达成的，所以可以使纠纷得到比较彻底的解决，协议的内容也比较容易顺利执行。

（3）针对性强，便于抓住主要矛盾。

由于工程合同双方当事人对事态的发展经过有亲身的经历，了解合同纠纷的起因、发展以及结果的全过程，便于双方当事人抓住纠纷产生的关键原因，有针对性地加以解决。因合同当事人双方一旦关系恶化，常常会在一些枝节上纠缠不休，使问题扩大化、复杂化，而合同争议的和解就可以避免走这些不必要的弯路。

（4）可以避免当事人把大量的精力、人力、物力放在诉讼活动上。

工程合同发生纠纷后，往往合同当事人各方都认为自己有理，特别在诉讼中败诉的一方，会一直把官司打到底，牵扯巨大的精力。而且可能由此结下怨恨。如果和解解决，就可以避免这些问题，对双方当事人都有好处。

10.3.4.2　调解

1. 调解的概念

调解，是指在合同发生纠纷后，在第三人的参加和主持下，对双方当事人进行说服、协调和疏导工作，使双方当事人互相谅解并按照法律的规定及合同的有关约定达成解决合同纠纷协议的一种争议解决方式。

工程合同争议的调解，是解决合同争议的一种重要方式，也是我国解决建设工程合同争议的一种传统方法。它是在第三人的参加与主持下，通过查明事实，分清是非，说服教育，促使当事人双方做出适当让步，平息争端，促使双方在互谅互让的基础上自愿达成调解协议，消除纷争。第三人进行调解必须实事求是、公正合理，不能压制双方当事人，而应促使他们自愿达成协议。

《中华人民共和国合同法》规定了当事人之间首先可以通过自行和解来解决合同的纠纷,同时也规定了当事人还可以通过调解的方式来解决合同的纠纷,这两种方式当事人可以自愿选择其中一种或两种。调解与和解的主要区别在于:前者有第三人参加,并主要是通过第三人的说服教育和协调来达成解决纠纷的协议;而后者则完全是通过当事人自行协商来达成解决合同纠纷的协议。两者的相同之处在于:它们都是在诉讼程序之外所进行的解决合同纠纷的活动,达成的协议都是靠当事人自觉履行来实现的。

2. 调解解决建设工程合同争议的意义

(1)有利于化解合同双方当事人的对立情绪,迅速解决合同纠纷。当合同出现纠纷时,合同双方当事人会采取自行协商的方式去解决,但当事人意见不一致时,如果不及时采取措施,就极有可能使矛盾激化。在我国,调解之所以成为解决建设工程合同争议的重要方式之一,就是因为调解有第三人从中做说服教育和劝导工作,化解矛盾,增进理解,有利于迅速解决合同纠纷。

(2)有利于各方当事人依法办事。用调解方式解决建设工程合同纠纷,不是让第三人充当无原则的和事佬,事实上调解合同纠纷的过程是一个宣传法律、加强法制观念的过程。在调解过程中,调解人的一个很重要的任务就是使双方当事人懂得依法办事和依合同办事的重要性。它可以起到既不伤和气,又受到一定的法制教育的作用,有利于维护社会安定团结和社会经济秩序。

(3)有利于当事人集中精力干好本职工作。通过调解解决建设工程合同纠纷,能够使双方当事人在自愿、合法的基础上,排除隔阂,达成调解协议,同时可以简化解决纠纷的程序,减少仲裁、起诉和上诉所花费的时间和精力,争取到更多的时间迅速集中精力进行经营活动。这不仅有利于维护双方当事人的合法权益,而且有利于促进社会主义现代化建设的发展。

合同纠纷的调解往往是当事人经过和解仍不能解决纠纷后采取的方式,因此与和解相比,它面临的纠纷要大一些。与诉讼、仲裁相比,仍具有与和解相似的优点:它能够较经济、较及时地解决纠纷;有利于消除合同当事人的对立情绪,维护双方的长期合作关系。

10.3.4.3　仲裁

1. 仲裁的概念

仲裁,亦称"公断",是当事人双方在争议发生前或争议发生后达成协议,自愿将争议交给第三者做出裁决,并负有自动履行义务的一种解决争议的方式。这种争议解决方式必须是自愿的,因此必须有仲裁协议。如果当事人之间有仲裁协议,争议发生后又无法通过和解和调解解决,则应及时将争议提交仲裁机构仲裁。

2. 仲裁的原则

1)自愿原则

解决合同争议是否选择仲裁方式以及选择仲裁机构本身并无强制力。当事人采用仲裁方式解决纠纷,应当贯彻双方自愿原则,达成仲裁协议。如有一方不同意进行仲裁的,仲裁机构即无权受理合同纠纷。

2)公平合理原则

仲裁的公平合理,是仲裁制度的生命力所在。这一原则要求仲裁机构要充分收集证据,听取纠纷双方的意见。仲裁应当根据事实。同时,仲裁应当符合法律规定。

3)仲裁依法独立进行原则

仲裁机构是独立的组织,相互间也无隶属关系。仲裁依法独立进行,不受行政机关、社会团体和个人的干涉。

4)一裁终局原则

由于仲裁是当事人基于对仲裁机构的信任做出的选择,因此其裁决是立即生效的。裁决做出后,当事人就同一纠纷再申请仲裁或者向人民法院起诉的,仲裁委员会或者人民法院不予受理。

3.仲裁委员会

仲裁委员会可以在直辖市和省、自治区人民政府所在地的市设立,也可以根据需要在其他设区的市设立,不按行政区划层层设立。

仲裁委员会由主任1人、副主任2~4人和委员7~11人组成。仲裁委员会应当从公道正派的人员中聘任仲裁员。

仲裁委员会独立于行政机关,与行政机关没有隶属关系。仲裁委员会之间也没有隶属关系。

4.仲裁协议

1)仲裁协议的内容

仲裁协议是纠纷当事人愿意将纠纷提交仲裁机构仲裁的协议。它应包括以下内容:

(1)请求仲裁的意思表示。

(2)仲裁事项。

(3)选定的仲裁委员会。

在以上3项内容中,选定的仲裁委员会具有特别重要的意义。因为仲裁没有法定管辖,如果当事人不约定明确的仲裁委员会,仲裁将无法操作,仲裁协议将是无效的。至于请求仲裁的意思表示和仲裁事项则可以通过默示的方式来体现。可以认为在合同中选定仲裁委员会就是希望通过仲裁解决争议,同时,合同范围内的争议就是仲裁事项。

2)仲裁协议的作用

(1)合同当事人均受仲裁协议的约束。

(2)是仲裁机构对纠纷进行仲裁的先决条件。

(3)排除了法院对纠纷的管辖权。

(4)仲裁机构应按仲裁协议进行仲裁。

5.仲裁庭的组成

仲裁庭的组成有两种方式。

1)当事人约定由3名仲裁员组成仲裁庭

当事人如果约定由3名仲裁员组成仲裁庭,应当各自选定或者各自委托仲裁委员会主任指定1名仲裁员,第3名仲裁员由当事人共同选定或者共同委托仲裁委员会主任指定。第3名仲裁员是首席仲裁员。

2)当事人约定由1名仲裁员组成仲裁庭

仲裁庭也可以由1名仲裁员组成。当事人如果约定由1名仲裁员组成仲裁庭的,应当由当事人共同选定或者共同委托仲裁委员会主任指定仲裁员。

6. 开庭和裁决

1）开庭

仲裁应当开庭进行。当事人协议不开庭的，仲裁庭可以根据仲裁申请书、答辩书以及其他材料做出裁决，仲裁不公开进行。当事人协议公开的，可以公开进行，但涉及国家秘密的除外。

申请人经书面通知，无正当理由不到庭或者未经仲裁庭许可中途退庭的，可以视为撤回仲裁申请。被申请人经书面通知，无正当理由不到庭或者未经仲裁庭许可中途退庭的，可以缺席裁决。

2）证据

当事人应当对自己的主张提供证据。仲裁庭对专门性问题认为需要鉴定的，可以交由当事人约定的鉴定部门鉴定，也可以由仲裁庭指定的鉴定部门鉴定。根据当事人的请求或者仲裁庭的要求，鉴定部门应当派鉴定人参加开庭。当事人经仲裁庭许可，可以向鉴定人提问。

建设工程合同纠纷往往涉及工程质量、工程造价等专门性的问题，一般需要进行鉴定。

3）辩论

当事人在仲裁过程中有权进行辩论。辩论终结时，首席仲裁员或者独任仲裁员应当征询当事人的最后意见。

4）裁决

裁决应当按照多数仲裁员的意见做出，少数仲裁员的不同意见可以记入笔录。仲裁庭不能形成多数意见时，裁决应当按照首席仲裁员的意见做出。

仲裁庭仲裁纠纷时，其中一部分事实已经清楚，可以就该部分先行裁决。

对裁决书中的文字、计算错误或者仲裁庭已经裁决但在裁决书中遗漏的事项，仲裁庭应当补正；当事人自收到裁决书之日起 30 d 内，可以请求仲裁补正。

裁决书自做出之日起发生法律效力。

7. 申请撤销裁决

当事人提出证据证明裁决有下列情形之一的，可以向仲裁委员会所在地的中级人民法院申请撤销裁决：

（1）没有仲裁协议的。

（2）裁决的事项不属于仲裁协议的范围或者仲裁委员会无权仲裁的。

（3）仲裁庭的组成或者仲裁的程序违反法定程序的。

（4）裁决所根据的证据是伪造的。

（5）对方当事人隐瞒了足以影响公正裁决的证据的。

（6）仲裁员在仲裁该案时有索贿受贿、徇私舞弊、枉法裁决行为的。

人民法院经组成合议庭审查核实裁决有前款规定情形之一的，应当裁定撤销。当事人申请撤销裁决的，应当自收到裁决书之日起 6 个月内提出。人民法院应当在受理撤销裁决申请之日起 2 个月内做出撤销裁决或者驳回申请的裁定。

人民法院受理撤销裁决的申请后，认为可以由仲裁庭重新仲裁的，通知仲裁庭在一定期限内重新仲裁，并裁定中止撤销程序。仲裁庭拒绝重新仲裁的，人民法院应当裁定恢复撤销程序。

8.执行

仲裁委员会的裁决做出后,当事人应当履行。由于仲裁委员会本身并无强制执行的权力,因此当一方当事人不履行仲裁裁决时,另一方当事人可以依照《中华人民共和国民事诉讼法》的有关规定向人民法院申请执行。接受申请的人民法院应当执行。

10.3.4.4　诉讼

1.诉讼的概念

诉讼,是指合同当事人依法请求人民法院行使审判权,审理双方之间发生的合同争议,做出有国家强制保证实现其合法权益、从而解决纠纷的审判活动。合同双方当事人如果未约定仲裁协议,则只能以诉讼作为解决争议的最终方式。

人民法院审理民事案件,依照法律规定实行合议、回避、公开审判和两审终审制度。

2.建设工程合同纠纷的管辖

建设工程合同纠纷的管辖,既涉及级别管辖,也涉及地域管辖。

1)级别管辖

级别管辖是指不同级别人民法院受理第一审建设工程合同纠纷的权限分工。一般情况下,基层人民法院管辖第一审民事案件。中级人民法院管辖以下案件:重大涉外案件、在本辖区有重大影响的案件、最高人民法院确定由中级人民法院管辖的案件。在建设工程合同纠纷中,判断是否在本辖区有重大影响的依据主要是合同争议的标的额。由于建设工程合同纠纷争议的标的额往往较大,因此往往由中级人民法院受理一审诉讼,有时甚至由高级人民法院受理一审诉讼。

2)地域管辖

地域管辖是指同级人民法院在受理第一审建设工程合同纠纷的权限分工。对于一般的合同争议,由被告住所地或合同履行地人民法院管辖。《中华人民共和国民事诉讼法》也允许合同当事人在书面协议中选择被告住所地、合同履行地、合同签订地、原告住所地、标的物所在地人民法院管辖。对于建设工程合同的纠纷一般都适用不动产所在地的专属管辖,由工程所在地人民法院管辖。

3.诉讼中的证据

证据有下列几种:

(1)书证。

(2)物证。

(3)视听资料。

(4)证人证言。

(5)当事人的陈述。

(6)鉴定结论。

(7)勘验笔录。

当事人对自己提出的主张,有责任提供证据。当事人及其诉讼代理人因客观原因不能自行收集的证据,或者人民法院认为审理案件需要的证据,人民法院应当调查收集。人民法院应当按照法定程序,全面地、客观地审查核实证据。

证据应当在法庭上出示,并由当事人互相质证。对涉及国家秘密、商业秘密和个人隐私的证据应当保密,需要在法庭出示的,不得在公开开庭时出示。经过法定程序公证证明的法律行为、法律事实和文书,人民法院应当作为认定事实的根据,但有相反证据足以推翻公证证明的除外。书证应当提交原件。物证应当提交原物。提交原件或者原物确有困难的,可以提交复制品、照片、副本、节录本。提交外文书证,必须附有中文译本。

人民法院对视听资料,应当辨别真伪,并结合本案的其他证据,审查确定能否作为认定事实的根据。

人民法院对专门性问题认为需要鉴定的,应当交由法定鉴定部门鉴定;没有法定鉴定部门的,由人民法院指定的鉴定部门鉴定。鉴定部门及其指定的鉴定人有权了解进行鉴定所需要的案件材料,必要时可以询问当事人、证人。鉴定部门和鉴定人应当提出书面鉴定结论,在鉴定书上签名或者盖章。与仲裁中的情况相似,建设工程合同纠纷往往涉及工程质量、工程造价等专门性的问题,在诉讼中一般也需要进行鉴定。

第 11 章　水利工程施工安全与环境管理

11.1　施工安全管理

11.1.1　施工安全管理的目的和任务

施工安全管理的目的是最大限度地保护生产者的人身安全,控制影响工作环境内所有员工(包括临时工作人员、合同方人员、访问者和其他有关人员)安全的条件和因素,避免因使用不当对使用者造成安全危机,防止安全事故的发生。

施工安全管理的任务是建筑生产安全企业为达到建筑施工过程中安全的目的,所进行的组织、控制和协调活动,主要内容包括制定、实施、实现、评审和保持安全方针所需的组织机构、策划活动、管理职责、实施程序、所需资源等。施工企业应根据自身实际情况制定方针,并通过实施、实现、评审、保持、改进来建立组织机构,策划活动、明确职责、遵守安全法律、法规、编制程序控制文件、实施过程控制,提供人员、设备、资金、信息等资源,对安全与环境管理体系按国家标准进行评审,按计划、实施、检查、总结循还过程进行提高。

11.1.2　施工安全管理的特点

11.1.2.1　安全管理的复杂性

水利工程施工具有项目固定性、生产的流动性、外部环境影响的不确定性,这些因素决定了施工安全管理的复杂性。

(1)生产的流动性主要指生产要素的流动性,它是指生产过程中人员、工具和设备的流动,主要表现有以下几个方面:同一工地不同工序之间的流动;同一工序不同工程部位之间的流动;同一工程部位不同时间段之间流动;施工企业向新建项目迁移的流动。

(2)外部环境对施工安全影响因素很多,主要表现在:露天作业多;气候变化大;地质条件变化;地形条件影响;地域、人员交流障碍影响。

以上生产因素和环境因素的影响,使施工安全管理变得复杂,考虑不周会出现安全问题。

11.1.2.2　安全管理的多样性

受客观因素影响,水利工程项目具有多样性的特点,使得建筑产品具有单件性,每一个施工项目都要根据特定条件和要求进行施工生产,安全管理具有多样性特点,表现有以下几个方面:

(1)不能按相同的图纸、工艺和设备进行批量重复生产。

(2)因项目需要设置组织机构,项目结束组织机构不存在,生产经营的一次性特征突出。

(3)新技术、新工艺、新设备、新材料的应用给安全管理带来新的难题。

（4）人员的改变、安全意识、经验不同带来安全隐患。

11.1.2.3　安全管理的协调性

施工过程的连续性和分工决定了施工安全管理的协调性。水利施工项目不能像其他工业产品一样可以分成若干部分或零部件同时生产，必须在同一个固定的场地按严格的程序连续生产，上一道工序完成才能进行下一道工序，上一道工序生产的结果往往被下一道工序所掩盖，而每一道工序都是由不同的部门和人员来完成的。这样，就要求在安全管理中，要求不同部门和人员做好横向配合和协调，共同注意各施工生产过程接口部分的安全管理的协调，确保整个生产过程和安全。

11.1.2.4　安全管理的强制性

工程建设项目建设前，已经通过招标投标程序确定了施工单位。由于目前建筑市场供大于求，施工单位大多以较低的标价中标，实施中安全管理费用投入严重不足，不符合安全管理规定的现象时有发生，从而要求建设单位和施工单位重视安全管理经费的投入，达到安全管理的要求，政府也要加大对安全生产的监管力度。

11.1.3　施工安全控制的特点、程序、要求

11.1.3.1　安全控制的概念

1. 安全生产的概念

安全生产是指施工企业使生产过程避免人身伤害、设备损害及其不可接受的损害风险的状态。

不可接受的损害风险通常是指超出了法律、法规和规章的要求，超出了方针、目标和企业规定的其他要求，超出了人们普遍接受的要求（通常是隐含的要求）。

安全与否是一个相对的概念，根据风险接受程度来判断。

2. 安全控制的概念

安全控制是指企业通过对安全生产过程中涉及的计划、组织、监控、调节和改进等一系列致力于满足施工安全措施所进行的管理活动。

11.1.3.2　安全控制的方针与目标

1. 安全控制的方针

安全控制的目的是安全生产，因此安全控制的方针是"安全第一，预防为主"。

"安全第一"是指把人身的安全放在第一位，安全为了生产，生产必须保证人身安全，充分体现以人为本的理念。

"预防为主"是实现安全第一的手段，采取正确的措施和方法进行安全控制，从而减少甚至消除事故隐患，尽量把事故消除在萌芽状态，这是安全控制最重要的思想。

2. 安全控制的目标

安全控制的目标是减少和消除生产过程中的事故，保证人员健康安全，避免财产损失。安全控制的目标具体包括：

（1）减少和消除人的不安全行为的目标。

（2）减少和消除设备、材料的不安全状态的目标。

（3）改善生产环境和保护自然环境的目标。

（4）安全管理的目标。

11.1.3.3　施工安全控制的特点

1. 安全控制面大

水利工程,由于规模大、生产工序多、工艺复杂、流动施工作业多、野外作业多、高空作业多、作业位置多、施工中不确定因素多,因此施工中安全控制涉及范围广、控制面大。

2. 安全控制动态性强

水利工程建设项目的单件性,使得每个工程所处的条件不同,危险因素和措施也会有所不同。员工进驻一个新的工地,面对新的环境,需要时间去熟悉,对工作制度和安全措施进行调整。

工程施工项目的分散性,使得现场施工分散于场地的不同位置和建筑物的不同部位,面对新的具体的生产环境,除熟悉各种安全规章制度和技术措施外,还需做出自己的研判和处理。有经验的人员也必须适应不断变化的新问题、新情况。

3. 安全控制体系交叉性

工程项目施工是一个系统工程,受自然和社会环境影响大,施工安全控制和工程系统、质量管理体系、环境和社会系统联系密切,交叉影响,建立和运行安全控制体系要相互结合。

4. 安全控制的严谨性

安全事故的出现是随机的,偶然中存在必然性,一旦失控,就会造成伤害和损失,因此安全状态的控制必须严谨。

11.1.3.4　施工安全控制程序

(1)确定项目的安全目标。

按目标管理的方法,在以项目经理为首的项目管理系统内进行分解,从而确定每个岗位的安全目标,实现全员安全控制。

(2)编制项目安全技术措施计划。

对生产过程中的不安全因素,应采取技术手段加以控制和消除,并采用书面文件的形式,作为工程项目安全控制的指导性文件,落实预防为主的方针。

(3)落实项目安全技术措施计划。

安全技术措施包括安全生责任制、安全生产设施、安全教育和培训、安全信息的沟通和交流,通过安全控制使生产作业的安全状况处于可控制状态。

(4)安全技术措施计划的验证。

验证包括安全检查、纠正不符合因素、检查安全记录、安全技术措施修改与再验证。

(5)安全生产控制的持续改进,直到完成工程项目全面工作的结束。

11.1.3.5　施工安全控制的基本要求

(1)必须取得安全行政主管部门颁发的"安全施工许可证"后方可施工。

(2)总承包企业和每一个分包单位都应持有"施工企业安全资格审查认可证"。

(3)各类人员必须具备相应的执业资格才能上岗。

(4)新员工都必须经过安全教育和必要的培训。

(5)特种工种作业人员必须持有特种工种作业上岗证,并严格按期复查。

(6)对查出的安全隐患要做到五个落实:落实责任人、落实整改措施、落实整改时间、落实整改完成人、落实整改验收人。

(7)必须控制好安全生产的六个节点:技术措施、技术交底、安全教育、安全防护、安全检查、安全改进。

（8）现场的安全警示设施齐全、所有现场人员必须带安全帽,高空作业人员必须系安全带等防护工具,并符合国家和地方的有关安全规定。

（9）现场施工机械尤其是起重机械等设备必须经安全检查合格后方可使用。

11.1.4　施工安全控制的方法

11.1.4.1　危险源

1.危险源的定义

危险源是可能导致人身伤害或疾病、财产损失、工作环境破坏或出现几种情况同时出现的危险和有害因素。

危险因素强调突发性和瞬时作用,有害因素强调在一定时间内的慢性损害和积累作用。

危险源是安全控制的主要对象,也可以将安全控制称为危险源控制或安全风险控制。

2.危险源分类

施工生产中的危险源是以多种多样的形式存在的。危险源所导致的事故主要有能量的意外释放和有害物质的泄露。根据危险源在事故中的作用,把危险源分为两大类:第一类危险源和第二类危险源。

1）第一类危险源

可能发生能量意外释放的载体或危险物质称为第一类危险源。能量或危险物质的意外释放是事故发生的物理本质,通常把产生能量的能量源或拥有能量的载体作为第一类危险源进行处理。

2）第二类危险源

造成约束、限制能量的措施破坏或失效的各种不安全因素称为第二类危险源。

在施工生产中,为了利用能量使用各种施工设备和机器,让能量在施工过程中流动、转换、做功,加快施工进度,而这些设备和设施可以看成约束能量的工具。正常情况下,生产过程中的能量和危险物是受到控制和约束的,不会发生意外释放,也就是不会发生事故,一旦这些约定或限制措施受到破坏或者失效,包括出现故障,则会发生安全事故。这类危险源包括三个方面:人的不安全行为,物的不安全状态,环境的不良条件。

3.危险源与事故

安全事故的发生是以上两种危险源共同作用的结果。第一类危险源是事故发生的前提,第二类危险源的出现是第一类危险源导致安全事故的必要条件。在事故发生和发展过程中,两类危险源相互依存和作用,第一类是事故的主体,决定事故的严重程度,第二类危险源出现决定事故发生的大小。

11.1.4.2　危险源控制方法

1.风险源识别与风险评价

1）危险源识别方法

（1）专家调查法。

专家调查法是通过向有经验的专家咨询、调查、分析、评价危险源的方法。

专家调查表的优点是简便、易行;缺点是受专家的知识、经验限制,可能出现疏漏。常用方法是头脑风暴法和德尔菲法。

（2）安全检查表法。

安全检查表法，就是运用事先编制好的检查表实施安全检查和诊断项目，进行系统的安全检查，识别工程项目存在的危险源。检查表的内容一般包括项目类型、检查内容及要求、检查后处理意见等。可用回答是、否或做符号标识，注明检查日期，并由检查人和被检查部门或单位签字。

安全检查表法的优点是简单扼要，容易掌握，可以先组织专家编制检查表，制定检查项目，使施工安全检查系统化、规范化；缺点是只做一些定性分析和评价。

2）风险评价方法

风险评价是评估危险源所带来的风险大小，以及确定风险是否允许的过程。根据评价结果对风险进行分级，按不同的风险等级有针对性地采取风险控制措施。

2. 危险源的控制方法

1）第一类危险源的控制方法

防止事故发生的方法：消除危险源，限制能量，对危险物质隔离。

避免或减少事故损失的方法：隔离、个体防护、使能量或危险物质按事先要求释放、采取避难、援救措施。

2）第二类危险源的控制方法

减少故障：增加安全系数、提高可靠度、设置安全监控系统。

故障安全设计：最乐观方案（故障发生后，在没有采取措施前，使用系统和设备处于安全的能量状态之下），最悲观方案（故障发生后，系统处于最低能量状态下，直到采取措施前，不能运转），最可能方案（保证采取措前，设备、系统发挥正常功能）。

3. 危险源的控制策划

（1）尽可能完全消除有不可接受危险的危险源，如用安全品取代危险品。

（2）不可能消除时，应努力采取降低危险的措施，如使用低压电器等。

（3）在条件允许时，应使工作环境适合于人，如考虑降低人精神压力和体能消耗。

（4）应尽可能利用先进技术来改善安全控制措施。

（5）应考虑采取保护每个工作人员的措施。

（6）应将技术管理与程序控制结合起来。

（7）应考虑引入设备安全防护装置维护计划的要求。

（8）应考虑使用个人防护用品。

（9）应有可行有效的应急方案。

（10）预防性测定指标要符合监视控制措施计划要求。

（11）组织应根据自身的风险选择适合的控制策略。

11.1.5　施工安全生产组织机构建立

人人都知道安全的重要，但是安全事故却又频频发生，为了保证施工过程不发生安全事故，必须建立安全管理的组织机构，建全安全管理规章制度。统一施工生产项目的安全管理目标、安全措施、检查制度、考核办法、安全教育措施等。具体工作如下：

（1）成立以项目经理为首的安全生产施工领导小组，具体负责施工期间的安全工作。

（2）项目副经理、技术负责人、各科负责人和生产工段的负责人作为安全小组成员，共同负责安全工作。

（3）设立专职安全员，聘用有国家安全员职业资格或经培训持证上岗，专门负责施工过程中安全工作。只要施工现场有施工作业人员，安全员就要上岗值班，在每个工序开工前，安全员要检查工程环境和设施情况，认定安全后方可进行工序施工。

（4）各技术及其他管理科室和施工段队要设兼职安全员，负责本部门的安全生产预防和检查工作，各作业班组组长要兼本班组的安全检查员，具本负责本班组的安全检查。

（5）工程项目部应定期召开安全生产工作会议，总结前期工作，找出问题，布置落实后面工作，利用施工空闲时间进行安全生产工作培训，在培训工作中和其他安全工作会议上，安全小组领导成员要讲解安全工作的重要意义，学习安全知识，增强员工安全警觉意识，把安全工作落实在预防阶段。根据工程的具体特点，把不安全的因素和相应措施制定成册，使全体员工学习和掌握。

（6）严格按国家有关安全生产规定，在施工现场设置安全警示标识，在不安全因素的部位设立警示牌，严格检查进场人员佩戴安全帽、高空作业佩戴安全带，严格持证上岗工作，风雨天禁止高空作业工作，施工设备专人使用制度，严禁在场内乱拉用电线路，严禁非电工人员从事电工工作。

（7）安全生产工作和现场管理结合起来，同时进行，防止因管理不善产生安全隐患，工地防风、防雨、防火、防盗、防疾病等预防措施要健全，都有专人负责，以确保各项措施及时落实到位。

（8）完善安全生产考核制度，实行安全问题一票否决制，安全生产互相监督制，提高自检自查意识，开展科室、班组经验交流和安全教育活动。

（9）对构件和设备吊装、爆破、高空作业、拆除、上下交叉作业、夜间作业、疲劳作业、带电作业、汛期施工、地下施工、脚手架搭设拆除等重要安全环节，必须开工前进行技术交底，安全交底、联合检查后，确认安全，方可开工。施工过程中，加强安全员的旁站检查。加强专职指挥协调工作。

11.1.6　施工安全技术措施计划与实施

11.1.6.1　工程施工措施计划

（1）施工措施计划的主要内容：

施工措施计划包括工程概况、控制目标、控制程序、组织机构、职责权限、规章制度、资源配置、安全措施、检查评价和激励机制等。

（2）特殊情况应考虑安全计划措施：

①对高处作业、井下作业等专业性强的作业，电器、压力容器等特殊工种作业，应制定单项安全技术规程，并对管理人员和操作人员的安全作业资格和身体状况进行合格检查。

②对结构复杂、施工难度大、专业性较强的工程项目，除制订总体安全保证计划外，还须制定单位工程和分部分项工程安全技术措施。

（3）制定和完善施工安全操作规程，编制各施工工种，特别是危险性大的工种的施工安全操作要求，作为施工安全生产规范和考核的依据。

（4）施工安全技术措施包括安全防护设施和安全预防措施，主要有防火、防毒、防爆、防洪、防尘、防雷击、防触电、防坍塌、防物体打击、防机械伤害、防起重机械滑落、防高空坠落、防交通事故、防寒、防暑、防疫、防环境污染等方面的措施。

11.1.6.2 施工安全措施计划的落实

1.安全生产责任制

安全生产责任制是指企业对项目经理部各部门、各类人员所规定的在他们各自职责范围内对安全生产应负责任的制度。建立安全生产责任制是施工安全技术措施的重要保证。

2.安全教育

要树立安全员安全意识,安全教育的要求如下:

(1)广泛开展安全生产的宣传教育,使全体员工真正认识到安全生产的重要性、必要性,掌握安全生产的基础知识,牢固树立安全第一的思想,自觉遵守安全生产的各项法律、法规和规章制度。

(2)安全教育的主要内容有安全知识、安全技能、设备性能、操作规程、安全法规等。

(3)对安全教育要建立经常性的安全教育考核制度,考核结果要记入员工人事档案。

(4)一些特殊工种,如电工、电焊工、架子工、司炉工、爆破工、机操工、起重工、机械司机、机动车辆司机等,除一般安全教育外,还要进行专业技能培训,经考试合格后,取得资格,才能上岗工作。

(5)工程施工中采用新技术、新工艺、新设备时,或人员调动新工作岗位,也要进行安全教育和培训,否则不能上岗。

3.安全技术交底

1)基本要求

(1)实行逐级安全技术交底制度,从上到下,直到全体作业人员。

(2)安全技术交底工作必须具体、明确、有针对性。

(3)交底的内容要针对分部分项工程施工中给作业人员带来的潜在危害。

(4)应优先采取新的安全技术措施。

(5)应将施工方法、施工程序、安全技术措施等优先向工段长、班级组长进行详细交底。

(6)定期向多工种交叉施工或多个作业队同时施工的作业队进行书面交底,并保持书面交底的交接的书面签字记录。

2)主要内容

(1)工程施工项目作业特点和危险点。

(2)针对各危险点具体措施。

(3)应注意的安全事项。

(4)对应的安全操作规程和标准。

(5)发生事故应及时采取的应急措施。

11.1.7 施工安全检查

施工项目安全检查的目的是消除安全隐患、防止安全事故发生、改善劳动条件及提高员工的安全生产意识,是施工安全控制工作的重要内容,通过安全检查可以发现工程中的危险因素,以便有计划地采取相应措施,保证安全生产的顺利进行。项目的施工安全检查应由项目经理组织,定期进行检查。

11.1.7.1　安全检查的类型

施工项目安全检查的类型分为日常性检查、专业性检查、季节性检查、节假日前后检查及不定期检查等。

1. 日常性检查

日常性检查是经常的、普遍的检查,一般每年进行 1~4 次。项目部、科室每月至少进行一次,施工班组每周、每班次都应进行检查,专职安全技术人员的日常检查应有计划、有部位、有记录、有总结,周期性进行。

2. 专业性检查

专业性检查是指针对特种作业、特种设备、特殊场地进行的检查,如电焊、气焊、起重设备、运输车辆、锅炉压力熔器、易燃易爆场所等,由专业检查员进行。

3. 季节性检查

季节性检查是根据季节性的特点,为保障安全生产的特殊要求所进行的检查,如春季空气干燥、风大,重点查防火、防爆;夏季多雨雷电、高温,重点防暑、降温、防汛、防雷击、防触电;冬季防寒、防冻等。

4. 节假日前后检查

节假日前后的检查是针对节假日期间容易产生麻痹思想的特点而进行的安全检查,包括假前的综合检查和假后的遵章守纪检查等。

5. 不定期检查

不定期检查是指在工程开工前、停工前、施工中、竣工、试运转时进行的安全检查。

11.1.7.2　安全检查的注意事项

(1)安全检查要深入基层,紧紧依靠员工,坚持领导与群众相结合的原则,组织好检查工作。

(2)建立检查的组织领导机构,配备适当的检查力量,选聘具有较高技术业务水平的专业人员。

(3)做好检查各项准备工作,包括思想、业务知识、法规政策、检查设备和奖励等准备工作。

(4)明确检查的目的、要求,即严格要求,又防止一刀切,从实际出发,分清主次,力求实效。

(5)把自查与互查相结合,基层以自查为主,管理部门之间相互检查,互相学习,取长补短,交流经验。

(6)检查与整改相结合,检查是手段,整改是目的,发现问题及时采取切实可行的防范措施。

(7)建立检查档案,结合安全检查的实施,逐步建立健全检查档案,收集基本数据,掌握基本安全状态,为及时消除隐患提供数据,同时也为以后的职业健康安全检查打下基础。

(8)制定安全检查表时,应根据用途和目的,具体确定安全检查表的种类。安全检查表的种类主要有设计用安全检查表、厂级安全检查表、车间安全检查表、班组安全检查表、岗位安全检查表、专业安全检查表。制定检查表要在安全技术部门指导下,充分依靠员工来进行,初步制定检查表后,经过讨论、试用再加以修订,制定安全检查表。

11.1.7.3　安全检查的主要内容

安全生产检查主要应做好五查：

(1)查思想。主要检查企业干部和员工对安全生产工作的认识。

(2)查管理。主要检查安全管理是否有效。包括安全生产责任制、安全技术措施计划、安全组织机构、安全保证措施、安全技术交底、安全教育、持证上岗、安全设施、安全标识、操作规程、违规行为、安全记录等。

(3)查隐患。主要检查作业现场是否符合安全生产的要求，存在的不安全因素。

(4)查事故。查明安全事故的原因、明确责任、对责任人做出处理，明确落实整改措施等要求，还要检查对伤亡事故是否及时报告、认真调查、严肃处理。

(5)查整改。主要检查对过去提出的问题的整改情况。

11.1.7.4　安全检查的主要规定

(1)定期对安全控制计划的执行情况进行检查、记录、评价、考核，对作业中存在的安全隐患，签发安全整改通知单，要求相应部门落实整改措施并进行检查。

(2)根据工程施工过程的特点和安全目标的要求确定安全检查的内容。

(3)安全检查应配备必要的设备，确定检查组成人员、明确检查方法和要求。

(4)检查方法采取随机抽样、现场观察、实地检测等，记录检查结果，纠正违章指挥和违章作业。

(5)对检查结果进行分析，找出安全隐患，评价安全状态。

(6)编写安全检查报告并上交。

11.1.7.5　安全事故处理的原则

安全事故处理要坚持四个原则：

(1)事故原因不清楚不放过。

(2)事故责任者和员工没受教育不放过。

(3)事故责任者没受处理不放过。

(4)没有制定防范措施不放过。

11.1.8　安全事故处理程序

(1)报告安全事故。

(2)处理安全事故，抢救伤员，排除险情，防止事故扩大，做好标识，保护现场。

(3)进行安全事故调查。

(4)对事故责任者进行处理。

(5)编写调查报告并上报。

11.2　环境安全管理

11.2.1　环境安全管理的概念及意义

11.2.1.1　环境安全管理的概念

(1)环境安全是指在工程项目施工过程中保持施工现场良好的作业环境、卫生环境和工作秩序。环境安全主要包括以下几个方面的工作：

①规范施工现场的场容,保持作业环境的清洁卫生。

②科学组织施工,使生产有序进行。

③减少施工对当地居民、过路车辆和人员及环境的影响。

④保证职工的安全和身体健康。

(2)环境保护是按照法律、法规、各级主管部门和企业的要求,保护和改善作业现场的环境,控制现场的各种粉尘、废水、固体废弃物、噪声、振动等对环境的污染和危害。环境保护也是文明施工的重要内容之一。

11.2.1.2　环境安全的意义

(1)文明施工能促进企业综合管理水平的提高。保持良好的作业环境和秩序,对促进安全生产、加快施工进度、保证工程质量、降低工程成本、提高经济和社会效益有较大作用。文明施工涉及人、财、物各个方面,贯穿于施工全过程之中,体现了企业在工程项目施工现场的综合管理水平,也是项目部人员素质的充分反映。

(2)文明施工是适应现代化施工的客观要求。现代化施工更需要采用先进的技术、工艺、材料、设备和科学的施工方案,需要严密组织、严格要求、标准化管理和较好的职工素质等。文明施工能适应现代化施工的要求,是实现优质、高效、低耗、安全、清洁、卫生的有效手段。

(3)文明施工代表企业的形象。良好的施工环境与施工秩序能赢得社会的支持和信赖,提高企业的知名度和市场竞争力。

(4)文明施工有利于员工的身心健康,有利于培养和提高施工队伍的整体素质。文明施工可以提高职工队伍的文化、技术和思想素质,培养尊重科学、遵守纪律、团结协作的大生产意识,促进企业精神文明建设,从而达到促进施工队伍整体素质的提高。

11.2.1.3　现场环境保护的意义

(1)保护和改善施工环境是保证人们身体健康和社会文明的需要。采取专项措施防止粉尘、噪声和水源污染,保护好作业现场及其周围的环境是保证职工和相关人员身体健康、体现社会总体文明的一项利国利民的重要工作。

(2)保护和改善施工现场环境是消除外部干扰、保护施工顺利进行的需要。随着人们的法制观念和自我保护意识的增强,尤其对距离当地居民或公路等较近的项目,施工扰民和影响交通的问题比较突出,项目部应针对具体情况及时采取防治措施,减少对环境的污染和对他人的干扰,这也是施工生产顺利进行的基本条件。

(3)保护和改善施工环境是现代化大生产的客观要求。现代化施工广泛应用新设备、新技术、新的生产工艺,对环境质量要求很高,如果粉尘、振动超标就可能损坏设备、影响功能发挥,使设备难以发挥作用。

(4)节约能源、保护人类的生存环境、保证社会和企业可持续发展的需要。人类社会即将面临环境污染危机的挑战。为了保护子孙后代赖以生存的环境,每个公民和企业都有责任和义务保护环境。良好的环境和生存条件,也是企业发展的基础和动力。

11.2.2　环境安全的组织与管理

11.2.2.1　组织和制度管理

（1）施工现场应成立以项目经理为第一责任人的文明施工管理组织。分包单位应服从总包单位的文明施工管理组织的统一管理，并接受监督检查。

（2）各项施工现场管理制度应有文明施工的规定。包括个人岗位责任制、经济责任制、安全检查制度、持证上岗制度、奖惩制度、竞赛制度和各项专业管理制度等。

（3）加强和落实现场文明检查、考核及奖惩管理，以促进施工文明和管理工作的提高。检查范围和内容应全面周到，包括生产区、生活区、场容场貌、环境保护及制度落实等内容。应对检查发现的问题采取整改措施。

11.2.2.2　收集环境安全管理材料

（1）上级关于文明施工的标准、规定、法律、法规等资料。

（2）施工组织设计（方案）中对施工环境安全的管理规定、各阶段施工现场环境安全的措施。

（3）施工环境安全自检资料。

（4）施工环境安全教育、培训、考核计划的资料。

（5）施工环境安全活动的各项记录资料。

11.2.2.3　加强环境安全的宣传和教育

（1）在坚持岗位练兵的基础上，要采取派出去、请进来、短期培训、上技术课、登黑板报、广播、看录像、看电视等方法狠抓教育工作。

（2）要特别注意对临时工的岗前教育。

（3）专业管理人员应熟练掌握文明施工的规定。

11.2.3　现场环境安全的基本要求

施工现场必须设置明显的标牌，标明工程项目名称、建设单位、设计单位、施工单位、项目经理和施工现场总代理人的姓名、开工日期、竣工日期、施工许可证批准文号等。施工单位负责施工现场标牌的保护工作。

施工现场的管理人员在施工现场应当佩戴证明其身份的证卡。

应当按照施工中平面布置图设置各项临时设施。现场堆放的大宗材料、成品、半成品和机具设备不得侵占场内道路及安全防护设施。

施工现场的用电线路、用电设施的安装和使用必须符合安装规范和安全操作规程，并按照施工组织设计进行架设，严禁任意拉线接电。施工现场必须设有保证施工安全要求的夜间照明；危险潮湿场所的照明以及手持照明灯具，必须采用符合安全要求的电压。

施工机械应当按照施工总平面布置图规定的位置和线路设置，不得任意侵占场内道路。施工机械进场需经过安全检查，经检查合格的方能使用。施工机械人员必须建立机组责任制，并依照有关规定安全检查，经检查合格的方能使用。施工机械操作人员必须建立机组责任制，并依照有关规定持证上岗，禁止无证人员操作。

应保持施工现场道路畅通，排水系统处于良好使用状态；保持场容场貌的整洁，随时清理建筑垃圾。在车辆、行人通行的地方施工，应当设置施工标志，并对沟井坎穴进行覆盖和铺垫。

施工现场的各种安全设施和劳动保护器具,必须定期进行检查和维护,及时消除隐患,保证其安全有效。

施工现场应当设置各类必要的职工生活设施,并符合卫生、通风、照明等要求。职工的膳食、饮水供应等应当符合卫生要求。

应当做好施工现场安全保卫工作,采取必要的防盗措施,在现场周边设立围护设施。

应当严格依照《中华人民共和国消防法》的规定,在施工现场建立和执行防火管理制度,设置符合消防要求的消防设施,并保持完好的备用状态。在容易发生火灾的地区施工,或者储存、使用易燃易爆器材时,应当采取特殊的消防安全措施。

施工现场发生工程建设重大事故的处理,应依照《工程建设重大事故报告和调查程序规定》执行。

对项目部所有人员应进行言行规范教育工作,大力提倡精神文明建设,严禁赌、毒、黄、打架、斗殴等行为的发生,用强有力的制度和频繁的检查教育,杜绝不良行为的出现。对经常外出的采购、财务、后勤等人员,应进行专门的用语和礼貌培训,增强交流和协调能力,预防因用语不当或不礼貌、无能力等原因发生争执和纠纷。

大力提倡团结协作精神,鼓励内部工作经验交流和传帮带活动,专人负责并认真组织参建人员业余生活,订购健康文明的书刊,组织职工收看、收听健康活泼的音像节目,定期参加组织项目部进行友谊联欢和简单的体育比赛活动,丰富职工的业余生活。

重要节假日项目部应安排专人负责采购生活物品,集体组织轻松活泼的宴会活动,并尽可能地提供条件让所有职工与家人进行短时间的通话交流,以改善他们的心情。定期将职工在工地上的良好表现反馈给企业人事部门和职工家属,以激励他们的积极性。

11.2.4　现场环境污染防治

11.2.4.1　现场环境污染防治

要达到环境安全管理的基本要求,主要是应防治施工现场的空气污染、水污染、噪声污染,同时对原有的及新产生的固体废弃物进行必要的处理。

施工现场空气污染的防治如下:

(1)施工现场垃圾、渣土要及时清理出现场。

(2)上部结构清理施工垃圾时,要使用封闭式的容器或者采取其他措施处理高空废弃物,严禁临空随意抛撒。

(3)施工现场道路应指定专人定期洒水清扫,形成制度,防止道路扬尘。

(4)对于细颗粒散体材料(如水泥、粉煤灰、白灰等)的运输、储存要注意遮盖、密封,防止和减少飞扬。

(5)车辆开出工地要做到不带泥沙,基本做到不洒土、不扬尘,减少对周围环境的污染。

(6)除设有符合规定的装置外,禁止在施工现场焚烧油毡、橡胶、塑料、皮革、树叶、枯草、各种包装物等废弃物品以及其他会产生有毒、有害烟尘和恶臭气体的物质。

(7)机动车均要安装减少尾气排放的装置,确保符合国家标准。

(8)工地锅炉应尽量采用电热水器。若只能使用烧煤锅炉,应选用消烟除尘型锅炉,大灶应选用消烟节能回风炉灶,使烟尘降至允许排放范围为止。

（9）在离村庄较近的工地应当将搅拌站封闭严密，并在进料仓上方安装除尘装置，采取可靠措施控制工地粉尘污染。

（10）拆除旧建筑物时，应适当洒水，防止扬尘。

11.2.4.2　施工现场水污染的防治

1. 水污染主要来源

（1）工业污染源。指各种工业废水向自然水体的排放。

（2）生活污染源。主要有食物废渣、食油、粪便、合成洗涤剂、杀虫剂、病原微生物等。

（3）农业污染源。主要有化肥、农药等。

（4）施工现场废水和固体废弃物随水流流入水体的部分，包括泥浆、水泥、油罐、各种油类、混凝土外加剂、重金属、酸碱盐和非金属无机毒物等。

2. 施工过程水污染的防治措施

（1）禁止将有毒有害废弃物作土方回填。

（2）施工现场搅拌站废水、现制水磨石的污水、电石（碳化钙）的污水必须经沉淀池沉淀合格后再排放，最好将沉淀水用于工地洒水降尘或采取措施回收利用。

（3）现场存放油料的，必须对库房地面进行防渗处理，如采取防渗混凝土地面、铺油毡等措施。使用时，要采取防止油料跑、冒、滴、漏的措施，以免污染水体。

（4）施工现场100人以上的临时食堂，污水排放时可设置简易有效的隔油池，定期清理，防止污染。

（5）工地临时厕所、化粪池应采取防渗漏措施。中心城市施工现场的临时厕所可采取水冲式厕所，并有防蝇、灭蛆措施，防止污染水体和环境。

11.2.4.3　施工现场的噪声控制

1. 施工现场噪声的控制措施

噪声控制技术可以从声源、传播途径、接收者的防护等方面来考虑。

（1）从噪声产生的声源上控制。

①尽量采用低噪声的设备和工艺代替高噪声的设备与工艺，如低噪声振捣器、风机、电机空压机、电锯等。

②在声源处安装消声器消声，即在通风机、压缩机、燃气机、内燃机及各类排气放空装置等进出风管的适当位置设置消声器。

（2）从噪声传播的途径上控制。

在传播途径上控制噪声的方法主要有以下几种：

①吸声。利用吸声材料（大多由多孔材料制成）或由吸声结构形成的共振结构（金属或木质薄板钻孔制成的空腔体）吸收声能，降低噪声。

②隔音。应用隔音结构，阻碍噪声向空间传播，将接收者与噪声声源分隔。隔音结构包括隔音室、隔音罩、隔音屏障、隔音墙等。

③消声。利用消声器阻止传播。允许气流通过消声器降噪是防治空气动力性噪声的主要装置，如控制空气压缩机、内燃机产生的噪声等。

④减振降噪。对振动引起的噪声，可通过降低机械振动减小噪声，如将阻尼材料涂在振动源上，或改变振动源与其他刚性结构的连接方式等。

（3）对接收者的防护。

让处于噪音环境下的人员使用耳塞、耳罩等防护用品,减少相关人员在噪声环境中的暴露时间,以减轻噪声对人体的危害。

(4)严格控制人为噪声。

进入施工现场不得高声呐喊、无故甩打模板、乱吹口哨,限制高音喇叭的使用,最大限度地减少噪声扰民。

(5)控制强噪声作业的时间。

2. 施工现场噪声的控制标准。

凡在人口稠密区进行强噪声作业时,须严格控制作业时间,一般晚 10 点到次日早 6 点之间停止强噪声作业。确系特殊情况必须昼夜施工时,尽量采取降低噪声的措施,并会同建设单位找当地居委会、村委会或当地居民协调,出安民告示,求得群众谅解。

根据国家标准《建筑施工场界环境噪声排放标准》(GB 12523—2011)的要求,不同施工作业的噪声限值如表 11-1 所示。在距离村庄较近的工程在施工中,要特别注意噪声尽量不得超过国家标准的限值,尤其是夜间工作时。

表 11-1　不同施工阶段作业噪声限值　　　　　　　(单位:dB)

施工阶段	主要噪声源	噪声限制	
		昼间	夜间
土石方	推土机、挖掘机、装载机等	75	75
打桩	各种打桩机	85	禁止施工
结构	混凝土、振捣棒、电锯等	70	55
装修	吊车、升降机等	62	55

11.2.4.4　固体废物的处理

1. 建筑工地常见的固体废弃物

(1)建筑渣土,包括砖瓦、碎石、渣土、混凝土碎块、废钢铁、废屑、废弃材料等。

(2)废弃建筑材料,如袋装水泥、石灰等。

(3)生活垃圾,包括炊厨废弃物、丢弃食品、废纸、生活用具、碎玻璃、陶瓷碎片、废电池、废旧日用品、废塑料制品、煤灰渣、废交通工具等。

(4)设备、材料等的废弃包装材料。

(5)粪便。

2. 固体废弃物的处理和处置

(1)回收利用。回收利用是对固体废弃物进行资源化、减量化处理的重要手段之一。建筑渣土可视其情况加以利用,废钢可按需要用作金属原材料,废电池等废弃物应分散回收,集中处理。

(2)减量化处理。减量化是对已经产生的固体废弃物进行分选、破碎、压实浓缩、脱水等减少器最终处置量,减低处理成本,减少环境的污染。减量化处理的过程中,也包括和其他处理技术相关的工艺方法,如焚烧、热解、堆肥等。

(3)焚烧技术。焚烧用于不适合再利用且不宜直接予以填埋处理的废弃物,尤其是对与受到病菌、病毒污染的物品,可以用焚烧进行无害化处理。焚烧处理应使用符合环境要求的处理装置,注意避免对大气的二次污染。

　　(4)稳定的固化技术。利用水泥、沥青等胶结材料,将松散的废物包裹起来,减少废物的毒性和可迁移,减少二次污染。

　　(5)填埋。填埋是固体废弃物处理的最终技术,经过无害化、减量化处理的废弃物残渣集中在填埋场进行处置。填埋场利用天然或人工屏障,尽量使需处理的废弃物与周围的生态环境隔离,并注意废弃物的稳定性和长期安全性。

第 12 章　水利工程信息化集成管理

12.1　水利工程信息流

　　水利工程为了某一兴利除弊目标而建设,为涉水活动的工作成果。其属于基本建设项目的领域,以建设项目的形式开展生命周期内各个环节的工作。参照工业制造的概念,如果把水利工程看作一项产品的话,该建筑产品为一个对水资源高效利用的,以水利功能为主的,具有特定结构和空间的产品系统。水利工程项目作为基本建设项目,除具备一些共性特征外,还有独特的地方:

　　(1)综合性和系统性强。

　　水利工程功能目标具有多样性,各目标既有机结合,又彼此矛盾;同时水利工程又处于一个或多个流域之中,与流域中的其他工程组成一个系统,根据整体需要划分各自工作要求。有时,项目目标也会随着项目情况的变化发生变动,一旦发生变动,会迫使参与方从项目整体角度重新修订项目内容。因此,水利工程建设是一项综合性、系统性很强的复杂系统工程,需要从整体角度进行经济合理性的协调统一。

　　(2)参与方多,影响深远。

　　涉水项目的范畴属于社会公益性质。其投资主体以政府为主,需要除水利部外的发展改革、环境保护、财政、征地移民等相关部门的支持参与。此外,水利工程的蓄水淹没和占地导致拆迁安置,其在发挥自身水利功能效益的同时也影响着区域社会经济及自然生态等一系列方面,因此水利工程建设涉及面比独立投资的其他建设项目更加复杂。

　　(3)外部价值突出。

　　相比水利工程发电、养殖等产生的经济效益价值,水利工程作为国民经济社会发展的基础设施,更多的效益体现在其作为公益功能的外部价值上,如社会效益和生态效益等。

　　(4)项目周期的长期性和复杂性。

　　水利工程因其大体积结构和施工条件的复杂性,一般投资多、规模大、工期长。水利工程场址一般在高山峡谷地带,交通不便,地质条件复杂,同时水文条件具有不确定性,地质条件在施工前的未知性,致使水利工程建设技术极其复杂,需严格按照相关技术规范和基本建设程序进行建设。

　　通过以上分析可知,水利工程建设会面临大量的、各方面的、复杂的与项目相关的信息产生和处理需求。基本建设程序对水利工程项目阶段的划分构成水利工程的生命周期,水利工程建设就是生命期内各阶段逐步推进的过程。可将水利工程的生命周期归纳为决策阶段、实施阶段和使用阶段,如图 12-1 所示。

　　从信息管理角度,信息被理解为组织、处理后,可利用的数据针对水利工程,这种数据可具体体现为在水利工程全生命周期各阶段,为满足某种工程功能需要而产生的各种技术、非技术数据或文档等。从项目阶段和具体功能实现两个角度,可将水利工程信息划分为不同的类型,各自包含的信息内容如表 12-1 所示。

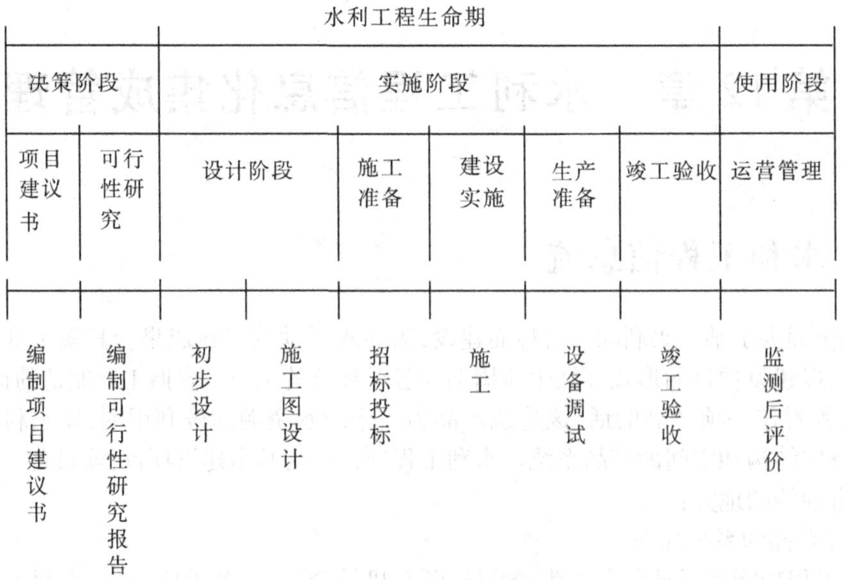

图 12-1　水利工程的生命周期

表 12-1　水利工程信息划分

分类依据	信息类型	主要信息内容
按照水利工程建设的阶段划分	决策阶段	项目建议书、可行性研究报告、环境影响报告、水资源论证报告、地质勘察报告、项目评估和投资估算信息等
	实施阶段	初步设计文档、工程招标投标信息、模型试验报告、关键问题研究报告、施工详图、施工总布置、修正的工程概算信息、经济合同等;生产准备信息、设备和材料采购信息、施工承包合同、施工组织设计文档、工程质量检查验收报告、技术方案文档、工程监测资料、工程决策和工程验收文档等
	使用阶段	工程运行监测资料、运行管理文档、设备维护记录、经济效益与环境保护等
按照信息的功能划分	资本控制信息	各种投资估算指标、物价指数、合同价、工程款支付单、竣工结算、决算、定额、材料价、风险分析等
	质量控制信息	国家及行业有关建设标准、强制性条文、质量目标、控制流程、质量抽样检查结果等
	进度控制信息	工程定额、项目总进度计划、进度目标分解情况、进度控制工作流程、施工现场进度记录等
	合同管理信息	勘查设计合同、监理合同、招标文件及投标书、中标通知书、施工合同、合同变更协议等
	行政事务管理信息	上级主管门、设计单位、承包商、业主的来函文件、会议纪要、有关技术资料等
	人事管理信息	参与人员档案、人员录用、培养、调配、奖惩记录等
	设备材料管理信息	材料的库存、购置、消耗量、机械档案、台班等

水利工程信息从决策的初始阶段开始产生,并随着阶段推进不断更新和积累。由于不同的参与者在生命周期的不同阶段有着不同的目标和需求,信息被使用者创建、维护成不同格式来实现相应阶段的不同功能,因此信息特征有着显著的差异。同时,不同阶段、不同信息主体有着大量的信息传递和共享的需求,却因成果交付方式、集成共享的局限性无法实现。因此,需要从生命周期的角度分析水利工程的信息流内容和特征,以期找到水利工程信息集成共享的方法。从水利工程生命周期的各阶段,依据承担的任务和主要工作内容,总结分析水利工程信息流的特征。

(1)决策阶段。为了对项目的技术可行性和经济合理性进行论证,需要用定性或定量信息对项目进行描述,但更多的是诸如标准、等级、规模、投资、效益等功能参数的非几何信息。此外,决策阶段需要对不同的方案进行比选,因此该阶段的信息模型应灵活,可概要化地进行初步的技术经济比较。

(2)实施阶段。

①设计阶段:为了将决策阶段的工程设想转化为技术性的实施方案,设计阶段需要将描述信息细化为一项项的抽象数据或模拟信息。该阶段的成果是满足所有规范性条件的、包含技术经济指标参数的水利工程产品模型和说明书。此外,由于设计工作的逻辑性和关联性,一般情况下,设计过程不是一次完成的,是需要逐步完善、迭代的一个过程,因此版本信息、设计变更、并行控制和信息跟踪是设计信息管理的重要内容。

②施工阶段:施工是把设计变为具有使用价值的建设实体,制订施工组织及计划,密切配合建管、设计、监理进行施工管理,按照规范验收等。施工计划信息是在设计信息的基础上,用科学的施工组织和施工方法等对设计成果进行施工的抽象模拟。施工实施要尽可能按照施工计划进行,但信息更为详尽,如任务细分、材料采购、施工记录、质量检测等,同时因不确定因素不可避免地会在某种程度上和施工计划不符,因此施工过程信息更为复杂,需要结合进度、投资、质量等控制进行集成管理。验收阶段应按照工程划分将技术指标、评价结果、试运行情况完整的记录,需要包含几何信息、非几何信息在内的竣工模型集成。

(3)使用阶段。使用阶段包括设施管理、设备运行和建筑物的维护、控制调度等内容。该阶段的管理系统或决策系统应是各种信息的集成,除几何信息外还包括参数、监测、制度信息等。

依据水利工程项目的特性和面向生命周期的水利工程信息流分析研究,将水利工程的信息特点总结如下,使得作为有需求的集成与交换对象,具有如下清晰的特征:

①信息量巨大。

水利工程信息流数量庞大,涉及与项目密切相关的水工、结构、机电、金结、施工、监测等专业的技术成果文件,以及招标投标、合同等商务文档等,而且信息量随着项目的推进细化不断扩大。

②信息类型多元化。

水利工程在生命周期各阶段产生的描述信息、设计信息、施工信息、运行监测管理信息等,主要以技术报告、工程制图、多媒体文档等形式出现,从信息处理角度,这些信息整体上可分为便于在数据库中存储的结构化信息和非结构化或半结构化文档信息两大类。

③信息多源,存储分散。

水利工程在实施过程中,各参与方都会根据自己的职责创建、使用和存储信息。设计方是工程信息产生的源头,其他各方在根据自身需求使用、处理设计信息时又产生己方的成果信息并各自存储。这一特点也是导致"信息断层"的主要原因。

④动态性。水利工程由于地质条件的复杂性和勘探的局限性,以及工程规模大、工期长等,使得项目建设过程中隐含许多不确定因素,项目信息始终随着工程进展和进度不断变化。此外,水利工程项目中的信息和其他的信息一样,也具有一个完整的信息生命周期,但不同的是水利工程的信息应用环境复杂,还具有时空上的不一致性和系统性等特征。

12.2　水利工程现状信息管理模式

通过调查研究,水利工程建设领域的信息管理模式主要有人工管理模式和利用信息系统管理模式两种。

12.2.1　人工管理模式

人工管理模式依然是目前大多数水利工程项目采取的信息管理模式,其主要方式是人工或者通过计算机单一功能办公软件工具,基于自定义的信息编码、流程等进行。该模式虽然采用计算机工具,但信息处理依然主要依靠人工,容易造成信息存储混乱,信息的准确性和一致性也很难保证,信息查询、使用效率低。

12.2.2　利用信息系统管理模式

随着现代信息技术的发展,尤其是大型水利项目复杂的信息管理需求,基于特定功能的信息管理系统开始得到应用。信息系统管理模式已在水利工程的勘察、设计、施工、监理、质量控制、施工安全管理、移民管理等方面进行了运用,归纳起来,主要是以下几种方式:

(1)独立的项目管理软件方式。

借助于当前流行的项目管理软件,只对迫切需要的项目需求进行相应的文档信息管理。如可进行计划管理、跟踪控制、实时进度信息输出的微软 Microsoft Project,还有只进行简单的进度管理的美国 Primavera 公司的 Primavera Project Planner(简称 P3)项目计划管理软件,该软件已在三峡、小浪底、二滩等大中型水利水电工程进行了运用。

(2)系统软件改造方式。

根据项目的实际情况,通过购买集成的 MIS 系统软件进行改造,使已成熟的系统可匹配于当前实际需求,实现快速得到并使用管理信息系统的目的。如基于 PMS 工程建设管理系统开发的黄河公伯峡工程、广蓄惠州抽水蓄能电站工程建设管理系统等。系统软件在改造时可集成已有的管理模块,也可引入其他项目管理软件。由于水利工程的个体差异很大,采用此方式往往导致现有软件的改造工作量巨大,有时甚至超过重新研发。

(3)专项型 MIS 系统开发。

联合软件开发组织和水利工程专业技术人员,在将各自专业特长相结合的基础上,针对特定工程的管理需求,开发专项性的 MIS 管理系统。如长江水利工程建管信息系统、三峡工程管理信息系统等均采用此方式。该方式优点是针对性强,具备轻松满足具体功能需要的能力;缺点是通用性不强,开发周期长,难度和风险较大。

综上所述,信息系统在水利工程信息管理中的使用并未完全取代人工为主的管理模式。此外,已有的水利工程信息管理系统仅针对某个特定工程、某个特定阶段、某项特定功能,缺乏全生命周期的信息集成、共享和传递管理,在不同阶段、不同参与方之间的信息互用性和复用性方面还需提高。

12.3　基于 BIM 的水利工程信息管理

基于 BIM 的基本思想和特性,水利工程信息模型(Hydraulic Project Information Modeling,HPIM)是数字化表达的水利工程建设项目所有几何、属性、功能等资源信息的完备模型;是一个集成化的信息共享体,为项目全生命周期中的所有活动提供可靠源数据的过程;通过在 HPIM 中获取、修改、更新项目信息,支持工程不同参与方、不同阶段的职责任务和协同作业。

HPIM 是利用数字模型对水利工程建设项目进行设计、施工和运营的过程。根据数字图形介质的理论方法,其实质为图形和信息的集成和共享,首先用数字化、参数化方式对图形进行语言描述,形成数字化图形,该图形具有可视的外形,相应的角点、边、面和体的构造和拓扑关系,来模拟水利水电工程的几何形态;然后将数字化图形作为一种具有几何属性和物理属性的载体,使数据附着于数字化图形,图形中又隐含着数据,形成图形体系和信息体系的集成融合,并通过统一的工程信息编码和数据标准,实现工程的各阶段、各种应用软件之间的数据交换。是用计算机空间描述自然界空间的方法体系在水利工程中的应用。

BIM 理论和数字图形介质理论为 HPIM 的构建提供了理论基础,然而在具体构建过程当中,由于水利工程项目涉及的参与方众多,此外工程的复杂性、大规模使得工程在规划、设计、施工、运营等生命周期阶段内产生大量结构复杂、格式各异的 HPIM 信息,不同阶段、不同参与方对于信息的应用需求也不同。由于创建、管理和共享信息是项目生命周期管理的本质行为,对于水利工程信息模型的实施,如何创建、谁来创建,HPIM 数据的统一描述问题,以及 HPIM 的集成存储及集成共享,是构建 HPIM 的关键技术问题。解决以上技术问题的困难主要体现在以下几个方面:

(1)创建 HPIM 信息需要由专业的软件系统来实现,但是目前的 BIM 软件,如 Revit 等都主要针对项目的设计阶段,需要支持其他阶段的如结构分析信息、施工组织信息、运营维护等信息的软件。或者其他阶段的信息用何种模式和格式进行创建,便于现有软件的识别和读取。由于目前的 BIM 软件,如 Autodesk 的 Revit 系列软件,大多只提供支持 IFC 文件的接口。

(2)存储 HPIM 信息是实现工程信息管理的先决条件。用 IFC 标准构建的模型数据库,可解决分布式、异构系统之间的信息集成和共享问题,但集中数据库集成需要标准化的信息规则,目前缺少完整的适用于水利工程的信息统一描述规则。

(3)HPIM 信息共享和集成仍然缺乏有效途径。目前的集成策略主要以文档交换接口和基于数据库的模型为主,与基于信息标准的 BIM 模型为载体的信息集成和传递有较大区别,尚不支持整个生命周期的分布式异构系统之间的信息集成和共享。需开发基于 BIM 模型的信息集成平台和技术。

为了使上述问题得到解决,赵继伟提出了一种专门针对水利工程的、子信息模型为重点的、面向阶段的、具有实际应用功能的水利工程信息模型创建方法。它的设计思路为:以项目进展的规划设计阶段、施工阶段和使用阶段为标尺,根据水利工程不同阶段的应用实际分阶段开发项目的 HPIM 信息子模型。该模型具有自动推演功能,能够对上一个层次模型的数据进行提取、集成和扩展,从而形成本阶段的信息模型,同时还能利用已经集成的模型数据信息,生成新的子模型,应用于某子领域。并以水利工程项目的全生命周期为导向,最终形成完整的信息模型。水利工程项目的整个生命周期的创建均可用 HPIM 信息模型来实现,它是一种可通过集成、积累、扩张及实际应用为一体的,为水利工程全生命周期数据信息管理提供服务的新的信息技术。如图 12-2 所示。

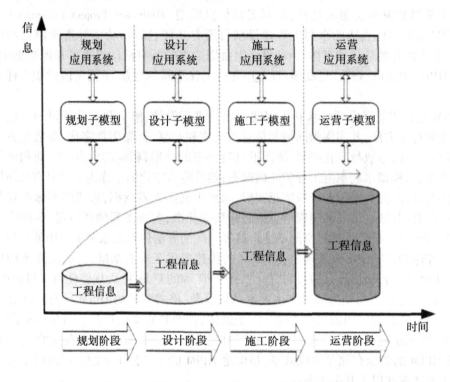

图 12-2　HPIM 表示下的水利工程项目全生命周期

　　HPIM 的构建由工程规划阶段、设计阶段、施工阶段、运营阶段组成,使得各种工程信息逐渐整合,形成了一个可全面展示水利工程项目的信息集合体。根据自己的信息交换需要,各个阶段的软件系统定义各个阶段的子模型,用于具体应用的信息交换。通过提取和整合子模型的数据进行集成和共享。例如,规划阶段生成各种描述数据,并以文件的形式进行保存。设计阶段中,利用前一阶段的信息对水利工程进行详细的水工设计、结构分析、金属结构设计、机电设计等,生成大量的几何数据并且有要能够满足水工、机电、金结等相关专业之间的数据协同要求,HPIM 阶段子模型与总模型的互动和分享可满足以上需求。施工阶段可规划和设计阶段的信息进行提取,以便应用系统进行良好的应用,例如,4D 施工管理、施工监测以及投资控制等。这些应用系统生成新的信息并将它们整合到 HPIM 模型中。运行和维护阶段,HPIM 模型整合规划、设计和施工各阶段的所有信息,以便用户进行调用,例如,利用 HPIM 系统以方便用户提取建筑构件信息、参数信息、实行安全监控等。基于 HPIM 的构建,能够令每一阶段的工程信息都可以集成和保存,形成的全信息模型不再有信息丢失和断层等一系列问题。

　　信息管理流程涉及管理组织、管理制度、管理平台等要素。传统的水利工程信息管理缺乏集成,其流程也是多点对多点的交流模式,而以 HPIM 模型为载体的集成化水利信息管理将对传统模式带来改变。管理流程的确定首先是确定组织模式,但是,任何的组织模式均应发挥业主在管理流程中的主导作用。针对水利工程信息管理,业主应是 HPIM 模型的拥有者,更应是推动者。业主可直接管理 HPIM 信息,也可委托相应的机构进行代管。由于以 HPIM 为基础的水利工程信息管理尚在探索之中,本文仅提出指导性的流程实现步骤:

(1)组织模式确定。以全生命周期管理理念为主导,HPIM 集成化管理为途径,用并行的信息流代替线性的信息流,提高信息利用率和效率。

(2)建立相应的流程管理规则。应用管理规章制度规范化信息创建、维护、访问等操作管理行为。

(3)开发相对应的软件平台。因为基于 HPIM 的一系列专业软件可最大限度地发挥信息集成的优势。因此,有必要选择或开发水利工程生命周期的不同阶段和不同专业的应用软件,使其更加适应对交互性、兼容性的支持。

(4)确定 HPIM 信息集成的软件和硬件平台。实现异构系统间数据集成的关键是 HPIM 系统集成平台,需要满足和工程建设规模及要求相适应的软硬件集成平台,如数据存储大小、对数据集成标准的支持、网络支持等。

参考文献

[1] 中华人民共和国水利部.水利水电工程施工质量检验与评定规程:SL 176—2007[S].北京:中国水利水电出版社,2007.

[2] 中华人民共和国国家发展和改革委员会.碾压式土石坝设计规范:DL/T 5395—2007[S].北京:中国电力出版社,2008.

[3] 中华人民共和国水利部.水工建筑物抗震设计规范 :SL 203—97[S].北京:中国水利水电出版社,1997.

[4] 中华人民共和国住房和城乡建设部.建设工程项目管理规范:GB/T 50326—2017[S].北京:中国建筑工业出版社,2017.